Entgeltabrechnung

Alle wichtigen Fälle für die Praxis

Carola Hausen
Michael Richter
Peter Schmitz
Marcus Spahn
Bernhard Steuerer
Sven Wiesrecker
Stephan Wilcken

HAUFE.

Impressum

Bibliografische Information der Deutschen Nationalbibliothek

Die Deutsche Nationalbibliothek verzeichnet diese Publikation in der Deutschen Nationalbibliographie; detaillierte bibliografische Daten sind im Internet über http://www.d-nb.de abrufbar.

Print: ISBN: 978-3-648-02611-3 Bestell-Nr.: 00440-0002
ePUB: ISBN: 978-3-648-02612-0 Bestell-Nr.: 00440-0100
ePDF: ISBN: 978-3-648-02613-7 Bestell-Nr.: 00440-0150

Carola Hausen, Michael Richter, Peter Schmitz, Marcus Spahn,
Bernhard Steuerer, Sven Wiesrecker, Stephan Wilcken
Entgeltabrechnung
2. Auflage 2012,

Redaktionsanschrift: Fraunhoferstraße 5, 82152 Planegg/München
Telefon: (089) 895 17-0
Telefax: (089) 895 17-290
Internet: www.haufe.de
E-Mail: online@haufe.de
Produktmanagement: Ulrich Leinz

Satz: Beltz Bad Langesalza GmbH, Bad Langensalza
Umschlag: Kienle gestaltet, 70182 Stuttgart
Druck: Bosch-Druck GmbH, 84030 Ergolding

Inhaltsverzeichnis

1 Abfindungen

1.1 Abfindung, Fünftelregelung

Sachverhalt

Ein Arbeitnehmer, 45 Jahre alt (Steuerklasse III, kinderlos, keine Kirchensteuerpflicht), mit einem laufenden Monatslohn von 2.620 EUR erhält im Dezember 2012 infolge einer vom Arbeitgeber veranlassten Auflösung des Arbeitsverhältnisses zum 31.12.2012 eine Abfindung in Höhe von 22.400 EUR. Weitere Einmalzahlungen sind bisher nicht erfolgt.

Wie ist die Abfindung steuer- und sozialversicherungsrechtlich zu behandeln?

Lösung

Sozialversicherungsrechtlich gelten Entlassungsabfindungen nicht als Arbeitsentgelt und sind daher in der Sozialversicherung ohne betragsmäßige Grenzen abgabenfrei.

Die **Ermittlung der Lohnsteuer** auf die Abfindung kann nach der Fünftelregelung erfolgen:

Zunächst ist der **Jahresarbeitslohn ohne die Einmalzahlung** zu ermitteln:	
Jahresarbeitslohn (2.620 EUR × 12 Monate)	31.440 EUR
Lohnsteuer darauf lt. Jahrestabelle	1.836 EUR
Die **Abfindung** in Höhe von 22.400 EUR wird nach der Fünftelregelung besteuert:	
Jahresarbeitslohn (2.620 EUR × 12 Monate)	31.440 EUR
Zzgl. 1/5 von 22.400 EUR	4.480 EUR
Gesamt	35.920 EUR
Lohnsteuer darauf lt. Jahrestabelle	2.822 EUR
Differenz der beiden Lohnsteuerbeträge (2.822 EUR ./. 1.836 EUR)	986 EUR
Lohnsteuer auf die Abfindung (968 EUR x 5)	4.930 EUR
Davon 5,5 % Solidaritätszuschlag	271,15 EUR

1.2 Abfindung, Berechnung mit sonstigem Bezug

Sachverhalt

Ein Arbeitnehmer, 58 Jahre alt (Steuerklasse IV, 1,0 Kinderfreibeträge, Kirchensteuer 9 %), mit einem laufenden Monatslohn von 3.500 EUR erhält im Dezember 2012 infolge einer vom Arbeitgeber veranlassten Auflösung des Dienstverhältnisses zum 31.12.2012 eine Abfindung in Höhe von 55.000 EUR. Als weitere Einmalzahlung erfolgte im Juli 2012 ein Urlaubsgeld in Höhe von 1.750 EUR.

Wie ist die Abfindung steuer- und sozialversicherungsrechtlich zu behandeln?

Lösung

Sozialversicherungsrechtlich gelten Entlassungsabfindungen nicht als Arbeitsentgelt und sind daher in der Sozialversicherung ohne betragsmäßige Grenzen abgabenfrei.

Die **Ermittlung der Lohnsteuer** auf die Abfindung erfolgt nach der Fünftelregelung: Die ermäßigte Besteuerung nach der Fünftelregelung darf angewandt werden, da es im Jahr 2011 zu einer Zusammenballung von Einkünften kommt.

Zunächst ist der **Jahresarbeitslohn ohne die Einmalzahlung** zu ermitteln:	
Jahresarbeitslohn (3.500 EUR × 12 Monate)	42.000 EUR
Zzgl. Urlaubsgeld	1.750 EUR
Gesamt	43.750 EUR
Lohnsteuer darauf lt. Jahrestabelle	7.866 EUR
Die **Abfindung** in Höhe von 55.000 EUR ist nach der Fünftelregelung zu besteuern:	
Jahresarbeitslohn (3.500 EUR × 12 Monate + Urlaubsgeld)	43.750 EUR
Zzgl. 1/5 von 55.000 EUR	11.000 EUR
Gesamt	54.750 EUR
Lohnsteuer darauf lt. Jahrestabelle	11.672 EUR
Differenz der beiden Lohnsteuerbeträge (11.672 EUR ./.7.877 EUR)	3.806 EUR
Lohnsteuer auf die Abfindung (3.868 EUR x 5)	19.030 EUR
Davon 5,5 % Solidaritätszuschlag	1.046,65 EUR
9 % Kirchensteuer	1.712,70 EUR

Praxis-Tipp

Hat der ausscheidende Arbeitnehmer im Folgejahr voraussichtlich keine oder nur geringe Einkünfte, kann die Verschiebung des Zahlungszeitpunkts ins Folgejahr durchaus sinnvoll sein, auch wenn dadurch die Fünftelregelung nicht mehr angewendet werden darf; siehe Beispiel „Zahlung im Folgejahr (siehe S. 19)".

1.3 Abfindung, Zahlung im Folgejahr

Sachverhalt

Ein Arbeitnehmer, 58 Jahre alt (Steuerklasse IV, 1,0 Kinderfreibeträge, Kirchensteuer 9 %), mit einem laufenden Monatslohn von 3.500 EUR erhält im Januar 2012 infolge einer vom Arbeitgeber veranlassten Auflösung des Dienstverhältnisses zum 31.12.2011 eine Abfindung in Höhe von 55.000 EUR. Weitere Einmalzahlungen sind für 2011 nicht zu erwarten.

Über weitere Einkünfte im Jahr 2012 gibt es keine Informationen.

Wie ist die Abfindung steuer- und sozialversicherungsrechtlich zu behandeln?

Lösung

Sozialversicherungsrechtlich gelten Entlassungsabfindungen nicht als Arbeitsentgelt und sind daher in der Sozialversicherung ohne betragsmäßige Grenzen abgabenfrei.

Alle Abfindungen sind in voller Höhe steuerpflichtig. Die ermäßigte Besteuerung darf nicht angewandt werden**nach der Fünftelregelung**, da es im Jahr 2012 nicht zu einer Zusammenballung von Einkünften kommt.

Abfindung	55.000 EUR
Lohnsteuer lt. Jahrestabelle	11.7600 EUR
Solidaritätszuschlag (5,5 %)	572,66 EUR
Kirchensteuer (9 %)	937,08 EUR

2 Abwälzung, pauschale Lohnsteuer

2.1 Abwälzung pauschale Lohnsteuer, Minijob und Hauptbeschäftigung

Sachverhalt

Ein Arbeitgeber stellt eine Aushilfskraft auf 400-EUR-Basis ein, die diese Tätigkeit neben einer versicherungspflichtigen Hauptbeschäftigung ausüben möchte. Der Arbeitgeber möchte die pauschalen Arbeitgeberleistungen auf die Aushilfskraft abwälzen.

Ist die Abwälzung zulässig? Wie gestaltet sich die Abrechnung?

Lösung

Arbeitgeber haben die Möglichkeit, die pauschale Lohnsteuer auf den Arbeitnehmer abzuwälzen, von welcher in diesem Fall auch Gebrauch gemacht wird. Eine Abwälzung von pauschalen Sozialversicherungsbeiträgen ist nicht zulässig.

Übt ein Arbeitnehmer einen „Minijob" mit einem Verdienst bis zu 400 EUR pro Monat neben einer versicherungspflichtigen Hauptbeschäftigung aus, bleibt das Arbeitsverhältnis für den Beschäftigten versicherungsfrei. Der Arbeitgeber hat lediglich folgende Abgaben zu leisten:

Rentenversicherung:	15 %
Krankenversicherung:	13 %
Pauschalsteuer (Lohnsteuer, Solidaritätszuschlag und Kirchensteuer):	2 %
Abzuführender Gesamtbetrag	30 %

Ist der Arbeitnehmer **privat krankenversichert**, entfällt die Pauschale von 13 % für die Krankenversicherung.

Einzugsstelle für den Gesamtbeitrag ist in jedem Fall die Deutsche Rentenversicherung Knappschaft-Bahn-See.

Die **Besteuerung nach Lohnsteuerkarte** ist im vorliegenden Fall nicht zu empfehlen, da es sich hierbei um eine 2.te Beschäftigung handelt. Der Arbeitslohn würde nach Steuerklasse VI versteuert – das wären 46,75 EUR Lohnsteuer (+ ggf. 4,20 EUR Kirchensteuer).

Abwälzung der pauschalen Lohnsteuer

Abrechnung	
Aushilfslohn	400 EUR
abzgl. Pauschalsteuer (2 %)	– 8 EUR
Auszahlungsbetrag	392 EUR

Arbeitgeberbelastung	
Rentenversicherung (15 % v. 400 EUR)	60 EUR
Krankenversicherung (13 % v. 400 EUR)	52 EUR
Gesamtbelastung (28 % v. 400 EUR)	112 EUR
zzgl. Umlagen	

2.2 Abwälzung pauschale Lohnsteuer, Minijober mit Steuerklasse V

Sachverhalt

Ein Arbeitgeber stellt eine Aushilfskraft auf 400-EUR-Basis unbefristet ein. Die Mitarbeiterin übt keine weitere Beschäftigung aus. Sie ist verheiratet, Steuerklasse V und familienversichert.

Welche Möglichkeiten bestehen bezüglich der Versteuerung und welche Möglichkeit ist am günstigsten?

Lösung

Übt ein Arbeitnehmer ausschließlich einen „Minijob" mit einem Verdienst bis zu 400 EUR pro Monat aus, bleibt das Arbeitsverhältnis für den Beschäftigten versicherungsfrei. Der Arbeitgeber hat lediglich folgende Abgaben zu leisten:

Rentenversicherung	15 %
Krankenversicherung:	13 %
Pauschalsteuer (Lohnsteuer, Solidaritätszuschlag und Kirchensteuer):	2 %
Abzuführender Gesamtbetrag:	**30 %**

Einzugsstelle für den Gesamtbeitrag ist die Deutsche Rentenversicherung Knappschaft-Bahn-See.

Die Besteuerung kann nach den Merkmalen der Lohnsteuerkarte erfolgen oder nach den Regelungen für Minijobber. Im vorliegenden Fall ist die Versteuerung nach den Merkmalen der Lohnsteuerkarte nicht zu empfehlen, da die Lohnsteuer mit 35,58 EUR verhältnismäßig hoch ausfällt. Außerdem würde der Arbeitslohn aus dem Minijob bei einer Veranlagung zur Einkommensteuer mit angerechnet werden, was bei pauschal besteuertem Arbeitslohn nicht erfolgt.

Der Arbeitgeber hat die Möglichkeit, die pauschale Lohnsteuer auf den Arbeitnehmer abzuwälzen. In diesem Fall ist es für die Arbeitnehmerin günstiger, die Pauschalsteuer zu übernehmen als sich nach Steuerklasse V besteuern zu lassen.

Eine Abwälzung von pauschalen Sozialversicherungsbeiträgen ist nicht zulässig.

Abrechnung	
Aushilfslohn	400 EUR
abzgl. Pauschalsteuer (2 %)	– 8 EUR
Auszahlungsbetrag	392 EUR

Arbeitgeberbelastung	
Rentenversicherung (15 % v. 400 EUR)	60 EUR
Krankenversicherung (13 % v. 400 EUR)	52 EUR
Gesamtbelastung (28 % v. 400 EUR)	112 EUR
zzgl. Umlagen	

Wäre die Arbeitnehmer privat krankenversichert, würde die Pauschale von 13 % an die Krankenversicherung entfallen.

2.3 Abwälzung pauschale Lohnsteuer, Direktversicherung

Sachverhalt

Der Arbeitgeber hat im Jahr 2000 für eine Arbeitnehmerin (Steuerklasse III, keine Kinder, rk. – 9 % Kirchensteuer) eine Direktversicherung abgeschlossen, die durch Gehaltsumwandlung finanziert wird. Die Arbeitnehmerin hat gegenüber dem Arbeitgeber schriftlich erklärt, die Direktversicherung weiterhin nach altem Recht mit 20 % pauschaler Lohnsteuer besteuern lassen zu wollen. Die pauschale Lohnsteuer trägt vereinbarungsgemäß die Arbeitnehmerin.

Die Arbeitnehmerin lässt von ihrem Bruttogehalt in Höhe von 3.000 EUR monatlich 142 EUR in die Direktversicherung überweisen.

Kann die Lohnsteuer mit 20 % pauschal besteuert werden und wie sieht die Abrechnung aus?

Lösung

Da die Beiträge der Arbeitnehmerin jährlich 1.704 EUR betragen (12 Monate x 142 EUR) und somit die Grenze von 1.752 EUR jährlich nicht überschritten wird, kann die Lohnsteuer weiterhin mit 20 % pauschaliert werden, weil es sich um einen Vertrag handelt, der vor dem 1.1.2005 abgeschlossen wurde (sog. Altvertrag). Die Arbeitnehmerin hatte dies bis zum 30.6.2005 schriftlich erklärt. Die pauschale Lohnsteuer zuzüglich pauschalem Solidaritätszuschlag und pauschaler Kirchensteuer wird von der Arbeitnehmerin einbehalten und zusammen mit der sonstigen Lohnsteuer vom Arbeitgeber an das zuständige Finanzamt abgeführt.

Abrechnung		
Gehalt		3.000,00 EUR
Gehaltsumwandlung	- 142,00 EUR	
Direktversicherung	142,00 EUR	
Bruttoverdienst		3.000,00 EUR
Davon lohnsteuerpflichtig	2.858,00 EUR	
Davon sozialversicherungspflichtig	3.000,00 EUR	
Gesetzliche Abzüge:		
Lohnsteuer von 2.858 EUR	204,66 EUR	

Solidaritätszuschlag	8,53 EUR	
Kirchensteuer (9 % v. 208,50 EUR)	18,41 EUR	
Steuerrechtliche Abzüge gesamt	231,60	- 231,60 EUR
Krankenversicherung (8,2 % v. 3.000 EUR)	246,00 EUR	
Rentenversicherung (9,8 % von 3.000 EUR)	294,00 EUR	
Arbeitslosenversicherung (1,5 % von 3.000 EUR)	45,00 EUR	
Pflegeversicherung (1,225 % v. 3.000 EUR)	36,75 EUR	
Sozialversicherungsbeiträge gesamt		- 621,75 EUR
Gesetzliches Netto		2.146,65 EUR
Überweisung Direktversicherung		- 142,00 EUR
Abwälzungsbetrag		
Pauschale Lohnsteuer (20 % v. 142 EUR)	28,40 EUR	
Pauschaler Solidaritätszuschlag (5,5 % v. 28,40 EUR)	1,56 EUR	
Pauschale Kirchensteuer[1] (9 % v. 28,40 EUR)	2,56 EUR	- 32,52
Auszahlungsbetrag		1.972,13 EUR

Hinweis

Mit der Entscheidung der Arbeitnehmerin, die Direktversicherung weiterhin mit 20 % pauschaler Lohnsteuer besteuern zu lassen, sichert sie sich die steuerfreie Auszahlung der Direktversicherung nach Ablauf der Versicherung. Die Erklärung der Arbeitnehmerin ist in der Lohnakte aufzubewahren.

2.4 Abwälzung pauschale Lohnsteuer, Kurzfristige Beschäftigung

Sachverhalt

Eine Altersrentnerin wird als Aushilfskraft vom 3.7.-21.7. (15 Arbeitstage) zur Urlaubsvertretung für eine Sekretärin eingesetzt. Es wird vereinbart, dass sie auch im Fall der Erkrankung der Sekretärin einspringt.

1 Pauschale Kirchensteuer im Nachweisverfahren 8 % oder 9 % (entspr. Bundesland)

Die Aushilfe erhält 7,75 EUR pro Stunde bei einer täglichen Arbeitszeit von 8 Stunden, sie gehört keiner Konfession an. Die pauschale Lohnsteuer soll auf die Arbeitnehmerin abgewälzt werden.

Ist eine pauschale Besteuerung in diesem Fall zulässig?

Lösung

Die sozialversicherungsrechtliche Beurteilung der kurzfristigen Beschäftigung weicht von den steuerrechtlichen ab.

Für die Besteuerung gilt Folgendes:

Die pauschale Besteuerung mit 25 % pauschaler Lohnsteuer zzgl. 5,5 % Solidaritätszuschlag und ggf. Kirchensteuer ist in diesem Fall zulässig, da der Beschäftigungszeitraum 18 zusammenhängende Arbeitstage nicht überschreitet. Der durchschnittliche Arbeitslohn von 12 EUR pro Stunde und von 62 EUR pro Tag wird nicht überschritten.

Der Arbeitgeber ist der Schuldner der pauschalen Lohnsteuer, diese darf jedoch auf die Arbeitnehmerin abgewälzt werden.

Abrechnung der pauschalen Lohnsteuer	
Aushilfslohn (7,75 EUR × 8 Std. × 15 Tage)	930,00 EUR
Pauschale Lohnsteuer (25 % v. 930 EUR)	- 232,50 EUR
Pauschaler Solidaritätszuschlag (5,5 % v. 232,50 EUR)	- 12,78 EUR
Auszahlungsbetrag	684,72 EUR
Arbeitgeberaufwendungen: 930 EUR zzgl. Umlagen	

Hinweis

Weist die Arbeitnehmerin nach, dass sie keiner kirchensteuererhebenden Religionsgemeinschaft angehört (z.B. durch Vorlage der Lohnsteuerkarte), kann die pauschale Kirchensteuer entfallen.

Wird die Kirchensteuer im vereinfachten Verfahren erhoben, kommt die pauschale Kirchensteuer (ermäßigter Kirchensteuersatz) noch hinzu. Dieser ist in den einzelnen Bundesländern unterschiedlich hoch (zwischen 4 % und 7 %).

2.5 Abwälzung pauschale Lohnsteuer, Geschäftswagen (Privatnutzung)

Sachverhalt

Ein Arbeitnehmer erhält einen Firmenwagen, den er auch privat nutzen darf. Die Bewertung soll nach der 1-%-Regelung erfolgen. Der Pkw wird vom Arbeitnehmer auch für die Fahrten zwischen Wohnung und Arbeitsstätte genutzt. Die einfache Entfernung beträgt 30 Kilometer.

Als Bemessungsgrundlage für den geldwerten Vorteil ist der inländische Listenpreis zum Tag der Erstzulassung zzgl. Sonderausstattung heranzuziehen. Dieser wurde mit 34.709 EUR ermittelt.

Kann das Fahrzeug auch für Fahrten zwischen Wohnung und Arbeitsstätte genutzt werden, sind im Kalendermonat zusätzlich 0,03 % des obigen Listenpreises für jeden Entfernungskilometer anzusetzen.

Wie werden der geldwerte Vorteil und dessen Besteuerung berechnet?

Lösung

Bemessungsgrundlage für den geldwerten Vorteil 34.709 EUR, abzurunden auf voll 3 100 EUR	34.700,00 EUR
Davon 1 %	347,00 EUR
Zzgl. 0,03 % des Listenpreises je Entfernungskilometer für Fahrten Wohnung-Arbeitsstätte (0,03 % von 34.700 EUR × 30 km)	+ 312,30 EUR
Geldwerter Vorteil gesamt	659,30 EUR
Pauschal mit 15 % versteuert:	
30 km × 0,30 EUR × 15 Arbeitstage	135,00 EUR
Pauschale Lohnsteuer (15 % v. 135 EUR)	20,25 EUR
Pauschaler Solidaritätszuschlag (5,5 % v. 20,25 EUR)	+ 1,11 EUR
Pauschale Kirchensteuer (angenommen 5 % v. 20,25 EUR)	+ 1,01 EUR
Pauschalsteuer gesamt	22,37 EUR

In der Lohnabrechnung des Mitarbeiters werden drei Lohnarten eingerichtet:

- Geldwerter Vorteil, 1-%-Regel (individuell besteuert): 347 EUR

- Geldwerter Vorteil, Fahrten Wohnung – Arbeitsstätte (individuell besteuert): 312,30 EUR ./. 135 EUR = 177,30 EUR
- Geldwerter Vorteil, Fahrten Wohnung – Arbeitsstätte (pauschal besteuert): 135 EUR

Während der individuell besteuerte Sachbezug auch der Sozialversicherungspflicht unterliegt, ist der pauschal besteuerte Anteil sozialversicherungsfrei.

Schuldner der pauschalen Lohnsteuer ist der Arbeitgeber, er hat aber die Möglichkeit, die pauschale Lohnsteuer im Innenverhältnis auf den Arbeitnehmer abzuwälzen. In der Lohnabrechnung werden dann neben der individuellen Lohnsteuer in einer extra Zeile die pauschale Lohnsteuer, der pauschale Solidaritätszuschlag und die pauschale Kirchensteuer getrennt voneinander als Nettoabzug ausgewiesen.

Praxis-Tipp

Da der pauschal besteuerte Sachbezug sozialversicherungsfrei ist, entfällt für den Arbeitgeber auch der Arbeitgeberanteil zur Sozialversicherung. Die Übernahme der pauschalen Lohnsteuer würde daher keine zusätzliche finanzielle Belastung darstellen. Bei der pauschalen Kirchensteuer kann man zwischen dem Nachweisverfahren (nach Steuerkarte) und dem vereinfachten Verfahren wählen. Beim vereinfachten Verfahren gilt ein ermäßigter Steuersatz, der dann aber für alle Arbeitnehmer für den gleichen Sachverhalt angewendet werden muss, unabhängig von ihrer Kirchenzugehörigkeit.

3 Arbeitgeberdarlehen

3.1 Arbeitgeberdarlehen, zinslos

Sachverhalt

Ein Arbeitgeber gewährte einem Arbeitnehmer am 15.11.2011 ein zinsloses Darlehen in Höhe von 20.000 EUR für private Zwecke (nicht für Wohnungsbau). Die Laufzeit beträgt 3,5 Jahre. Das Darlehen ist in monatlichen Raten von 500 EUR zurückzuzahlen. Die Raten sollen am Monatsletzten mit der monatlichen Gehaltsabrechnung verrechnet werden. Die Tilgung beginnt am 31.12.2011.

Wie hoch ist der monatliche geldwerte Vorteil und ist er lohnsteuer- und beitragspflichtig?

Lösung

Die Zinsverbilligung gehört grundsätzlich zum Arbeitslohn. Die Freigrenze von 2.600 EUR aus der ehemaligen R 31 Abs. 11 LStR wurde mit BMF-Schreiben vom 1.10.2008 rückwirkend zum 1.1.2008 wieder eingeführt. Damit ist der Zinsvorteil lohnsteuerfrei, sobald die Restschuld 2.600 EUR oder weniger beträgt; maßgeblich ist die noch nicht getilgte Darlehenssumme am Ende des Lohnzahlungszeitraums.

Für die Zinsverbilligung gibt es zwei Möglichkeiten der Ermittlung:

- Ermittlung des marktüblichen Zinssatzes anhand nachgewiesener günstiger Marktkonditionen für Darlehen mit vergleichbaren Bedingungen am Abgabeort unter Einbeziehung allgemein zugänglicher Internetangebote (z. B. von Direktbanken) oder
- Verwendung des von der Deutschen Bundesbank unter www.bundesbank.de/statistik/statistik_zinsen_tabellen.php unter der Rubrik „EWU-Zinsstatistik (Bestände, Neugeschäft)" veröffentlichten Effektivzinssatzes des entsprechenden Erhebungszeitraums.

> Für Darlehen mit Vertragsabschluss ab 2003 gilt die MFI-Zinsstatistik. Maßgebend sind die Effektivzinssätze unter „Neugeschäf"t. Zwischen den einzelnen Kreditarten ist zu differenzieren (z. B. Wohnungsbaukredit, Konsumentenkredit).

Für November 2011 ist der zuletzt veröffentlichte Zinssatz für Konsumkredite vom Oktober 2011 in Höhe von 5,80 % heranzuziehen. Nach Abzug eines Abschlags von 4 % (= 0,23 %) ergibt sich ein Maßstabzinssatz von 5,57 %. Die Zinsverbilligung beträgt damit 5,40 %.

Berechnung

Steuerpflichtiger geldwerter Vorteil (5,46 % v. 20.000 EUR)	1.114 EUR
Davon 1/12	92,83 EUR

Dieser Vorteil ist – unabhängig von der Zahlungsweise der Zinsen – in voller Höhe lohnsteuer- und beitragspflichtig.

Die 44-EUR-Freigrenze wurde überschritten. Der verrechnete Sachbezug wird ohne Umsatzsteuer gebucht gem. § 4 Nr. 8 UStG.

Hinweis

Erhalten Beschäftigte einer Bank, Sparkasse oder anderen Finanzinstituts von ihrem Arbeitgeber ein Arbeitgeberdarlehen, ist der Wert des Sachbezugs abweichend zur o. g. Methode unter Berücksichtigung der tatsächlichen banküblichen Fremdverzinsung unter Abzug des Rabattfreibetrags gem. § 8 Abs. 3 EStG zu ermitteln.

3.2 Arbeitgeberdarlehen, 2,5 % Zinsen

Sachverhalt

Ein Arbeitgeber gewährt seinem Arbeitnehmer am 1.11.2011 ein Darlehen in Höhe von 23.000 EUR mit einem Zinssatz von 2,5 %. Das Darlehen ist in monatlichen Raten von 500 EUR zzgl. 2,5 % Zinsen zurückzuzahlen. Die Raten zzgl. Zinsen sollen am Monatsletzten mit der monatlichen Gehaltsabrechnung verrechnet werden. Die Tilgung beginnt am 30.11.2011.

Wie hoch ist der monatliche geldwerte Vorteil und ist er lohnsteuer- und beitragspflichtig?

Lösung

Die Zinsverbilligung gehört grundsätzlich zum Arbeitslohn. Die Freigrenze von 2.600 EUR aus der ehemaligen R 31 Abs. 11 LStR wurde mit BMF-Schreiben vom 1.10.2008 rückwirkend zum 1.1.2008 wieder eingeführt. Damit ist der Zinsvorteil lohnsteuerfrei, sobald die Restschuld 2.600 EUR oder weniger beträgt; maßgeblich ist die noch nicht getilgte Darlehenssumme am Ende des Lohnzahlungszeitraums..

Für die Berrechnung des geldwerten Vorteils gibt es 2 Varainten:

- Ermittlung des marktüblichen Zinssatzes anhand nachgewiesener günstiger Marktkonditionen für Darlehen mit vergleichbaren Bedingungen am Abgabeort unter Einbeziehung allgemein zugänglicher Internetangebote (z. B. von Direktbanken) oder
- Verwendung des von der Deutschen Bundesbank unter www.bundesbank.de/statistik/statistik_zinsen_tabellen.php unter der Rubrik "MFI-Zinsstatistik (Bestände, Neugeschäft)" veröffentlichten Effektivzinssatzes des entsprechenden Erhebungszeitraums.[1]

Für November 2011 ist der zuletzt veröffentlichte Zinssatz für Konsumentenkredite vom Oktober 2011 in Höhe von 5,80 % heranzuziehen. Nach Abzug eines Abschlags von 4 % (= 0,23 %) ergibt sich ein Maßstabzinssatz von 5,57 %. Die Zinsverbilligung beträgt damit 5,57 % - 2,5 % = 3,07 %.

Berechnung

Steuerpflichtiger geldwerter Vorteil (3,07 % v. 23.000 EUR)	706,10 EUR
Davon 1/12	58,84 EUR

Dieser Vorteil ist - unabhängig von der Zahlungsweise der Zinsen - in voller Höhe lohnsteuer- und beitragspflichtig. Die 44-EUR-Freigrenze wird überschritten.

1 Für Darlehen mit Vertragsabschluss ab 2003 gilt die MFI-Zinssatzstatistik. Maßgebend sind die Effektivzinssätze unter „Neugeschäf"t. Zwischen den einzelnen Kreditarten ist zu differenzieren (z. B. Wohnungsbaukredit, Konsumentenkredit).

Der verrechnete Sachbezug wird ohne Umsatzsteuer gebucht gem. § 4 Nr. 8 UStG.

Bei einem Darlehen, das monatlich getilgt wird, ist der geldwerte Vorteil entsprechend der verbleibenden Restschuld monatlich neu zu berechnen. Der Maßstabzinssatz bleibt dabei für die gesamte Laufzeit des Darlehens unverändert.

Hinweis

Erhalten Beschäftigte einer Bank, Sparkasse oder anderen Finanzinstituts von ihrem Arbeitgeber ein Arbeitgeberdarlehen, ist der Wert des Sachbezugs abweichend zur o.g. Methode unter Berücksichtigung der tatsächlichen banküblichen Fremdverzinsung unter Abzug des Rabattfreibetrags gem. § 8 Abs. 3 EStG zu ermitteln.

3.3 Arbeitgeberdarlehen, Finanzinstitute

Sachverhalt

Eine Bank gewährt ihrem Arbeitnehmer am 30.12.2011 ein Darlehen in Höhe von 30.000 EUR mit einem Zinssatz von 2 %. Der marktübliche Zinssatz beträgt 5,81 %. Das Darlehen ist in monatlichen Raten von 500 EUR zurückzuzahlen. Die Raten zzgl. Zinsen sollen am Monatsletzten mit der monatlichen Gehaltsabrechnung verrechnet werden. Die Tilgung beginnt am 31.1.2012.

Wie hoch ist der Zinsvorteil des Arbeitnehmers und unterliegt dieser der Lohnsteuer bzw. der Sozialversicherungspflicht?

Lösung

Bei einer Bank, die Darlehen fremden Dritten anbietet, kommt bei der Vergabe von Darlehen an Mitarbeiter der Rabattfreibetrag in Höhe von 1.080 EUR gem. § 8 Abs. 3 Satz 2 EStG zur Anwendung. Bewertungsmaßstab ist bei Anwendung der Rabatt-Freibetragsregelung der Zins, zu dem der Arbeitgeber Darlehen gleicher Art fremden Kunden im allgemeinen Geschäftsverkehr zum marktüblichen Zinssatz anbieten. In diesem Fall ist nicht auf die Statistik der Deutschen Bundesbank zurückzugreifen. Der marktübliche Zinsbetrag darf um den Bewertungsabschlag von 4 % gekürzt werden. Soweit sich ein geldwerter

Vorteil ergibt, bleibt dieser bis zur Höhe des Rabattfreibetrags gem. § 8 Abs. 3 EStG in Höhe von 1.080 EUR im Kalenderjahr steuerfrei.

Berechnung

Marktüblicher Zinssatz	5,81 %
Abzgl. Bewertungsabschlag 4 % (v. 5,81)	- 0,23 %
	5,58 %
Maßstabzinssatz (5,58 % v. 30.000 EUR)	1.674 EUR
Vom Arbeitnehmer zu zahlender Zinssatz (30.000 EUR x 2 %)	- 600 EUR
Zinsvorteil	1.074 EUR

Der Zinsvorteil ist, sofern der Rabatt-Freibetrag nicht durch andere geldwerte Vorteile aus dem Dienstverhältnis bereits ausgeschöpft wurde, lohnsteuer- und damit auch beitragsfrei.

Der verrechnete Sachbezug wird ohne Umsatzsteuer gebucht gem. § 4 Nr. 8 UStG.

3.4 Arbeitgeberdarlehen, 44-EUR-Freigrenze

Sachverhalt

Ein Arbeitnehmer erhält am 1.11.2011 ein Darlehen in Höhe von 23.000 EUR mit einem Zinssatz von 3,37 % von seinem Arbeitgeber. Das Darlehen ist in monatlichen Raten von 500 EUR zzgl. 3,37 % Zinsen zurückzuzahlen. Die Raten zzgl. Zinsen sollen am Monatsletzten mit der monatlichen Gehaltsabrechnung verrechnet werden. Die Tilgung beginnt am 30.11.2011.

Beim Arbeitgeber gehört die Vergabe von Darlehen nicht zum Geschäftszweck.

Ist die 44-EUR-Freigrenze auf den geldwerten Vorteil anwendbar?

Lösung

Die Zinsverbilligung gehört grundsätzlich zum Arbeitslohn. Die Freigrenze von 2.600 EUR aus der ehemaligen R 31 Abs. 11 LStR wurde mit BMF-Schreiben vom 1.10.2008 rückwirkend zum 1.1.2008 wieder eingeführt. Damit ist der

Zinsvorteil lohnsteuerfrei, sobald die Restschuld 2.600 EUR oder weniger beträgt.

Für die Zinsverbilligung gibt es zwei Möglichkeiten der Ermittlung:

- Ermittlung des marktüblichen Zinssatzes anhand nachgewiesener günstiger Marktkonditionen für Darlehen mit vergleichbaren Bedingungen am Abgabeort unter Einbeziehung allgemein zugänglicher Internetangebote (z. B. von Direktbanken) oder
- Verwendung des von der Deutschen Bundesbank unter www.bundesbank.de/statistik/statistik_zinsen_tabellen.php unter der Rubrik "MFI-Zinsstatistik (Bestände, Neugeschäft)" veröffentlichten Effektivzinssatzes des entsprechenden Erhebungszeitraums.

  Für Darlehen mit Vertragsabschluss ab 2003 gilt die MFI-Zinsstatistik. Maßgebend sind die Effektivzinssätze unter "Neugeschäft". Zwischen den einzelnen Kreditarten ist zu differenzieren (z. B. Wohnungsbaukredit, Konsumentenkredit).

Für November 2011 ist der zuletzt veröffentliche Zinssatz für Konsumentenkredite vom Oktober 2011 in Höhe von 5,80 % heranzuziehen. Nach Abzug eines Abschlags von 4 % (= 0,23 %) ergibt sich ein Maßstabzinssatz von 5,57 %. Die Zinsverbilligung beträgt damit 5,57 % – 3,37 % = 2,20 %.

Berechnung

Steuerpflichtiger geldwerter Vorteil (2,20 % v. 23.000 EUR)	506 EUR
Davon 1/12	42,17 EUR

Auf diesen Vorteil ist die 44-EUR-Freigrenze anwendbar. Dabei dürfen keine weiteren geldwerten Vorteile wie z. B. Tankgutscheine oder Bereitstellung von Jobtickets gewährt werden. Außer Betracht bleiben dabei die zu bewertenden Vorteile aus der Überlassung eines betrieblichen Kraftfahrzeugs sowie die mit amtlichem Sachbezugswert zu bewertende Unterkunft und Verpflegung. Der geldwerte Vorteil von 44 EUR ist über die Laufzeit des Darlehens lohnsteuer- und beitragsfrei. Sollten weitere geldwerte Vorteile wie z. B. die Bereitstellung eines Jobtickets hinzukommen, wird der gesamte geldwerte Vorteil lohnsteuer- und beitragspflichtig.

Der verrechnete Sachbezug wird gem. § 4 Nr. 8 UStG ohne Umsatzsteuer gebucht.

Hinweis

Erhalten Beschäftigte einer Bank, Sparkasse oder anderen Finanzinstituts von ihrem Arbeitgeber ein Arbeitgeberdarlehen, ist der Wert des Sachbezugs abweichend zur o.g. Methode unter Berücksichtigung der tatsächlichen bankühlichen Fremdverzinsung unter Abzug des Rabattfreibetrags gem. § 8 Abs. 3 EStG zu ermitteln.

3.5 Arbeitgeberdarlehen, zinslos (über 2.600 EUR)

Sachverhalt

Am 1.7.2006 erhält ein Arbeitnehmer ein zinsloses Darlehen in Höhe von 6.000 EUR. Die Rückzahlung erfolgt in monatlichen Raten in Höhe von 100 EUR. Die Raten sollen direkt bei der Gehaltsabrechnung abgezogen werden. Die Tilgung beginnt mit der Gehaltszahlung am 31.7.2006.

Die Vergabe von Darlehen gehört nicht zum Geschäftszweck des Arbeitgebers.

Lösung

Diese Rechtslage galt bis 2007: Gemäß R 31 Abs. 11 LStR 2005 war im vorliegenden Fall bei einem zinslosen Darlehen von einer Zinsersparnis von 5 % auszugehen. Die Zinsverbilligung gehörte nicht zum Arbeitslohn, wenn die Summe der noch nicht getilgten Arbeitgeberdarlehen im Zeitpunkt der Lohnzahlung 2.600 EUR nicht überstieg.

Ab 1.1.2008 waren auch Altdarlehen neu zu bewerten. In diesem Fall war der bei Vertragsabschluss im Juli 2006 veröffentlichte Maßstabzinssatz heranzuziehen, der unter www.bundesbank.de/statistik/statistik_zinsen_tabellen.php unter der Rubrik "MFI-Zinsstatistik (Bestände, Neugeschäft)" als Effektivzinssatz veröffentlicht wurde. Die Freigrenze von 2.600 EUR aus der ehemaligen R 31 Abs. 11 LStR wurde mit BMF-Schreiben vom 1.10.2008 rückwirkend zum 1.1.2008 wieder eingeführt. Damit ist der Zinsvorteil lohnsteuerfrei, sobald die Restschuld 2.600 EUR oder weniger beträgt.

Hinweis

Erhalten Beschäftigte einer Bank, Sparkasse oder anderer Finanzinstitute von ihrem Arbeitgeber ein Arbeitgeberdarlehen, ist der Wert des Sachbezugs abweichend zur o.g. Methode unter Berücksichtigung der tatsächlichen bankjüblichen Fremdverzinsung unter Abzug des Rabattfreibetrags gem. § 8 Abs. 3 EStG zu ermitteln.

4 Arbeitsverhinderung

4.1 Arbeitsverhinderung, Zeugenaussage

Sachverhalt

Ein Arbeitnehmer kann nicht zur Arbeit kommen, weil er vor dem Amtsgericht eine Zeugenaussage machen muss und meldet sich deshalb ab.

Hat der Arbeitnehmer Anspruch auf Freistellung und Bezahlung der ausfallenden Arbeitszeit gegen seinen Arbeitgeber?

Lösung

Der Arbeitnehmer hat Anspruch auf Freistellung an dem betreffenden Tag, aber keinen Anspruch auf Bezahlung der ausgefallenen Arbeitszeit. Er erhält eine Zeugenentschädigung seitens des Gerichts, sodass ihm kein wirtschaftlicher Schaden durch sein Fehlen am Arbeitsplatz entsteht.

Zahlt der Arbeitgeber trotzdem die Vergütung fort, kann er den Betrag in Höhe der Zeugenentschädigung abziehen bzw. diesen vom Arbeitnehmer zurückfordern.

Praxis-Tipp

Der Arbeitnehmer soll zum einen die Ladung des Amtsgerichts dem Arbeitgeber vorlegen und auch die Bescheinigung über die erhaltene Zeugenentschädigung. Solange diese Bescheinigung nicht vorliegt, sollte die Abrechnung der ausgefallenen Arbeitszeit zurückgestellt werden.

4.2 Arbeitsverhinderung, erkrankte Kinder (unter 12 Jahre)

Sachverhalt

Ein Arbeitnehmer teilt seinem Arbeitgeber morgens mit, dass er nicht zur Arbeit kommen kann, da sein noch nicht 12-jähriges Kind erkrankt ist. Er werde voraussichtlich 10 Arbeitstage fehlen.

Hat der Arbeitnehmer Anspruch auf Freistellung und Bezahlung der ausfallenden Arbeitszeit?

Lösung

Der Mitarbeiter hat zwar einen Anspruch auf Freistellung für die betreffende Zeit, aber keinen Anspruch auf Bezahlung der ausgefallenen Arbeitszeit. Er erhält Krankengeld von seiner Krankenkasse.

- Anspruch auf Krankengeld besteht für 10 Arbeitstage pro Kalenderjahr und Kind, insgesamt nicht mehr als 25 Arbeitstage pro Kalenderjahr.
- Allein Erziehende haben Anspruch auf Krankengeld für 20 Arbeitstage pro Kalenderjahr und Kind, insgesamt nicht mehr als 50 Arbeitstage pro Kalenderjahr.

Dieser Anspruch auf Krankengeld ist jedoch begrenzt bis zum 12. Geburtstag des zu betreuenden Kinds. Ist das Kind älter, besteht kein Anspruch auf Krankengeld. Gegebenenfalls kann der Mitarbeiter über die genannten Zeiträume hinaus den Anspruch auf Pflegezeit geltend machen. Hier besteht aber kein Anspruch auf Entgelt gegen den Arbeitgeber.

Praxis-Tipp

Der Mitarbeiter muss ein ärztliches Attest über die Erkrankung des Kinds vorlegen und das Alter des Kind bescheinigen.

Hinweis

Wenn für das Unternehmen ein Tarifvertrag gilt, muss geprüft werden, ob hier ergänzende Regelungen enthalten sind für erkrankte Kinder, die älter als 12 Jahre sind.

Manche Tarifverträgen sehen darüber hinaus vor, dass der Arbeitgeber eine Aufzahlung auf das Krankengeld von bis zu 100 % der monatlichen Nettobezüge leistet.

Achtung

Wenn das Kind vor Ablauf der prognostizierten Zeit wieder gesund ist oder wenn die Betreuung des weiter erkrankten Kinds durch eine andere Person erfolgen kann, muss der Mitarbeiter wieder zur Arbeit erscheinen.

4.3 Arbeitsverhinderung, erkrankte Kinder (ab 12 Jahre)

Sachverhalt

Ein Arbeitnehmer teilt seinem Arbeitgeber mit, dass sein über 12 Jahre altes Kind erkrankt ist und er deshalb nicht arbeiten kann. Er werde voraussichtlich eine Woche fehlen.

Hat der Arbeitnehmer Anspruch auf Freistellung und Bezahlung der ausfallenden Arbeitszeit?

Lösung

Der Arbeitnehmer hat einen Anspruch auf Freistellung für die betreffende Zeit und auch Anspruch auf Bezahlung der ausgefallenen Arbeitszeit.

Die Krankenkasse des Mitarbeiters zahlt für bestimmte Zeiträume zwar Krankengeld, wenn das Kind das 12. Lebensjahr noch nicht vollendet hat. Für ältere Kinder besteht kein Anspruch gegen die Krankenkasse.

Hier gilt die allgemeine Regelung, dass der Arbeitgeber den Mitarbeiter bezahlt von der Arbeit freistellen muss, wenn dieser aus persönlichen Gründen ohne Verschulden aus einem in seiner Person liegenden Grund für kurze Zeit seine Arbeitsleistung nicht erbringen kann. Wenn das erkrankte Kind nicht anderweitig gepflegt werden kann, ist es dem Mitarbeiter nicht zuzumuten, seiner Arbeit nachzugehen.

Der Arbeitnehmer hat aber nur dann einen Anspruch, wenn die Ausfallzeit kurz ist. Hier können keine generellen Aussagen gemacht werden, wie lange, nach Stunden oder Tagen bemessen, der Mitarbeiter fehlen darf, ohne dass er einen Entgeltverlust hat. Es ist auf den jeweiligen Einzelfall abzustellen, z.B. ob der

Mitarbeiter allein erziehend ist oder nicht. Der Mitarbeiter muss sich daher um eine anderweitige Versorgung des Kinds bemühen, z.B. durch Familienangehörige.

Will der Mitarbeiter länger freigestellt sein, muss er einen Anspruch auf Pflegezeit geltend machen. Dabei besteht jedoch kein Anspruch auf Vergütung gegen den Arbeitgeber.

Praxis-Tipp

Der Mitarbeiter muss ein ärztliches Attest über die Erkrankung des Kindes vorlegen und das Alter des Kindes bescheinigen.

Hinweis

Wenn für das Unternehmen ein Tarifvertrag gilt, muss geprüft werden, ob hier ergänzende Regelungen enthalten sind. Manche Tarifverträge sehen einen zeitlich begrenzten Anspruch auf Freistellung für die Pflege erkrankter Kinder, die älter als 12 Jahre sind, vor.

Achtung

Ist das Kind vor Ablauf der prognostizierten Zeit wieder gesund oder kann die Betreuung des weiter erkrankten Kinds durch eine andere Person erfolgen, muss der Mitarbeiter ab diesem Zeitpunkt wieder zur Arbeit erscheinen. Fehlt der Mitarbeiter zu lange, hat er für den gesamten Zeitraum des Fehlens keinen Anspruch auf Vergütung.

4.4 Arbeitsverhinderung, Betreuung gesunder Kinder

Sachverhalt

Ein Arbeitnehmer teilt seinem Arbeitgeber mit, dass er nicht zur Arbeit kommen kann. Da seine Ehefrau erkrankt ist, müsse er sich um seine Kinder kümmern, die die Grundschule und den Kindergarten besuchen. Er werde die nächsten drei Tage zu Hause bleiben müssen.

Hat der Arbeitnehmer Anspruch auf Freistellung und Bezahlung der ausfallenden Arbeitszeit?

Lösung

Der Arbeitgeber muss den Mitarbeiter freistellen und die ausfallende Arbeitszeit auch bezahlen.

Jeder Arbeitnehmer hat Anspruch auf bezahlte Freistellung von der Arbeit, wenn er aus persönlichen Gründen unverschuldet für eine kurze Zeit nicht zur Arbeit kommen kann.

Es ist festzustellen, ob der Mitarbeiter aus nur in seiner Person liegenden Gründen nicht arbeiten kann, ob es ihm also nicht zugemutet werden kann aufgrund einer persönlichen Zwangslage, an seinem Arbeitsplatz zu erscheinen. Dies ist sicher der Fall, wenn ohne seine Anwesenheit seine kleinen Kinder betreuungslos wären.

Der Zeitraum von 3 Tagen im Hinblick auf das Alter der zu betreuenden Kinder ist nicht zu beanstanden. Der Mitarbeiter muss diese Zeit aber auch dazu nutzen, sich um eine andere Betreuungsmöglichkeit der Kinder zu bemühen.

Der Mitarbeiter darf der Arbeit aber nur eine kurze Zeit fern bleiben. Es gibt hier keine allgemein gültigen Regelungen, die den Begriff der "kurzen Zeit" nach Stunden oder Tagen beziffern. Es ist daher auf den Einzelfall abzustellen. Zum einen ist das Alter der Kinder zu berücksichtigen, je jünger sie sind, desto größer ist der Betreuungsaufwand. Ebenso ist auch das Umfeld des Mitarbeiters maßgebend, ob beispielsweise seine Eltern/Schwiegereltern oder Geschwister als Betreuungspersonen zur Verfügung stehen. Der Mitarbeiter muss sich bemühen, schnellstmöglich die Betreuung der Kinder durch andere Personen, etwa Familienangehörige, sicherzustellen.

Praxis-Tipp

Der Mitarbeiter muss die Voraussetzungen für seinen Anspruch auf Freistellung durch ein Attest nachweisen das die Bettlägerigkeit der Ehefrau nachweist. Auch das Alter der Kinder muss nachgewiesen werden.

Hinweis

Wenn für das Unternehmen ein Tarifvertrag gilt, muss geprüft werden, ob er eine entsprechende, gegebenenfalls auch einen diesen Anspruch einschränkende Regelung enthält. In diesem Falle wäre dann der Mitarbeiter zwar von der Arbeit freizustellen, ein Vergütungsanspruch für die Ausfallzeit besteht dann aber ggf. nicht.

4.5 Arbeitsverhinderung, Meldepflicht des Arbeitnehmers

Sachverhalt

Ein Arbeitnehmer fehlt an einem Tag für 2 Stunden, weil er eine Zeugenaussage vor Gericht machen muss. Da der Mitarbeiter sich nicht beim Arbeitgeber abgemeldet hat, wird er wegen unentschuldigtem Fehlen abgemahnt.

Wurde der Arbeitnehmer berechtigter Weise abgemahnt?.

Lösung

Der Mitarbeiter hat gegen seine Meldepflicht verstoßen, er hat aber nicht unentschuldigt gefehlt.

Jeder Arbeitnehmer, der an seinem Arbeitsplatz, aus welchen Gründen auch immer, fehlt, muss sich bei seinem Arbeitgeber abmelden. Dabei muss er mitteilen, wann er für welche Zeit und aus welchem Grund fehlen wird.

Ausnahmen:

- Fehlt der Mitarbeiter wegen einer Arbeitsunfähigkeit, muss er nur die Tatsache der Arbeitsunfähigkeit mitteilen, nicht aber die zugrunde liegende Erkrankung nennen.
- Wenn der Mitarbeiter als Mitglied des Betriebsrats seiner Aufgabe als Betriebsrat nachgehen wird, muss er mitteilen, dass er Betriebsratsarbeit machen wird. Er muss diese aber nicht näher umschreiben.

Die Meldung an den Arbeitgeber muss unverzüglich zu dem Zeitpunkt erfolgen, zu dem der Mitarbeiter weiß, dass er zukünftig am Arbeitsplatz fehlen wird. Hat der Mitarbeiter sich nicht oder nicht rechtzeitig abgemeldet, hat er gegen seine Meldepflicht verstoßen und kann hierfür abgemahnt werden.

Die Abmahnung erfolgte hier aber nicht wegen Verstoß gegen die Meldepflicht, sondern wegen unentschuldigtem Fehlen. Der Arbeitnehmer hat im geschilderten Fall allerdings entschuldigt gefehlt. Denn die Vorladung vor Gericht zur Zeugenaussage berechtigt das Fehlen am Arbeitsplatz. Damit ist konkret die Abmahnung unberechtigt, die wegen eines unentschuldigten Fehlens ausgesprochen wurde; sie wäre zurückzunehmen und aus der Personalakte zu entfernen. Es kann dann aber eine neue Abmahnung ausgesprochen werden, weil der Mitarbeiter sich nicht rechtzeitig entschuldigt hat.

Praxis-Tipp

Das zukünftige Fehlen eines Mitarbeiters am Arbeitsplatz muss an erster Stelle der fachliche Vorgesetzte wissen. Dieser muss die Planung der Arbeitsabläufe rechtzeitig und richtig vornehmen können. Erst für die Entgeltabrechnung ist die Information der Personalverwaltung notwendig.

Deshalb sollte auch der direkte Vorgesetzte als Meldestelle bei Abwesenheitszeiten genannt sein. Der Vorgesetzte ist dann seinerseits zu verpflichten, die Personalverwaltung zu informieren.

Hinweis

Wenn mit einem betrieblich einheitlichen Meldeformular gearbeitet wird, werden keine Angaben vergessen, die erforderlichen Daten werden dann problemlos erhoben und an die jeweils zuständigen Stellen gegeben.

4.6 Arbeitsverhinderung, Krankheit

Sachverhalt

Ein Lagerarbeiter muss mittels Hubwagen Lastkraftwagen be- und entladen. Er hat seinem Arbeitgeber mitgeteilt, dass er arbeitsunfähig krank sei. Den Grund für seine Erkrankung hat er nicht mitgeteilt.

Kollegen sehen ihn jedoch, wie er während seiner Krankheitsphase schweren körperlichen Aktivitäten nachgeht. Er spielt Basketball, baut sein Haus aus, pflastert seinen Hof oder Ähnliches.

Darf der Mitarbeiter diesen privaten Tätigkeiten während der Krankheitsphase nachgehen?

Lösung

Nein, er darf diesen Tätigkeiten nicht nachgehen.

Ist der Arbeitnehmer krank, darf er berechtigterweise fehlen, wenn die Krankheit dazu führt, dass er seiner vertraglich geschuldeten Arbeitsleistung nicht nachkommen kann, wenn er die von ihm geforderte Tätigkeit nicht erbringen kann. Fehlt der Mitarbeiter länger als 3 Tage aus krankheitsbedingten Gründen, muss er dem Arbeitgeber eine ärztliche Bescheinigung vorlegen, aus der sich die Tatsache der Arbeitsunfähigkeit (aber nicht das Krankheitsbild selbst) und die voraussichtliche Dauer der Erkrankung ergibt.

Der Arbeitnehmer muss dem Arbeitgeber den Grund seiner Erkrankung nicht nennen.

Im geschilderten Fall sind jedoch erhebliche Zweifel angebracht, ob der Arbeitnehmer tatsächlich arbeitsunfähig ist. Denn die körperlichen Belastungen sind bei den privaten Tätigkeiten die gleichen wie bei der betrieblichen Tätigkeit. Deswegen ist es nicht glaubhaft, dass der Mitarbeiter tatsächlich arbeitsunfähig ist.

Grundsätzlich gibt es jedoch keine Einschränkungen von privatem Verhalten während der Zeit einer Arbeitsunfähigkeit. Der Arbeitnehmer muss sich jedoch so verhalten, dass die Erkrankung sich nicht verschlimmert, dass der Genesungszweck nicht gehindert oder die Genesung nicht verzögert wird.

Vorliegend ist davon auszugehen und zu vermuten, dass der Mitarbeiter wegen einer körperlichen Erkrankung arbeitsunfähig geschrieben wurde. Diese Attestierung ist aber ganz offensichtlich falsch, ansonsten könnte der Arbeitnehmer diesen privaten Verrichtungen nicht nachgehen.

Hinweis

Es ist nicht verboten, dass der Arbeitgeber seine erkrankten Mitarbeiter zu Hause anruft oder gar besucht. Viele Mitarbeiter erwarten sogar, dass der Vorgesetzte sich um sie auch in ihren Krankheitszeiten kümmert. Andererseits kann auch nur so festgestellt werden, ob der Arbeitnehmer tatsächlich erkrankt ist.

Ist ein Mitarbeiter länger als 6 Wochen (zusammenhängend oder in unterschiedlichen Zeiteinheiten) in einem Kalenderjahr krank, muss sogar der Arbeitgeber das Gespräch mit dem Beschäftigten suchen, um zu ermitteln, ob das krankheitsbedingte Fehlen ggf. in Zusammenhang mit der Tätigkeit oder dem Arbeitsplatz steht und ob bzw. welche betriebliche Abhilfemaßnahme zukünftigen Arbeitsunfähigkeiten vorbeugen können (§ 84 Abs. 2 SGB IX).

Praxis-Tipp

Bestehen berechtigte Zweifel an der Erkrankung eines Mitarbeiters, weil ihm etwa gewünschter Urlaub versagt wurde, die Versetzung auf einen ungeliebten Arbeitsplatz angekündigt wurde oder er bei privaten Arbeiten gesehen wurde, kann der medizinische Dienst der Krankenkassen eingeschaltet werden. Dieser überprüft, ob tatsächlich eine Arbeitsunfähigkeit vorliegt. Solange kann auch die Entgeltfortzahlung eingestellt bzw. zurückgehalten werden.

4.7 Arbeitsverhinderung, Arztbesuch

Sachverhalt

Ein Arbeitnehmer arbeitet regelmäßig täglich zwischen 8:00 Uhr und 17:00 Uhr mit Pausen zwischen 9:15 Uhr und 9:30 Uhr sowie zwischen 12:00 Uhr und 13:00 Uhr.

An einem Tag erscheint er erst um 10:00 Uhr zur Arbeit, weil er zuvor beim Arzt war für eine Blutuntersuchung im nüchternen Zustand.

Durfte der Arbeitnehmer an diesem Tage zu spät zur Arbeit kommen und ist ihm die Zeit des Fehlens zu bezahlen?

Lösung

Der Arbeitnehmer durfte während der Arbeitszeit zum Arzt gehen und hat auch einen Anspruch auf Bezahlung der ausgefallenen Arbeitszeit. Kommt ein Arbeitnehmer aus einem persönlichen Grund unverschuldet nicht zur Arbeit und fällt dadurch nur eine kurze Arbeitszeit aus, hat er Anspruch auf Bezahlung dieser Arbeitszeit.

Dem Arbeitnehmer kann nicht zugemutet werden, den ganzen Tag ohne Essen und Trinken zu verbringen, um dann nach Arbeitsende die Blutuntersuchung durchführen zu lassen. Auch ein Zuwarten nur bis zu der Frühstückspause ist ihm nicht zuzumuten.

Er muss sich allerdings nach dem Arztbesuch sofort auf den Weg zur Arbeit machen, tut er dies nicht, fehlt er unentschuldigt und kann deswegen abgemahnt werden.

Der Arbeitnehmer hätte den – routinemäßigen – Behandlungstermin allerdings verschieben müssen, wenn dem Arztbesuch an diesem Tag betriebliche Gründe entgegengestanden hätten. Wenn er z. B.

- dringende Arbeiten hätte erledigen müssen oder
- seine Arbeitsleistung an diesem Vormittag benötigt wurde, da bereits Kollegen wegen Urlaub, Krankheit oder aus sonstigen Gründen fehlten.

Hinweis

Es gibt eine Vielzahl von Tarifverträgen, die den Arztbesuch während der Arbeitszeit ansprechen. Hier wird üblicherweise geregelt, ob und unter welchen Voraussetzungen der Mitarbeiter während der Arbeitszeit zum Arzt gehen darf und ob und unter welchen Voraussetzungen er Anspruch auf Bezahlung der ausfallenden Arbeitszeit hat.

Praxis-Tipp

Der Arbeitgeber sollte sich vom Mitarbeiter eine ärztliche Bescheinigung vorlegen lassen, aus der sich Zeit und Dauer des Praxisbesuchs ergeben.

4.8 Arbeitsverhinderung, Arztbesuch (Schichtarbeitnehmer)

Sachverhalt

Ein Arbeitnehmer arbeitet regelmäßig zweischichtig, in einer Woche von 6:00 Uhr bis 14:00 Uhr, in der nächsten Woche von 14:00 Uhr bis 22:00 Uhr.

In der Frühschichtwoche kommt er an einem Tag erst um 10:00 Uhr zur Arbeit, weil er zuvor beim Arzt war. Dort wurde ihm, im Rahmen einer routinemäßigen Untersuchung, in nüchternem Zustand Blut abgenommen.

Durfte der Arbeitnehmer an diesem Tage zu spät zur Arbeit kommen und ist ihm die Zeit des Fehlens zu bezahlen?

Lösung

Der Mitarbeiter hat keinen Anspruch auf Bezahlung der ausgefallenen Arbeitszeit, da er den Arzttermin in die Spätschichtwoche hätte legen können. So wäre keine Arbeitszeit ausgefallen.

Er durfte an diesem Tage wegen des Arztbesuchs auch nur dann fehlen, wenn keine betrieblichen Gründe dem entgegenstanden. Wenn er an diesem Vormittag hätte eine dringende Arbeit erledigen müssen, hätte er den Arzttermin verschieben müssen.

Auch wenn bereits Kollegen wegen Urlaub, Krankheit oder aus sonstigen Gründen fehlen und deshalb die Arbeitsleistung des Mitarbeiters an diesem

Vormittag benötigt wurde, hätte er den Behandlungstermin verschieben müssen.

War der Arztbesuch bereits um 8:30 Uhr beendet, hätte er sich sofort auf den Weg zu seinem Arbeitsplatz machen müssen. Hat er dies nicht getan hat, hat er unentschuldigt gefehlt und kann deswegen abgemahnt werden.

Hinweis

Es gibt eine Vielzahl von Tarifverträgen, die den Arztbesuch während der Arbeitszeit ansprechen. Hier wird üblicherweise geregelt, ob und unter welchen Voraussetzungen der Mitarbeiter während der Arbeitszeit zum Arzt gehen darf und ob und unter welchen Voraussetzungen er einen Anspruch auf Bezahlung der ausfallenden Arbeitszeit hat.

Achtung

Liegt ein Notfall vor, hat der Arbeitnehmer sich beispielsweise verletzt oder sind während der Arbeitszeit plötzlich Zahnschmerzen oder Kopfweh aufgetreten, kann er selbstverständlich nicht darauf verwiesen werden, bis zum Ende der Arbeitszeit zu warten, um erst dann zum Arzt zu gehen. Der Arbeitnehmer darf dann unter Fortzahlung der Vergütung sofort ärztliche Hilfe in Anspruch nehmen.

Praxis-Tipp

Der Arbeitgeber sollte sich vom Mitarbeiter eine ärztliche Bescheinigung vorlegen lassen, aus der sich Zeit und Dauer des Praxisbesuchs ergeben und darüber, ob der Mitarbeiter einen Termin außerhalb der Arbeitszeit hätte wahrnehmen können.

4.9 Arbeitsverhinderung, witterungsbedingt

Sachverhalt

Mehrere Arbeitnehmer kommen zu spät zur Arbeit. Sie standen im Stau wegen einer Straßensperrung oder mussten wegen Schnee und Glatteis langsamer als üblich fahren.

Sie verlangen vom Arbeitgeber die Bezahlung der ausgefallenen Arbeitszeit, da sie für die Verspätung nichts konnten.

Haben die Arbeitnehmer Anspruch auf Bezahlung der ausgefallenen Arbeitszeit?

Lösung

Die Mitarbeiter haben keinen Anspruch auf Bezahlung der ausgefallenen Arbeitszeit.

Zwar können die Mitarbeiter nichts für eine Straßensperrung, sodass sie das Zuspätkommen nicht verschuldet haben. Sie können auch nichts dafür, dass die Straßen glatt waren und sie deshalb langsamer fahren mussten als üblich.

Der Grund des Fehlens zu Beginn der Arbeitszeit liegt aber nicht in der Person der Mitarbeiter, sondern in der objektiven Verkehrslage. Diese betrifft alle Beschäftigten aus der entsprechenden Fahrtrichtung.

Hinweis

Bei witterungsbedingtem Zuspätkommen kann sogar von einem Verschulden des Mitarbeiters ausgegangen werden. In der Winterzeit muss er nämlich damit rechnen, dass es über Nacht schneit oder die Straßen glatt werden. Deshalb muss er dies bei seiner kalkulierten Fahrzeit zum Betrieb mit einberechnen und entsprechend früher von zu Hause aus aufbrechen.

Etwas anderes gilt selbstverständlich in dem Fall, dass über Nacht ein Sturm Bäume entwurzelt, die zu Straßensperrungen führen. Hiermit muss ein Arbeitnehmer grundsätzlich nicht rechnen.

Praxis-Tipp

Gibt es insbesondere in der Winterzeit Probleme mit der Pünktlichkeit der Mitarbeiter, sollte durch einen Aushang am Schwarzen Brett darauf hingewiesen werden, dass die durch die Verspätung ausfallende Arbeitszeit nicht bezahlt werden muss und es deshalb im eigenen Interesse der Beschäftigten liegt, rechtzeitig von zu Hause aus loszufahren.

4.10 Arbeitsverhinderung, verspätete Urlaubsrückkehr

Sachverhalt

Ein Beschäftigter hat bis 31.10. genehmigten Erholungsurlaub und muss die Arbeit am 1.11. wieder aufnehmen. Er erscheint aber nicht, da sich die Rückkehr mit dem Flugzeug verzögert. Der Flughafen am Urlaubsort ist gesperrt oder aber die Fluglinie bzw. der Reiseveranstalter haben den Betrieb eingestellt.

Hat der Arbeitnehmer Anspruch auf die Bezahlung der durch die verspätete Rückkehr ausgefallenen Arbeitszeit?

Lösung

Der Mitarbeiter hat keinen Anspruch auf Bezahlung der ausgefallenen Arbeitszeit. Zwar kann der Urlauber nichts für die verspätete Rückkehr, es liegt nicht in seinem Entscheidungsbereich, dass der Rückflug nicht zeitgerecht geklappt hat. Der Grund für die Verspätung liegt aber nicht in der Person des Mitarbeiters, sondern in der objektiven Reiselage.

Hinweis

Wenn der Arbeitnehmer aber in ein unsicheres Urlaubsgebiet fliegt, das ein so genannter verständiger Urlauber nicht gewählt hätte (Warnhinweise des Außenministeriums), kann sogar von einem Verschulden des Mitarbeiters ausgegangen werden. Er könnte abgemahnt werden.

Praxis-Tipp

Am schwarzen Brett können Warnhinweise der Behörden ausgehängt werden.

5 Annehmlichkeiten

5.1 Annehmlichkeiten, Arbeitsessen (außergewöhnlicher Einsatz)

Sachverhalt

In einem Unternehmen steht die Jahresinventur durch die Mitarbeiter an. Die Inventur soll ohne größere Unterbrechungen ablaufen. Daher bestellt der Arbeitgeber an jedem der 3 Tage für alle Einsatzkräfte Mittagessen und Getränke, die im Betrieb verzehrt werden. Die Kosten belaufen sich auf 25 EUR pro Tag und pro Person.

Handelt es sich bei den 25 EUR um lohnsteuer- und sozialversicherungsfreie Aufmerksamkeiten für die Mitarbeiter?

Lösung

Die Mahlzeiten gelten als Aufmerksamkeiten, da sie bei einem außergewöhnlichen Arbeitseinsatz gewährt werden. Die Kosten überschreiten nicht die Grenze von 40 EUR pro Mahlzeit und pro Tag. Somit bleibt die Aufmerksamkeit für die Mitarbeiter lohnsteuer- und sozialversicherungsfrei.

Hinweis

Gebucht werden die Mahlzeiten unter „Freiwillige soziale Leistungen, lohnsteuerfrei" oder unter „Aufmerksamkeiten".

5.2 Annehmlichkeiten, Verzehr im Betrieb (Kaffee, Tee, Gebäck)

Sachverhalt

In einem Unternehmen wird den Mitarbeitern Kaffee, Tee, Mineralwasser sowie Gebäck und Süßigkeiten unentgeltlich zur Verfügung gestellt. Der Arbeitgeber selbst trinkt auch Kaffee im Büro.

Stellt die Zurverfügungstellung von Getränken und Lebensmitteln an die Mitarbeiter lohnsteuer- und sozialversicherungspflichtigen Arbeitslohn dar und muss der Arbeitgeber seine eigene Tasse Kaffee als Privatentnahme buchen?

Lösung

Getränke und Genussmittel, die der Arbeitgeber dem Arbeitnehmer zum Verzehr im Betrieb unentgeltlich zur Verfügung stellt, gelten gem. R 19.6 LStR als steuerfreie Aufmerksamkeiten. Sie gelten nicht als Arbeitslohn.

Auch die eigene Tasse Kaffee darf sich der Arbeitgeber weiterhin gönnen, sofern die Aufwendungen insgesamt im angemessenen Rahmen bleiben.

Hinweis

Werden den Arbeitnehmern vollständige Mahlzeiten zur Verfügung gestellt, ist Vorsicht geboten. Diese gelten nur als Aufmerksamkeiten, wenn sie im Rahmen eines außergewöhnlichen Arbeitseinsatzes gewährt werden. Auch die Bewirtung in einer Gaststätte zählt nicht als Aufmerksamkeit.

5.3 Annehmlichkeiten, Tankgutschein

Sachverhalt

Ein Arbeitgeber möchte, seinen Mitarbeitern anstelle einer Gehaltserhöhung oder Prämie monatlich einen Tankgutschein zur Verfügung zu stellen.

Wie muss der Gutschein ausgestellt sein, damit er für den Mitarbeiter keinen lohnsteuer- und sozialversicherungspflichtigen Arbeitslohn darstellt?

Lösung

Sachbezüge bis zu einer Freigrenze von 44 EUR monatlich, die nicht in Geld bestehen, bleiben lohnsteuer- und sozialversicherungsfrei. Lt. dreier BFH-Urteile vom 11.11.2010 (VI R 27/09, VI R 41/10 und VI R 21/09) ist die Regelung überholt, nach der auf dem Gutschein kein Geldbetrag ausgewiesen werden darf, überholt. Der Arbeitgeber darf dem Arbeitnehmer einen Gutschein mit einem ausgewiesenen Geldbetrag oder auch einen Geldbetrag mit der Auflage zum Erwerb einer Sachleistung überlassen.

Die "alte" Regel darf im Prinzip weiter angewandt werden:

- Der Arbeitgeber rechnet mit einer Tankstelle seiner Wahl monatlich ab und erhält von dort eine Gesamtrechnung.
- Jeder Arbeitnehmer erhält monatlich einen neuen Gutschein (damit kann man auch Preisschwankungen berücksichtigen, da monatlich die Menge neu festgelegt werden kann).
- Die Gutscheine müssen durch die Arbeitnehmer monatlich eingelöst werden.
- Die Tankstelle sollte die Gutscheine sammeln und diese bei ihrer Rechnung an den Arbeitgeber hinzufügen.

Allerdings kann man es sich auch leichter machen:

- Der Arbeitgeber händigt dem Arbeitnehmer einen Gutschein über höchstens 44 EUR aus. Die Tankstelle rechnet anschließend mit dem Arbeitgeber ab.
- Der Arbeitgeber überlässt dem Arbeitnehmer eine Tankkarte, mit dieser darf der Arbeitnehmer bei einer bestimmten Tankstelle für monatlich höchstens 44 EUR tanken.
- Der Arbeitgeber überlässt dem Arbeitnehmer 44 EUR monatlich in bar, die dieser dann in Form einer monatlichen Tankquittung abrechnen muss.
- Die Gutscheine können natürlich auch zum Erwerb von anderen Waren ausgegeben werden. Es ist also wieder möglich, Gutscheine im Einzelhandel für maximal 44 EUR zu erwerben und an die Arbeitnehmer auszugeben.

Hinweis

Bei der 44-EUR-Grenze handelt es sich um eine monatliche Freigrenze, die insgesamt pro Arbeitnehmer nicht überschritten werden darf. Dabei ist darauf zu achten, ob der Arbeitnehmer weitere Sachbezüge von seinem Arbeitgeber erhält, z.B. eine Dienstwohnung, für die der Arbeitnehmer weniger als die ortsübliche Miete zu zahlen hat oder ein zinsbegünstigtes Darlehen.

Die Zurverfügungstellung eines Firmenwagens zur privaten Nutzung sowie die Überlassung von Essenmarken bleiben dabei unberücksichtigt.

Praxis-Tipp

Der Arbeitgeber sollte bei der Ausgabe von Gutscheinen weiterhin darauf achten, dass diese monatlich eingelöst und nicht gesammelt werden.

5.4 Annehmlichkeiten, Warengutschein

Sachverhalt

Eine Mitarbeiterin erhält zum Geburtstag einen Gutschein einer Parfümerie in Höhe von 40 EUR.

Stellt der Gutschein lohnsteuer- und sozialversicherungspflichtigen Arbeitslohn für die Arbeitnehmerin dar?

Lösung

Der Gutschein gilt bis zu einem Einlösungsbetrag von 40 EUR als steuerfreie Aufmerksamkeit.

Hinweis

Die 40-EUR-Grenze für Sachgeschenke anlässlich eines besonderen persönlichen Ereignisses gilt unabhängig von der 44-EUR-Grenze für geringfügige Sachbezüge. Die Mitarbeiterin kann also z.B. neben der Überlassung eines monatlichen Jobtickets in Höhe von 44 EUR einen Geburtstagsgutschein in Höhe von 40 EUR erhalten. Auch die Überlassung eines Firmenwagens zur privaten Nutzung bzw. die Überlassung von Mahlzeiten oder Essenmarken ist nicht auf die 44-EUR-Grenze anzurechnen.

5.5 Annehmlichkeiten, Sachgeschenk (Wert 40 EUR)

Sachverhalt

In einem Unternehmen ist es üblich, dass jeder Mitarbeiter zu persönlichen Anlässen ein Geschenk erhält.

Eine Mitarbeiterin erhält zum Geburtstag ein Parfüm zum Preis von 30 EUR sowie einen Blumenstrauß zum Preis von 10 EUR.

Handelt es sich bei dem Sachgeschenk um lohnsteuer- und sozialversicherungspflichtigen Arbeitslohn für die Mitarbeiterin?

Lösung

Die Freigrenze von 40 EUR für Sachgeschenke wird nicht überschritten. Das Sachgeschenk kann als Aufmerksamkeit abgerechnet werden und gehört als solche nicht zum lohnsteuer- und beitragspflichtigen Arbeitslohn.

Hinweis

Geschenke an Mitarbeiter und Geschenke an Geschäftsfreunde werden auf separaten Konten in der Finanzbuchhaltung gebucht.

Praxis-Tipp

Auf allen Belegen, die abrechnet werden, sollten sofort der Empfänger des Geschenks und der Anlass notiert werden. So spart man sich bei späteren Betriebsprüfungen Aufwand und Ärger.

5.6 Annehmlichkeiten, Sachgeschenk (Wert über 40 EUR)

Sachverhalt

In einem Unternehmen ist es üblich, dass jeder Mitarbeiter zu persönlichen Anlässen ein Geschenk erhält.

Eine Mitarbeiterin erhält zur Hochzeit ein Buch zum Preis von 35 EUR sowie einen Blumenstrauß zum Preis von 7 EUR.

Handelt es sich bei dem Sachgeschenk um lohnsteuer- und sozialversicherungspflichtigen Arbeitslohn für die Mitarbeiterin?

Lösung

Die Freigrenze von 40 EUR für Sachgeschenke wird überschritten. Das Sachgeschenk kann nicht als Aufmerksamkeit abgerechnet werden. Allerdings ist zu prüfen, ob die 44-EUR-Freigrenze für geringfügige Sachbezüge noch nicht ausgeschöpft wurde (z. B. durch Tankgutschein oder Jobticket). In diesem Fall könnte der Betrag in Höhe von 42 EUR als geringfügiger Sachbezug steuerfrei bleiben. Ansonsten gehört der Betrag in voller Höhe zum lohnsteuer- und beitragspflichtigen Arbeitslohn.

Hinweis

Geschenke an Mitarbeiter und Geschenke an Geschäftsfreunde werden auf separaten Konten in der Finanzbuchhaltung gebucht.

Praxis-Tipp

Auf allen Belegen, die abrechnet werden, sollten sofort der Empfänger des Geschenks und der Anlass notiert werden. So spart man sich bei späteren Betriebsprüfungen Aufwand und Ärger.

5.7 Annehmlichkeiten, Geld- und Sachgeschenk

Sachverhalt

In einem Unternehmen ist es üblich, dass jeder Mitarbeiter zu persönlichen Anlässen ein Geschenk erhält. Ein Mitarbeiter erhält ein Geldgeschenk in Höhe von 30 EUR sowie einen Blumenstrauß zum Preis von 10 EUR.

Handelt es sich bei den Geschenken um lohnsteuer- und sozialversicherungspflichtigen Arbeitslohn für die Mitarbeiter?

Lösung

Der Blumenstrauß gilt als Sachgeschenk und kann als Aufmerksamkeit abgerechnet werden.

Geldgeschenke gehören immer in voller Höhe zum lohnsteuer- und sozialversicherungspflichtigen Arbeitslohn.

Hinweis

Geschenke an Mitarbeiter und Geschenke an Geschäftsfreunde werden auf separaten Konten in der Finanzbuchhaltung gebucht.

Praxis-Tipp

Auf allen Belegen, die abrechnet werden, sollten sofort der Empfänger des Geschenks und der Anlass notiert werden. So spart man sich bei späteren Betriebsprüfungen Aufwand und Ärger.

5.8 Annehmlichkeiten, Geldgeschenk

Sachverhalt

In einem Unternehmen ist es üblich, dass jeder Mitarbeiter zu persönlichen Anlässen ein Geschenk erhält.

Ein Mitarbeiter erhält zu einem "runden" Geburtstag als besondere Anerkennung ein Geldgeschenk in Höhe von 100 EUR.

Handelt es sich bei dem Geschenk um lohnsteuer- und sozialversicherungspflichtigen Arbeitslohn für den Mitarbeiter ?

Lösung

Geldgeschenke gehören immer in voller Höhe zum lohnsteuer- und sozialversicherungspflichtigen Arbeitslohn. Der besondere Anlass spielt keine Rolle.

Praxis-Tipp

Auf allen Belegen, die abrechnet werden, sollten sofort der Empfänger des Geschenks und der Anlass notiert werden. So spart man sich bei späteren Betriebsprüfungen Aufwand und Ärger.

6 Aushilfslöhne

6.1 Aushilfslöhne, mehrere Minijobs

Sachverhalt

Eine Arbeitnehmerin arbeitet als Haushaltshilfe in drei verschiedenen Haushalten. Sie ist verheiratet (Steuerklasse V) und gesetzlich krankenversichert. In jedem Haushalt ist sie mit 400 EUR pro Monat geringfügig beschäftigt.

Ist die Arbeitnehmerin versicherungspflichtig zur Sozialversicherung und wie ist das Einkommen zu versteuern?

Lösung

Die Beschäftigungen müssen zusammengerechnet werden und sind somit in allen Zweigen der Sozialversicherung versicherungspflichtig.

Die Abrechnung kann nicht mehr über das Haushaltsscheckverfahren mit der Minijob-Zentrale erfolgen.

Die Anwendung der Pauschalsteuer in Höhe von 2 % ist nicht möglich. Es bestehen folgende Möglichkeiten:

1. Versteuerung nach Lohnsteuerkarte: im ersten Arbeitsverhältnis Steuerklasse V, im zweiten und dritten Arbeitsverhältnis Steuerklasse VI.

   Folge: Bei der Einkommensteuerveranlagung werden alle 3 Beschäftigungsverhältnisse berücksichtigt. Zuviel gezahlte Lohnsteuer kann ggf. zurückgefordert werden.
2. Versteuerung aller 3 Arbeitsverhältnisse mit 20 % pauschaler Lohnsteuer zzgl. Solidaritätszuschlag und ggf. Kirchensteuer.

   Folge: Alle 3 Arbeitsverhältnisse bleiben bei der Einkommensteuerveranlagung außen vor. Die pauschale Lohnsteuer kann also auch nicht über die Einkommensteuererklärung zurückgeholt werden.
3. Kombinationen von 1. und 2., z. B. im ersten Arbeitsverhältnis Steuerklasse V, Arbeitsverhältnis 2 und 3 pauschal mit 20 %.

Lohnabrechnung zu 1.

Erstes Arbeitsverhältnis

Bruttolohn	400,00 EUR
Lohnsteuer (Steuerklasse V)	34,50 EUR
Solidaritätszuschlag	0,00 EUR
Kirchensteuer (9 %)	3,10 EUR
Krankenversicherung (8,2 %)	32,80 EUR
Pflegeversicherung, kinderlos (1,225 %)	4,90 EUR
Rentenversicherung (9,8 %)	39,20 EUR
Arbeitslosenversicherung (1,5 %)	6,00 EUR
Auszahlungsbetrag	279,50 EUR

Zweites und drittes Arbeitsverhältnis

Bruttolohn	400,00 EUR
Lohnsteuer (Steuerklasse VI)	46,58 EUR
Solidaritätszuschlag	0,00 EUR
Kirchensteuer (9 %)	4,19 EUR
Krankenversicherung (8,2 %)	32,80 EUR
Pflegeversicherung, kinderlos (1,225 %)	4,90 EUR
Rentenversicherung (9,8 %)	39,20 EUR
Arbeitslosenversicherung (1,5 %)	6,00 EUR
Auszahlungsbetrag:	266,33 EUR

Lohnabrechnung zu 2.

Bruttolohn	400,00 EUR
Pauschale Lohnsteuer (20 %)	80,00 EUR
Solidaritätszuschlag (5,5 % von 80 EUR)	4,40 EUR
Kirchensteuer (9 %von 80 EUR)	7,20 EUR
Krankenversicherung (8,2 %)	32,80 EUR

Pflegeversicherung, kinderlos (1,225 %)	4,90 EUR
Rentenversicherung (9,95 %)	39,20 EUR
Arbeitslosenversicherung (1,5 %)	6,00 EUR
Auszahlungsbetrag:	225,50 EUR

Arbeitgeberaufwendungen

Die Kosten der Arbeitgeber sind in allen Fällen gleich:

Krankenversicherung (7,3 %)	29,20 EUR
Pflegeversicherung (0,975 %)	3,90 EUR
Rentenversicherung (9,8 %)	39,20 EUR
Arbeitslosenversicherung (1,5 %)	6,00 EUR
Summe der Nebenkosten	78,30 EUR
Zzgl. Aushilfslohn	400,00 EUR
Gesamtkosten	478,30 EUR

(zzgl. Umlagen 1 und 2; Umlage 3 entfällt, da Privathaushalt)

6.2 Aushilfslöhne, ein Minijob (gesetzlich krankenversichert)

Sachverhalt

Eine Aushilfskraft ist auf 400-EUR-Basis unbefristet eingestellt. Sie ist verheiratet, familienversichert in einer gesetzlichen Krankenkasse und übt keine weitere Beschäftigung aus.

Ist die Arbeitnehmerin versicherungspflichtig zur Sozialversicherung und wie ist das Einkommen zu versteuern?

Lösung

Übt ein Arbeitnehmer ausschließlich einen „Minijob" mit einem Verdienst bis zu 400 EUR aus, bleibt das Arbeitsverhältnis für den Beschäftigten versicherungsfrei.

Der Arbeitgeber hat folgende Abgaben an die Deutsche Rentenversicherung Knappschaft-Bahn-See, Minijob-Zentrale zu leisten:

15 %	Rentenversicherung
13 %	Krankenversicherung
2 %	Einheitliche Pauschalsteuer (Lohnsteuer, Solidaritätszuschlag und Kirchensteuer)

Der Arbeitgeber hat die Möglichkeit, die pauschale Lohnsteuer auf den Arbeitnehmer abzuwälzen. Eine Abwälzung von pauschalen Sozialversicherungsbeiträgen ist nicht zulässig.

Abrechnung ohne Abwälzung der Pauschsteuer

Aushilfslohn	400 EUR
Abzüge	0 EUR
Auszahlungsbetrag:	400 EUR

Arbeitgeberbelastung

Aushilfslohn	400 EUR
Rentenversicherung (15 %)	60 EUR
Krankenversicherung (13 %)	52 EUR
Pauschsteuer (2 %)	8 EUR
Gesamtbelastung	520 EUR
zzgl. Umlagen	

Hinweis

Die Arbeitnehmerin ist über den Minijob nicht selbst krankenversichert. Sie bleibt weiterhin familienversichert, solange ihr Verdienst 400 EUR monatlich nicht überschreitet.

Arbeitnehmer, die nicht als Familienangehörige, Studenten, Rentner oder Arbeitslose krankenversichert sind, müssen auf jeden Fall mehr als 400 EUR monatlich verdienen, um über dieses Arbeitsverhältnis eine eigene Krankenversicherungspflicht zu begründen.

6.3 Aushilfslöhne, ein Minijob (privat krankenversichert)

Sachverhalt

Zur Unterstützung der Mitarbeiter wird eine weitere Aushilfskraft auf 400-EUR-Basis unbefristet eingestellt. Die neue Mitarbeiterin ist verheiratet, privat krankenversichert und übt keine weitere Beschäftigung aus.

Muss der Arbeitgeber auch den Pauschalbeitrag für die Krankenversicherung leisten?

Lösung

Ist die Arbeitnehmerin privat krankenversichert, entfällt die Pauschale von 13 % für die Krankenversicherung.

Der Arbeitgeber hat folgende Abgaben an die Deutsche Rentenversicherung Knappschaft-Bahn-See, Minijob-Zentrale zu leisten:

15 %	Rentenversicherung
2 %	Einheitliche Pauschalsteuer (Lohnsteuer, Solidaritätszuschlag und Kirchensteuer)

Abrechnung ohne Abwälzung der Pauschsteuer

Aushilfslohn	400 EUR
Abzüge	0 EUR
Auszahlungsbetrag	400 EUR

Arbeitgeberbelastung

Aushilfslohn	400 EUR
Rentenversicherung (15 %)	60 EUR
Pauschsteuer (2 %)	8 EUR
Gesamtbelastung	468 EUR

zzgl. Umlagen

6.4 Aushilfslöhne, Abrechnung über Lohnsteuerkarte

Sachverhalt

Im August wird eine Aushilfskraft auf 400-EUR-Basis unbefristet eingestellt. Die neue Mitarbeiterin legt eine Lohnsteuerkarte mit Steuerklasse I vor. Sie ist seit 1.7. arbeitslos gemeldet und war bis zu diesem Zeitpunkt vollbeschäftigt. Sie ist gesetzlich krankenversichert, die Beiträge werden von der Bundesagentur für Arbeit entrichtet. Sie übt keine weitere Beschäftigung aus.

Sollte die Besteuerung nach den Merkmalen der Lohnsteuerkarte oder pauschal erfolgen?

Lösung

Bei der Besteuerung über Lohnsteuerkarte fällt in den Steuerklassen I bis IV bei einem Verdienst von 400 EUR keine Lohnsteuer an.

In diesem Fall ist jedoch eine Abrechnung über die Lohnsteuerkarte nicht zu empfehlen, da bei der Veranlagung zur Einkommensteuer neben den Einkünften aus dem Minijob auch die sonstigen steuerpflichtigen Einkünfte, z.B. aus selbstständiger oder gewerblicher Tätigkeit sowie die Einkünfte aus nichtselbstständiger Tätigkeit vom 1.1. – 30.6 berücksichtigt werden. Minijobs, die pauschal besteuert werden, bleiben bei der Veranlagung zur Einkommensteuer außer Betracht.

Übt ein Arbeitnehmer ausschließlich einen „Minijob" mit einem Verdienst bis zu 400 EUR aus, bleibt das Arbeitsverhältnis für den Beschäftigten versicherungsfrei. Der Arbeitgeber muss folgende Pauschalbeiträge abführen.

15 %	Rentenversicherung
13 %	Krankenversicherung
2 %	Einheitliche Pauschalsteuer (Lohnsteuer, Solidaritätszuschlag und Kirchensteuer)

Der Arbeitgeber hat die Möglichkeit, die pauschale Lohnsteuer auf den Arbeitnehmer abzuwälzen. Eine Abwälzung von pauschalen Sozialversicherungsbeiträgen ist nicht zulässig.

Hinweis

Der Arbeitgeber hat die Möglichkeit, die pauschale Lohnsteuer auf den Arbeitnehmer abzuwälzen. Eine Abwälzung von pauschalen Sozialversicherungsbeiträgen ist nicht zulässig.

Praxis-Tipp

Die Sozialversicherungsfreiheit von Minijobs ist nicht abhängig von den monatlich geleisteten Arbeitsstunden des Arbeitnehmers. Auch wenn der Arbeitnehmer mehr als 15 Stunden wöchentlich arbeitet, bleibt die Behandlung als Minijob erhalten. Zu beachten ist aber, dass Arbeitnehmer nicht mehr von der Bundesagentur für Arbeit vermittelt werden, wenn sie 15 Stunden und mehr pro Woche arbeiten. Dies ist im o. g. Fall unbedingt zu beachten! Die Arbeitszeit von maximal 14,9 Stunden sollte also unbedingt im Arbeitsvertrag vereinbart werden.

6.5 Aushilfslöhne, Rentnerbeschäftigung (Minijob)

Sachverhalt

Im August wird eine Aushilfe auf 400-EUR-Basis unbefristet eingestellt. Der Mitarbeiter legt eine Lohnsteuerkarte mit Steuerklasse I vor. Er erhält seit 1.7. Rente wegen Berufsunfähigkeit und hat bis zu diesem Zeitpunkt Krankengeld erhalten. Er ist gesetzlich krankenversichert, die Beiträge werden von der Deutschen Rentenversicherung entrichtet. Er übt keine weitere Beschäftigung aus.

Dürfen Rentenbezieher auf Minijob-Basis beschäftigt werden?

Lösung

Grundsätzlich können Rentenbezieher auf Minijob-Basis beschäftigt werden. Bei Teilrentnern sind die Hinzuverdienstgrenzen zu beachten. Altersrentner dürfen unbegrenzt dazuverdienen.

Übt ein Arbeitnehmer ausschließlich einen „Minijob" mit einem Verdienst bis zu 400 EUR aus, bleibt das Arbeitsverhältnis für den Beschäftigten versicherungsfrei.

Die Besteuerung erfolgt hier nach Lohnsteuerkarte da bei den Steuerklassen I bis IV bei einem Verdienst von 400 EUR keine Lohnsteuer anfällt. So entfällt die Pauschalsteuer in Höhe von 2 % für den Arbeitgeber.

Der Arbeitgeber hat folgende Abgaben an die Deutsche Rentenversicherung Knappschaft-Bahn-See, Minijob-Zentrale zu leisten:

15 %	Rentenversicherung
13 %	Krankenversicherung

Abrechnung

Aushilfslohn	400 EUR
Abzüge	0 EUR
Auszahlungsbetrag	400 EUR

Arbeitgeberbelastung

Aushilfslohn	400 EUR
Rentenversicherung (15 %)	60 EUR
Krankenversicherung (13 %)	52 EUR
Gesamtbelastung	512 EUR
zzgl. Umlagen	

Hinweis

Die Besteuerung nach Lohnsteuerkarte ist in diesem Fall unbedenklich, wenn der Arbeitnehmer keine weiteren steuerpflichtigen Einkünfte, z. B. aus selbstständiger oder gewerblicher Tätigkeit bzw. aus Vermietung und Verpachtung oder Kapitalvermögen hat. Das sollte in jedem Fall vorher erfragt werden.

Minijobs, die pauschal besteuert werden, bleiben bei der Veranlagung zur Einkommensteuer außer Betracht.

Praxis-Tipp

Bei Rentnern erweist sich die Antwort als schwierig, welche Art der Besteuerung zu bevorzugen ist:

- Bei der Veranlagung zur Einkommensteuer bleibt der Arbeitslohn, der pauschal besteuert wurde, außer Ansatz.

- Arbeitslohn, der nach Lohnsteuerkarte besteuert wurde, wird bei der Veranlagung zur Einkommensteuer angerechnet. Bei Rentnern kann es dadurch durchaus zu einer Nachversteuerung kommen, vor allem, wenn noch andere Einkünfte, z. B. aus Vermietung und Verpachtung oder Kapitalvermögen, vorliegen bzw. bei Ehepaaren, von denen noch ein Partner vollbeschäftigt ist.

Bei Teilrentnern sind vor einer geringfügigen bzw. kurzfristigen Beschäftigung unbedingt die Hinzuverdienstgrenzen bei der Deutschen Rentenversicherung zu erfragen, da es bei Überschreiten zu einer Rentenkürzung kommt.

6.6 Aushilfslöhne, Kurzfristige Beschäftigung

Sachverhalt

Für die Urlaubszeit wird eine Altersrentnerin vom 3.7. bis 21.7. (15 Arbeitstage) als Aushilfskraft eingesetzt. Sie springt auch im Fall der Erkrankung der Sekretärin ein. Die Aushilfe erhält 7,75 EUR pro Stunde bei einer täglichen Arbeitszeit von 8 Stunden. Sie gehört keiner kirchensteuererhebenden Religionsgemeinschaft an. Die pauschale Lohnsteuer wird von der Aushilfskraft getragen.

Fallen für die Beschäftigung Beiträge zur Sozialversicherung an und ist eine pauschale Besteuerung zulässig?

Lösung

Die Aushilfskraft kann sozialversicherungsrechtlich als kurzfristig Beschäftigte behandelt werden, da das Beschäftigungsverhältnis maximal 50 Arbeitstage bzw. 2 Monate innerhalb eines Kalenderjahrs nicht übersteigt.

- Das Arbeitsverhältnis ist in allen Zweigen der Sozialversicherung versicherungsfrei für Arbeitnehmer und Arbeitgeber. Die Versicherungsfreiheit ist an folgende Kriterien geknüpft:
  - Die Beschäftigung muss in ihrer Eigenart von vornherein begrenzt sein,
  - die Befristung muss von vornherein vereinbart werden,
  - es darf keine Dauerbeschäftigung bzw. ein regelmäßig wiederkehrendes Arbeitsverhältnis vorliegen und
  - die Beschäftigung darf nicht berufsmäßig ausgeübt werden.

Sollte der Vertretungszeitraum durch unvorhersehbare Gründe über 50 Tage hinaus verlängert werden müssen, ist das Arbeitsverhältnis ab dem 51. Arbeitstag in allen Zweigen sozialversicherungspflichtig.

Die Arbeitnehmerin muss als kurzfristig Beschäftigte bei der Deutschen Rentenversicherung Knappschaft-Bahn-See, Minijob-Zentrale, angemeldet werden, obwohl keine Beiträge zu zahlen sind.

- Die pauschale Besteuerung mit 25 % pauschaler Lohnsteuer zzgl. 5,5 % Solidaritätszuschlag und ggf. Kirchensteuer ist in diesem Falle zulässig, da der Beschäftigungszeitraum 18 zusammenhängende Arbeitstage nicht überschreitet. Ebenso werden der durchschnittliche Arbeitslohn von 62 EUR pro Tag sowie der durchschnittliche Stundenlohn von 12 EUR nicht überschritten. Die pauschale Lohnsteuer darf auf die Arbeitnehmerin abgewälzt werden.

Abrechnung mit pauschaler Lohnsteuer	
Aushilfslohn (7,75 EUR × 8 Std. × 15 Tage)	930,00 EUR
Pauschale Lohnsteuer (25 %)	232,50 EUR
Pauschaler Solidaritätszuschlag (5,5 %)	12,78 EUR
Auszahlungsbetrag	684,72 EUR

Arbeitgeberbelastung	
Aushilfslohn (7,75 EUR × 8 Std. × 15 Tage)	930,00 EUR
Nebenkosten	0,00 EUR
Gesamtbelastung	930,00 EUR

(zzgl. Umlagen 2 und 3; Umlage 1 entfällt, da Dauer Beschäftigungsverhältnis < 4 Wochen)

Hinweis

Weist die Arbeitnehmerin nach, dass sie keiner kirchensteuererhebenden Religionsgemeinschaft angehört (z. B. durch Vorlage einer Lohnsteuerbescheinigung), kann die pauschale Kirchensteuer entfallen.

6.7 Aushilfslöhne, Kurzfristige Beschäftigung (Arbeitgeber trägt Lohnsteuer)

Sachverhalt

Eine Aushilfskraft wird für 3 Wochen (15 Arbeitstage) eingestellt. Die tägliche Arbeitszeit beträgt 6 Stunden, 8 EUR pro Stunden. Die Lohnsteuer wird mit 25 % pauschaliert, da die Beschäftigung nicht mehr als 18 zusammenhängende Arbeitstage dauert und der Arbeitslohn 62 EUR pro Tag sowie 12 EUR pro Stunde nicht übersteigt. Die pauschale Lohnsteuer übernimmt der Arbeitgeber.

Wie hoch sind Auszahlungsbetrag und Arbeitgeberbelastung?

Lösung

Abrechnung

Aushilfslohn (15 Arbeitstage × 6 Std. x 8 EUR)	720 EUR
Abzüge	0 EUR
Auszahlungsbetrag	720 EUR

Arbeitgeberbelastung

Aushilfslohn (15 Arbeitstage × 6 Std. x 8 EUR)	720,00 EUR
Lohnsteuer (25 % v. 720 EUR)	180,00 EUR
Solidaritätszuschlag (5,5 % v. 180 EUR)	9,90 EUR
Kirchensteuer, Ann. (5 % v. 180 EUR)	9,00 EUR
Gesamtbelastung	918,90 EUR

(zzgl. Umlagen 2 und 3; Umlage 1 entfällt, da Dauer Beschäftigungsverhältnis < 4 Wochen)

Praxis-Tipp

Die Lohnsteuer kann auch nach den Merkmalen der Lohnsteuerkarte ermittelt werden. Es sollte vorher vereinbart werden, wie der Aushilfslohn versteuert werden soll.

Hinweis

Wird jemand während den Ferien als Ferienjobber oder auf Messen als Standpersonal eingesetzt, liegt z. B. eine gelegentliche, nicht regelmäßig wiederkehrende Beschäftigung vor.

Von einer Beschäftigung zu einem unvorhersehbaren Zeitpunkt spricht man, wenn die Aushilfskraft für einen kranken Kollegen beschäftigt wird. Auch bei akutem Arbeitskräftebedarf, z.B. bei Havarien bzw. Brand-, Sturm- oder Gewitterschäden, ist der Zeitpunkt der Beschäftigung von vornherein unvorhersehbar.

Achtung

Kurzfristige Beschäftigungsverhältnisse innerhalb eines Kalenderjahrs sind zusammenzurechnen, auch wenn sie bei verschiedenen Arbeitgebern ausgeübt wurden. Eine Zusammenrechnung mit geringfügigen Beschäftigungsverhältnissen erfolgt jedoch nicht.

6.8 Aushilfslöhne, Kurzfristige Beschäftigung (Arbeitnehmer trägt Lohnsteuer)

Sachverhalt

Eine Aushilfskraft wird für 3 Wochen (15 Arbeitstage) eingestellt. Die tägliche Arbeitszeit beträgt 6 Stunden, 8 EUR pro Stunden. Die Lohnsteuer wird mit 25 % pauschaliert, da die Beschäftigung nicht mehr als 18 zusammenhängende Arbeitstage dauert und der Arbeitslohn 62 EUR pro Tag sowie 12 EUR pro Stunde nicht übersteigt. Die pauschale Lohnsteuer wird auf die Aushilfe abgewälzt.

Wie hoch sind Auszahlungsbetrag und Arbeitgeberbelastung?

Lösung

Abrechnung

Aushilfslohn (15 Arbeitstage × 6 Std. x 8 EUR)	720,00 EUR
Lohnsteuer (25 % v. 720 EUR)	180,00 EUR
Solidaritätszuschlag (5,5 % v. 180 EUR)	9,90 EUR
Kirchensteuer, Ann. (5 % v. 180 EUR)	9,00 EUR
Auszahlungsbetrag	521,10 EUR

Arbeitgeberbelastung

Aushilfslohn (15 Arbeitstage × 6 Std. x 8 EUR)	720,00 EUR

(zzgl. Umlagen 2 und 3; Umlage 1 entfällt, da Dauer Beschäftigungsverhältnis < 4 Wochen)

Praxis-Tipp

Die Lohnsteuer kann auch nach den Merkmalen der Lohnsteuerkarte ermittelt werden. Es sollte vorher vereinbart werden, wie die Lohnsteuer ermittelt werden soll!

Hinweis

Wird jemand während den Ferien als Ferienjobber oder auf Messen als Standpersonal eingesetzt, liegt bspw. eine gelegentliche, nicht regelmäßig wiederkehrende Beschäftigung vor. Von einer Beschäftigung zu einem unvorhersehbaren Zeitpunkt spricht man, wenn die Aushilfskraft für einen kranken Kollegen beschäftigt wird. Auch bei akutem Arbeitskräftebedarf, z.B. bei Havarien bzw. Brand-, Sturm- oder Gewitterschäden, ist der Zeitpunkt der Beschäftigung von vornherein unvorhersehbar.

Achtung

Kurzfristige Beschäftigungsverhältnisse innerhalb eines Kalenderjahrs sind zusammenzurechnen, auch wenn sie bei verschiedenen Arbeitgebern ausgeübt wurden. Eine Zusammenrechnung mit geringfügigen Beschäftigungsverhältnissen erfolgt jedoch nicht.

7 Auslagenersatz

7.1 Auslagenersatz, Einkäufe durch Mitarbeiter

Sachverhalt

Eine Vertriebsmitarbeiterin kauft im Auftrag des Arbeitgebers Kundengeschenke ein. Sie hat vor dem Einkauf einen Vorschuss von 400 EUR erhalten. Sie gibt insgesamt 480 EUR aus für:

- 12 Flaschen Rotwein für je 15 EUR,
- 20 Packungen Pralinen für je 10 EUR,
- Verpackungsmaterial für 40 EUR und
- Briefmarken für 60 EUR.

Für den Wein hat sie sich eine Rechnung auf ihr Unternehmen ausstellen lassen. Für die übrigen Gegenstände kann sie einen Kassenbon vorlegen. Sie bittet nun um Ersatz der restlichen Kosten in Höhe von 80 EUR.

Wie ist der Sachverhalt steuerlich zu behandeln? Ergeben sich sozialversicherungsrechtliche Folgen?

Lösung

Bei den Einkäufen der Mitarbeiterin im Gesamtwert von 480 EUR handelt es sich um Geschenke für Geschäftsfreunde des Arbeitgebers, für die ein steuerfreier Auslagenersatz möglich ist.

Weder der Vorschuss von 400 EUR noch die fehlende Erstattung von 80 EUR lösen lohnsteuerliche oder sozialversicherungsrechtliche Folgen aus.

Es spielt keine Rolle, ob die Ausgaben im Namen der Firma erfolgt sind oder die Arbeitnehmerin im eigenen Namen eingekauft hat. Eine auf den Arbeitgeber ausgestellte Rechnung ist insoweit nicht zwingend erforderlich.

Für den Vorsteuerabzug benötigt der Arbeitgeber bei Einkäufen mit einem Gesamtwert von mehr als 150 EUR allerdings eine ordnungsgemäße Rechnung.

- Für den Weineinkauf hat die Mitarbeiterin eine Rechnung vorgelegt.
- Für das Verpackungsmaterial mit einem Wert von 40 EUR reicht der Kassenbon.
- Das Porto ist nicht mit Umsatzsteuer belastet.
- Für die Umsatzsteuer aus den Pralinen mit einem Gesamtwert von 200 EUR ist kein Vorsteuerabzug möglich, da keine ordnungsgemäße Rechnung vorliegt.

Geschenke sind nur bis zu einem Gesamtwert von 35 EUR je Geschenk und Jahr als Betriebsausgaben abzugsfähig. Werden insgesamt 20 Päckchen verschickt, die entweder nur Pralinen (10 EUR) oder Pralinen und eine Flasche Wein (Gesamtwert 30 EUR) enthalten, wird diese Grenze nicht überschritten.

7.2 Auslagenersatz, Garagenmiete

Sachverhalt

Der Arbeitgeber stellt dem Arbeitnehmer einen Firmenwagen mit einem Listenpreis von 30.000 EUR zur Verfügung. Dieser wird auch für private Zwecke und für die Fahrten zwischen Wohnung und Arbeitsstätte (Entfernung 10 Kilometer) genutzt. Der Wagen wird nach der 1-%-Regelung bzw. nach der 0,03-%-Regelung versteuert. Alle für den Wagen entstehenden Kosten werden vom Arbeitgeber übernommen.

Der Mitarbeiter bittet um Erstattung der von ihm verauslagten Kosten für den letzten Monat.

Neben Benzinkosten in Höhe von 500 EUR sind in seiner Abrechnung erstmalig auch 50 EUR für eine Garage enthalten, die er zum Schutz des Firmenwagens neu angemietet hat. Dem Mitarbeiter sollen die Kosten für die Garage erstattet werden.

Ist die Erstattung steuer- und sozialversicherungspflichtig? Welche Folgen ergeben sich für die Besteuerung des Dienstwagens?

Lösung

Es können zunächst die Benzinkosten in voller Höhe von 500 EUR steuer- und sozialversicherungsfrei erstattet werden. Es handelt sich um steuerfreien Auslagenersatz.

Auch Zahlungen, die der Arbeitgeber an seine Mitarbeiter dafür leistet, dass diese den Firmenwagen in einer Garage unterstellen, behandelt die neuere Rechtsprechung nicht als Arbeitslohn. Stellt der Mitarbeiter das Fahrzeug in einer von ihm selbst angemieteten Garage unter, handelt es sich bei der vom Arbeitgeber erstatteten Garagenmiete um steuerfreien Auslagenersatz, was zugleich zur Beitragsfreiheit in der Sozialversicherung führt.

Die vom Arbeitgeber wirtschaftlich getragenen Garagenkosten führen bei Anwendung der 1-%-Regelung nicht dazu, dass der Mitarbeiter zusätzlich einen geldwerten Vorteil für die Überlassung der Garage versteuern muss.

Der monatliche steuer- und beitragspflichtige Vorteil aus dem Firmenwagen ermittelt sich wie folgt:

Privatfahrten	
30.000 EUR × 1 %	300 EUR
Fahrten Wohnung – Arbeitsstätte	
30.000 EUR × 0,03 % × 10 Kilometer	90 EUR
Gesamt	390 EUR

Praxis-Tipp

- Gehört dem Arbeitnehmer die Garage selbst, führt die Erstattung von Garagenkosten zwar ebenfalls nicht zu steuer- und sozialversicherungspflichtigem Arbeitslohn, aber zu in der Einkommensteuererklärung anzugebenden Einnahmen aus Vermietung und Verpachtung.
- Wird der Firmenwagen nach der Fahrtenbuchmethode besteuert, gehört die Garagenmiete zu den Aufwendungen für den Wagen. Sie ist deshalb in die Ermittlung der Gesamtaufwendungen einzubeziehen und erhöht anteilig den für Privatfahrten und Fahrten zwischen Wohnung und Arbeitsstätte zu versteuernden Vorteil.

7.3 Auslagenersatz, Telefonkosten (mit Gesprächsnachweis)

Sachverhalt

Der Arbeitgeber ersetzt seinen Außendienstmitarbeiter die Kosten, die ihnen für berufliche Telefongespräche sowie berufliche Internetnutzung an ihrem Privatanschluss entstehen.

Ein Mitarbeiter, der erst seit wenigen Monaten im Unternehmen tätig ist, legt die Rechnungen mit Einzelverbindungsnachweis und Kennzeichnung der beruflichen Nutzung für Januar bis März vor:

- 30 % Nutzung des privaten Telefon- und Internetanschlusses für berufliche Zwecke,
- 400 EUR Grundgebühren für den Telefon-Anschluss sowie Verbindungsentgelte.

Wie ist der Sachverhalt lohnsteuerlich und sozialversicherungsrechtlich zu behandeln und wie können die Erstattungen zukünftig möglichst einfach geregelt werden?

Lösung

Die Erstattung von beruflichen Telefonkosten stellt steuer- und sozialversicherungsfreien Auslagenersatz dar. Pauschaler Auslagenersatz ist jedoch nicht zulässig, wenn nicht mindestens für einen repräsentativen Zeitraum von drei Monaten Aufzeichnungen geführt werden. Diese Voraussetzung ist hier durch die vorgelegten Rechnungen erfüllt.

Für die Monate Januar bis März kann der berufliche Anteil der Aufwendungen für die Telekommunikation in nachgewiesener Höhe steuer- und sozialversicherungsfrei ersetzt werden.

Insgesamt ergibt sich eine Erstattung von 400 EUR × 30 % = 120 EUR.

Für die Folgezeit ab April besteht die Möglichkeit, den ermittelten Aufteilungsmaßstab fortzuführen und den steuerfreien Auslagenersatz mit 30 % der vom Mitarbeiter weiterhin vorzulegenden Monatsabrechnungen des Telekommunikationsanbieters vorzunehmen.

Praxis-Tipp

Es ist auch möglich, den für die drei Monate ermittelten Durchschnittsbetrag von 40 EUR monatlich als steuerfreien Auslagenersatz für die berufliche Nutzung der privaten Telekommunikationseinrichtungen in der Folgezeit weiter zu gewähren. Dies gilt bis sich die Verhältnisse, z. B. aufgrund geänderter Berufstätigkeit, wesentlich ändern.

7.4 Auslagenersatz, Telefonkosten (ohne Gesprächsnachweis)

Sachverhalt

Der Arbeitgeber ersetz seinen Außendienstmitarbeiter die Kosten, die ihnen für berufliche Telefongespräche sowie berufliche Internetnutzung an ihrem Privatanschluss entstehen.

Ein Mitarbeiter, der erst seit wenigen Monaten im Unternehmen tätig ist, legt die Rechnungen für Juli bis September vor:

- 300 EUR (100 EUR monatl.) insgesamt für Grundgebühren für den Telefon- und Internetanschluss sowie Verbindungsentgelte

Einen Einzelverbindungsnachweis kann der Mitarbeiter nicht vorlegen.

Er hat jedoch versichert, dass an seinem Privatanschluss beruflich veranlasste Aufwendungen in beträchtlicher Höhe anfallen.

In welcher Höhe können steuer- und sozialversicherungsfreie Erstattungen gewährt werden und wie können die Erstattungen für die Zukunft möglichst einfach weitergeführt werden?

Lösung

Die Erstattung von beruflichen Telefonkosten stellt grundsätzlich steuer- und sozialversicherungsfreien Auslagenersatz dar. Pauschaler Auslagenersatz ist jedoch nicht zulässig, wenn nicht mindestens für einen repräsentativen Zeitraum von drei Monaten Aufzeichnungen geführt werden. Diese Voraussetzung ist hier durch die vorgelegten Rechnungen nur teilweise erfüllt, weil aus den Rechnungen der berufliche Nutzungsanteil nicht erkennbar ist.

Ist der berufliche Anteil bei Mitarbeitern nicht genau ermittelbar, können 20 % der jeweiligen Monatsabrechnung, maximal 20 EUR pro Monat, pauschal steuerfrei ersetzt werden. Voraussetzung ist, dass aufgrund der Tätigkeit „erfahrungsgemäß" beruflich veranlasste Aufwendungen anfallen. Diese Voraussetzung ist hier erfüllt und zudem vom Mitarbeiter bestätigt worden.

- Es können 20 % der 300 EUR (60 EUR) und damit der Höchstbetrag von 20 EUR je Monat steuer- und sozialversicherungsfrei erstattet werden.

Nach Ablauf von drei Monaten kann der sich für diesen Zeitraum ergebende monatliche Durchschnittsbetrag, hier 20 EUR pro Monat, als pauschaler Auslagenersatz für die berufliche Nutzung der privaten Telekommunikationsgeräte steuer- und sozialversicherungsfrei fortgeführt werden. Dies gilt bis sich die Verhältnisse, z. B. aufgrund geänderter Berufstätigkeit, wesentlich ändern.

7.5 Auslagenersatz, Fortbildungskosten

Sachverhalt

Einige Mitarbeiter einer Firma besuchen an mehreren Abenden in der Woche und am Samstag eine private Fachhochschule, um einen Abschluss als Master der Betriebswirtschaftlehre zu erlangen. Die Studiengebühren pro Teilnehmer und Semester betragen 1.500 EUR. Die Arbeitnehmer haben sich eigenständig an der Hochschule eingeschrieben und tragen die Kosten grundsätzlich selbst.

Kann den Arbeitnehmern für ihre Fortbildung, deren Hauptziel das bessere Fortkommen im Unternehmen ist, ein Zuschuss in Höhe von 500 EUR je Semester steuerfrei gezahlt werden?

Lösung

Berufliche Fort- und Weiterbildungsleistungen des Arbeitgebers führen nicht zu Arbeitslohn, wenn diese Bildungsmaßnahmen im ganz überwiegenden betrieblichen Interesse des Arbeitgebers durchgeführt werden. Dies gilt auch bei Bildungsmaßnahmen fremder Unternehmer, die für Rechnung des Arbeitgebers erbracht werden.

Bei Maßnahmen, die auf eigene Rechnung des Mitarbeiters erbracht und durch den Arbeitgeber ganz oder teilweise beglichen bzw. dem Mitarbeiter ersetzt werden, hat die Verwaltung ihre Sichtweise zuletzt gelockert. Auch wenn der Mitarbeiter Rechnungsempfänger ist, wird eine steuerfreie Übernahme oder Erstattung durch den Arbeitgeber nicht mehr zwingend als steuerpflichtiger Arbeitslohn angesehen (R 19.7 LStR 2011).

Dies setzt allerdings voraus, dass der Arbeitgeber die Übernahme bzw. den Ersatz allgemein oder für die besondere Bildungsmaßnahme zugesagt und der Mitarbeiter im Vertrauen auf diese zuvor erteilte Zusage den Vertrag über die Bildungsmaßnahme abgeschlossen hat. Dadurch erübrigt sich auch die Problematik, dass bei manchen Bildungsmaßnahmen eine Anmeldung durch den Teilnehmer vorgeschrieben ist.

Um in diesen Fällen einen nochmaligen Werbungskostenabzug für die vom Mitarbeiter wirtschaftlich nicht getragenen Aufwendungen auszuschließen, hat der Arbeitgeber auf der ihm zur Kostenübernahme vorgelegten Originalrechnung die Höhe der Kostenübernahme anzugeben und eine Kopie dieser Rechnung zum Lohnkonto zu nehmen.

Praxis-Tipp

Nach einer Verfügung der OFD Karlsruhe ist ein überwiegend eigenbetriebliches Interesse des Arbeitgebers an einer Fortbildung auch dann anzunehmen, wenn der Arbeitgeber sich arbeitsvertraglich zur Übernahme von Studiengebühren verpflichtet hat und der Student zur Rückzahlung der übernommenen Kosten verpflichtet ist, falls er das ausbildende Unternehmen auf eigenen Wunsch innerhalb von zwei Jahren nach Studienabschluss verlässt (OFD Karlsruhe, Verfügung v. 10.10.2007 - S 2227/147 - St 146).

7.6 Auslagenersatz, Knöllchenersatz

Sachverhalt

In einem Unternehmen werden Waren von eigenen Mitarbeitern zu den Kunden gebracht, die in Innenstadtnähe ihren Betrieb haben. Deshalb müssen die Mitarbeiter öfters im Halteverbot parken. Anfallende Strafzettel für Falschparken werden vom Arbeitgeber übernommen. Voraussetzung ist die Glaubhaftmachung, dass diese Strafe auf einer beruflich veranlassten Fahrt entstanden ist. Es liegen mehrere Anträge zur Erstattung von Strafzetteln in Höhe von 10 bis 50 EUR vor.

Wie sind die Erstattungen steuerlich zu behandeln? Ergeben sich sozialversicherungsrechtliche Folgen?

Lösung

Bei der Erstattung von Strafen und Geldbußen handelt es sich nicht um steuerfreien Auslagenersatz. Vielmehr ist die Erstattung derartiger Aufwendungen in voller Höhe steuer- und sozialversicherungspflichtiger Arbeitslohn. Dies gilt unabhängig von der Höhe des jeweiligen Bußgelds und würde z.B. auch für eine Strafe für zu schnelles Fahren gelten.

Auslagenersatz würde nur vorliegen, wenn sich die Strafe direkt gegen die Firma als Arbeitgeber richtet. Ein solcher Fall erscheint jedoch unwahrscheinlich.

Nicht zum steuerpflichtigen Arbeitslohn gehören jedoch nach der neueren Rechtsprechung Verwarnungsgelder wegen Verletzung des Halteverbots, die der Arbeitgeber aus ganz überwiegend eigenbetrieblichem Interesse übernimmt. Im Urteilsfall ging es um einen Paketdienst. Um die vorgegebenen Lieferzeiten einhalten zu können, waren die angestellten Fahrer gehalten, ihre Fahrzeuge in unmittelbarer Nähe zum Kunden abzustellen.

Ein solcher Zwangsfall ist im hier geschilderten Sachverhalt nicht erkennbar. Will man sich bezüglich der Erstattungen auf diesen Einzelfall berufen, sollten die Gründe, warum die Mitarbeiter aus ganz überwiegend betrieblichen Gründen teilweise falsch parken müssen, unbedingt dokumentiert werden.

Die Sozialversicherung wendet das Urteil über den Einzelfall hinaus nicht an, sodass die Übernahme der Strafzettel in jedem Fall sozialversicherungspflichtig bleibt.

Praxis-Tipp

Wegen eines bestehenden Abzugsverbots können auch die Mitarbeiter Geldbußen und Strafzettel nicht im Rahmen ihrer Einkommensteuererklärung als Werbungskosten geltend machen.

7.7 Auslagenersatz, Arbeitnehmer verauslagt Kosten

Sachverhalt

Ein Erste-Hilfe-Beauftragter, stellt bei der Kontrolle der Erste-Hilfe-Kästen im Unternehmen diverse Mängel fest. Daraufhin erwirbt er in einer Apotheke Verbandsmaterial und füllt damit die Erste-Hilfe-Kästen auf. Er legt dem Arbeitgeber am nächsten Tag den Kassenzettel vor und erhält den verauslagten Betrag von 123,70 EUR erstattet.

Wie ist die Erstattung steuer- und sozialversicherungsrechtlich zu behandeln?

Lösung

Es handelt sich um Auslagenersatz. Die Auszahlung bleibt steuer- und beitragsfrei.

Auslagenersatz liegt vor, wenn es sich um Kosten oder Ausgaben des Arbeitgebers handelt, an denen der Arbeitnehmer kein oder nur ein sehr geringes eigenes Interesse hat. Werden Gegenstände angeschafft, muss der Arbeitgeber in der Regel juristischer Eigentümer werden (Ausnahme Einkauf von Hilfs- und Betriebsstoffen). Steuerfreier Auslagenersatz liegt vor, wenn die Ausgaben im ganz überwiegenden Interesse des Arbeitgebers erfolgen, die der Arbeitsausführung dienen und die nicht zu einer Bereicherung des Arbeitnehmers führen.

Bei der Beschaffung von Hilfs- und Betriebsstoffen – z.B. Büromaterial, Porto, Benzin, Diesel, Öl für den Firmenwagen – liegt immer Auslagenersatz vor. In diesem Fall (aber eben nur in diesem) spielen die Eigentumsverhältnisse beim Erwerb keine Rolle, weil beim Arbeitnehmer keine Bereicherung eintreten kann (BFH, Urteil v. 21.8.1995, BStBl II 1995 S. 906).

7.8 Auslagenersatz, pauschaler

Sachverhalt

Ein Orchestermusiker erhält ein monatliches Instrumentengeld, mit dem die Abnutzung des vom Mitarbeiter selbst beschafften Instruments abgegolten wird. Zudem erhält er ein pauschaliertes „Noten- und Pflegegeld" von monatlich 20 EUR. Mit diesen Beträgen ist der Aufwand für Noten, die Reinigung des Instruments sowie bei den Streichinstrumenten der Ersatz von Saiten und

Geigenbögen abgegolten. Der Anspruch des Musikers ergibt sich aus dem Tarifvertrag.

Handelt es sich um steuer- und beitragspflichtigen Arbeitslohn?

Lösung

Beim Instrumentengeld handelt es sich nicht um steuerfreien Auslagenersatz, sondern um steuer- und beitragspflichtigen Arbeitslohn (BFH, Urteil v. 21.8.1995, BStBl II 1995 S. 906). Bei Musikinstrumenten handelt es sich um Gegenstände mit einer mehrjährigen Nutzungsdauer und von nicht geringem Wert, die im Eigentum des Arbeitnehmers stehen. Sie gehören zu den Arbeitsmitteln und sind damit als Werbungskosten beim Arbeitnehmer abzugsfähig.

Steuerfreier Ersatz von Werbungskosten des Arbeitnehmers ist seit 1990 nur noch in Ausnahmefällen möglich. Diese Rechtsauffassung hat auch das Bundessozialgericht bestätigt: Das Instrumentengeld ist sozialversicherungspflichtig (BSG, Urteil v. 26.5.2004, HFR 2005 S. 174).

Anders sieht es dagegen beim pauschal gezahlten Noten- und Pflegegeld aus. Damit werden die Kosten für übliches Verbrauchsmaterial – Noten, Pflegemittel, kleine Ersatzteile – abgegolten, die der Arbeitgeber seinen Arbeitnehmern zur Verfügung stellen müsste. Bei der Beschaffung von Hilfs- und Betriebsstoffen – z.B. Büromaterial, Porto, Benzin, Diesel, Öl für den Firmenwagen – liegt immer Auslagenersatz vor. In diesem Fall (aber eben nur in diesem) spielen die Eigentumsverhältnisse beim Erwerb keine Rolle, weil beim Arbeitnehmer keine Bereicherung eintreten kann.

Hinweis

Beim Auslagenersatz muss keine Einzelabrechnung erfolgen. Der BFH lässt Pauschalabgeltungen zu, wenn sie den tatsächlichen Aufwand nicht übersteigen, da dies zivil- und arbeitsrechtlich zulässig und praktisch sinnvoll ist. Voraussetzung für pauschalierten Auslagenersatz ist,

- dass die Aufwendungen erfahrungsgemäß regelmäßig
- in etwa gleicher Höhe wiederkehren
- und der Auslagenersatz – im Großen und Ganzen gesehen – den tatsächlichen Aufwendungen entspricht.

7.9 Auslagenersatz, Werbungskostenersatz

Sachverhalt

Einem Arbeitnehmer werden im Laufe des Jahrs entstandene Kosten für selbst beschaffte Fachliteratur in Höhe von 2.000 EUR ersetzt.

Eine Lohnsteuerprüfung greift diesen Vorgang auf und besteht auf einer Versteuerung als steuerpflichtigen Werbungskostenersatz. Aus den 2.000 EUR ergibt sich eine Lohnsteuer in Höhe von 500 EUR.

Wer trägt die Lohnsteuer?

Lösung

Der Arbeitgeber verweigert in der Schlussbesprechung die Übernahme der Lohnsteuer als Haftungsschuldner. Stattdessen verlangt er, die Nacherhebung beim Arbeitnehmer, da dieser beim gleichen Finanzamt steuerlich erfasst ist. Gleichzeitig informiert der Arbeitgeber den Arbeitnehmer über die drohende Steuernachzahlung.

Daraufhin macht der Arbeitnehmer bei seinem Finanzamt die 2.000 EUR, die vom Prüfer nachversteuert werden, zeitgleich als Werbungskosten geltend. Das Finanzamt muss diese Werbungskosten zwingend berücksichtigen (§ 177 AO), sodass sich im Ergebnis keine Mehrsteuer (Lohn plus 2.000 EUR, minus Werbungskosten 2.000 EUR) bzw. nur in Höhe des eventuell verrechneten Werbungskosten-Pauschbetrags (920 EUR) ergibt.

Hinweis

Für die Sozialversicherung bleibt es jedoch bei einer endgültigen Mehrbelastung mit Sozialversicherungsbeiträgen. Der Arbeitgeber muss als Schuldner der Sozialversicherungsbeiträge den Arbeitnehmer- und den Arbeitgeberanteil übernehmen, eine nachträgliche Erstattung bzw. ein Abwälzen auf den Mitarbeiter wie im Steuerrecht ist nicht möglich.

7.10 Auslagenersatz, Werkzeuggeld

Sachverhalt

Ein Schreiner-Geselle beschafft sich sein Werkzeug selbst. Er erhält vom Arbeitgeber nach Vorlage der Kaufbelege bis zu 400 EUR pro Jahr als Werkzeuggeld erstattet.

Wie ist die Erstattung steuer- und sozialversicherungsrechtlich zu behandeln?

Lösung

Da der Arbeitnehmer sein berufliches Werkzeug selbst beschafft, liegen bei ihm Werbungskosten vor. Er kann diese Kosten im Rahmen seiner Einkommensteuererklärung absetzen. Damit wäre ein steuerfreier Ersatz durch den Arbeitgeber eigentlich nicht möglich, da ein Werbungskostenersatz steuerfrei nur möglich ist, wenn er ausdrücklich gesetzlich geregelt ist.

§ 3 Nr. 30 EStG sieht jedoch ausdrücklich eine Steuerbefreiung für das Werkzeuggeld vor, sodass die vom Arbeitgeber erstatteten Beträge steuer- und beitragsfrei bleiben.

Hinweis

Werbungskosten des Arbeitnehmers kann der Arbeitgeber grundsätzlich nicht steuerfrei ersetzen, es sei denn, das Einkommensteuergesetz sieht hierfür ausdrücklich eine Steuerbefreiung vor. Derzeit gibt es sieben Fälle, in denen der Arbeitgeber Werbungskosten des Arbeitnehmers steuerfrei ersetzen kann:

- Aufwandsentschädigungen aus öffentlichen Kassen (§ 3 Nr. 12 EStG),
- Ersatz von Reisekosten aus öffentlichen Kassen (z. B. Bund, Länder, Kommunen, § 3 Nr. 13 EStG),
- Ersatz von Reisekosten durch private Arbeitgeber (§ 3 Nr. 16 EStG),
- Übungsleiterpauschalen für nebenberufliche Tätigkeiten, z. B. als Trainer (§ 3 Nr. 26 EStG), sowie die Ehrenamtspauschale (§ 3 Nr. 26a EStG).
- Werkzeuggeld (§ 3 Nr. 30 EStG), Musikinstrumente gelten nicht als Werkzeuge,
- Überlassung typischer Berufskleidung (§ 3 Nr. 31 EStG),
- durchlaufende Gelder, Auslagenersatz (§ 3 Nr. 50 EStG).

8 Berufskraftfahrer

8.1 Berufskraftfahrer, Spesenberechnung (Ladetätigkeit)

Sachverhalt

Ein Kraftfahrer, der bei einer Lebensmittelkette angestellt ist, beliefert täglich unterschiedlich 3 bis 4 Filialen seines Arbeitgebers und verschiedene Kunden, die er je nach betrieblicher Notwendigkeit täglich abweichend anzufahren hat.

Er übernimmt hierfür

- täglich um 6 Uhr am Betriebshof des Arbeitgebers seinen Lkw und
- kehrt täglich nach Beendigung seiner Fahrtätigkeit um 15 Uhr an die betriebliche Einrichtung seines Arbeitgebers zurück,

um den Lkw dort abzustellen.

Können dem Fahrer für diese Tätigkeit steuerfreie Verpflegungsmehraufwendungen (Spesen) ausgezahlt werden?

Lösung

Der Kraftfahrer begrüdet seine regelmäßige Arbeitsstätte am Betriebshof des Arbeitgebers, da er die betriebliche Einrichtung seines Arbeitgebers täglich immer wieder aufsucht (R 9.4 Abs. 3 LStR). Die berufliche Auswärtstätigkeit des Kraftfahrers beginnt mit Verlassen des Betriebshofs und endet mit der Rückkehr zur betrieblichen Einrichtung des Arbeitgebers.

- Da der Kraftfahrer täglich mind. 8 Stunden (6 – 15 Uhr) beruflich von seiner regelmäßigen Arbeitsstätte (Betriebshof) beruflich abwesend ist, können die steuerlich zulässigen Verpflegungsmehraufwendungen steuerfrei gewährt werden (R 9.6 Abs. 1 Satz 1 LStR i.V.m. § 4 Abs. 5 Satz 1 Nr. 5 EStG).

Gemäß R 9.4 Abs. 2 Satz 1 LStR liegt eine beruflich veranlasste Auswärtstätigkeit vor, wenn der Arbeitnehmer vorübergehend aus beruflichen Gründen außerhalb seiner Wohnung und an keiner seiner regelmäßigen Arbeitsstätten tätig ist. Eine Auswärtstätigkeit liegt ebenfalls dann vor, wenn der Arbeitnehmer bei seiner individuellen beruflichen Tätigkeit nur an ständig wechselnden Tätigkeitsstätten oder auf einem Fahrzeug tätig wird (R 9.4 Abs. 2 Satz 2 LStR).

Wichtig

Eine regelmäßige Arbeitsstätte kann der Fahrer nur in einer ortsfesten Einrichtung seines Arbeitsgebers haben. Das Fahrzeug selbst ist nicht ortsfest und kann daher keine regelmäßige Arbeitsstätte sein. Ladetätigkeiten bei Kunden oder auf Baustellen führen ebenfalls nicht zu regelmäßigen Arbeitsstätten, weil eine regelmäßige Arbeitsstätte bei Kunden laut aktueller BFH-Rechtsprechung nicht in Frage kommt (BFH, Urteil v. 10.7.2008, VI R 21/07, BFH/NV 2008 S. 1923, BStBl 2009 II S. 818).

8.2 Berufskraftfahrer, Spesenberechnung (Fernfahrer)

Sachverhalt

Ein Fernfahrer verlässt am Sonntag, 21:00 Uhr, seine Wohnung und fährt zum Betriebshof seines Arbeitgebers. Um 22 Uhr beginnt er eine mehrtägige Auswärtstätigkeit in die Schweiz und kehrt am Mittwoch wieder nach Deutschland zurück.

- Sonntag, 22:00 Uhr: Start mit dem Lkw zur vorgegebenen Tour
- Montag: Abladen des Lkw in Frankfurt und Aufnahme weiterer Fracht in Deutschland
- Dienstag, 7:00 Uhr: Einreise in die Schweiz
- Mittwoch, 9:00 Uhr: Grenzübertritt nach Deutschland und Rückfahrt zum Betriebshof des Arbeitgebers
- Mittwoch, 20:00 uHR: Ankunft am Betriebshof
- Mittwoch, 21:00 Uhr: Ankunft zu Hause

Sämtliche Ladetätigkeiten erfolgen bei Kunden (nicht in einer ortsfesten Einrichtung des Arbeitgebers), fahrerfremde Tätigkeiten werden nicht ausgeübt.

Welche steuerfreien Verpflegungsmehraufwendungen (Tagesspesen) können für den dargestellten Zeitraum gezahlt werden?

Lösung

Der Mitarbeiter übt ab Verlassen des Betriebshofes (regelmäßige Arbeitsstätte) bis zur Rückkehr eine beruflich veranlasste Auswärtstätigkeit aus. Verpflegungsmehraufwand kann vom Arbeitgeber steuerfrei gewährt werden, wenn der Arbeitnehmer eine Abwesenheitszeit von mindestens 8 Stunden erreicht. Beträgt die Abwesenheit mindestens 14 Stunden oder sogar 24 Stunden sind höhere steuerfreie Verpflegungsmehraufwendungen möglich. Für Auswärtstätigkeiten ins Ausland gelten länderweise unterschiedliche Verpflegungsmehraufwendungen. Berechnet wird die Abwesenheitszeit für jeden einzelnen Kalendertag.

Ein Einzelnachweis der Verpflegungsmehraufwendungen ist ausgeschlossen.

Abwesenheitszeiten

Sonntag	22:00 Uhr bis 24:00 Uhr	2 Stunden
Montag	00:00 Uhr bis 24:00 Uhr	24 Stunden
Dienstag	00:00 Uhr bis 24:00 Uhr	24 Stunden
Mittwoch	00:00 Uhr bis 20:00 Uhr	20 Stunden

Wegen des Einsatzes im Ausland gelten für einzelne Tage ausländische Spesensätze (R 9.6 Abs. 3 Satz 1 LStR). Für Montag und Dienstag (Reisetage) kommt es darauf an, welches Land vor 24:00 Uhr erreicht wird. Für die Rückfahrt bzw. den Einreisetag nach Deutschland gilt der Spesensatz für das letzte Tätigkeitsland (R 9.6 Abs. 3 Satz 3 LStR).

Spesensätze

Sonntag: 0 EUR	Mindestabwesenheit nicht erreicht
Montag: 24 EUR	Der Fahrer war ganztägig in Deutschland unterwegs und hat vor 24:00 Uhr kein ausländisches Land erreicht (Verpflegungsmehraufwand für Deutschland)
Dienstag: 42 EUR	Höchster Spesensatz für die Schweiz, der Mitarbeiter war 24 Stunden abwesend und hat vor 24.00 Uhr die Schweiz erreicht
Mittwoch: 28 EUR	Maßgebend ist der Spesensatz der Schweiz, für mindestens 14-stündige Abwesenheit.. Da es sich um den Rückreisetag handelt, gilt der Spesensatz für das letzte Tätigkeitsland (Schweiz). Dabei spielt keine Rolle, dass der Fahrer den überwiegenden Teil des Tags (ab 9:00 Uhr) in Deutschland unterwegs war.

8.3 Berufskraftfahrer, Nahverkehr

Sachverhalt

Ein Fahrer fährt mit seinem Lkw Baustoffe für einen örtlichen Baustoffhändler. Er übernimmt morgens seinen Lkw auf dem Betriebshof und stellt ihn abends dort wieder ab. Seine Wochentour sieht wie folgt aus:

	Von zuhause weg	Fahrzeit Beginn	Fahrzeit Ende	Ankunft zuhause
Montag	6:30 Uhr	7:10 Uhr	16:20 Uhr	16:50 Uhr
Dienstag	4:40 Uhr	5:00 Uhr	18:20 Uhr	18:50 Uhr
Mittwoch	7:30 Uhr	8:10 Uhr	15:00 Uhr	15:30 Uhr
Donnerstag	6.30 Uhr	7:00 Uhr	21.45 Uhr	22.15 Uhr
Freitag	6:00 Uhr	6:30 Uhr	13:00 Uhr	13:30 Uhr

Lösung

Der Fahrer hat beim Arbeitgeber seine regelmäßige Arbeitsstätte, weil er täglich eine ortsfeste Einrichtung des Arbeitgebers (Betriebshof) aufsucht. Für die Berechnung der steuerfreien Verpflegungsmehraufwendungen kommt es auf die Abwesenheitszeit ab dem Verlassen des Betriebshofs und der Rückkehr zur betrieblichen Einrichtung an. Die Abwesenheitszeiten des Arbeitnehmers ab Verlassen der Wohnung bleiben unberücksichtigt.

Welche steuerfreien Verpflegungsmehraufwendungen können gezahlt werden?

	von – bis	Abwesenheit	Steuerlich maßgebende Abwesenheit	Verpflegungsmehraufwand
Montag	07:10 Uhr – 16:20 Uhr	9:10 Stunden	mindestens 8 Stunden	6 EUR
Dienstag	05:00 Uhr – 18:20 Uhr	13:20 Stunden	mindestens 8 Stunden	6 EUR
Mittwoch	08:10 Uhr – 15:00 Uhr	6:50 Stunden	keine 8 Stunden	0 EUR
Donnerstag	07.00 Uhr – 21.45 Uhr	14.45 Stunden	mind. 14 Stunden, weniger als 24 Stunden	12 EUR
Freitag	06:30 Uhr – 13:00 Uhr	6:30 Stunden	weniger als 8 Stunden	0 EUR
Summe				24 EUR

8.4 Berufskraftfahrer, kurze Fahrt ins Ausland

Sachverhalt

Ein Kraftfahrer fährt Stückgut im Bereich Köln/Aachen einschl. Grenzregion Belgien und Frankreich.

- Montag, Abfahrt um 7:00 Uhr in Deutschland,
- von 10.20 Uhr bis 11:50 Uhr ist er unterwegs in Belgien,
- 17:00 Uhr, Ankunft in Deutschland.

Lösung

Dem Kraftfahrer steht für diesen Tag, die für Belgien maßgebende Verpflegungspauschale zu, obwohl er den überwiegenden Teil der Arbeitszeit (8,5 Stunden von 10 Stunden) im Ausland unterwegs war (R 9.6 Abs. 5 Satz 3 LStR). Der maßgebliche Spesensatz für Belgien beträgt 14 EUR (Abwesenheit mind. 8 Stunden, aber keine 14 Stunden). Bei einer reinen Inlandstour hätte die Verpflegungspauschale lediglich 6 EUR betragen.

9 Betriebliche Altersversorgung

9.1 Betriebliche Altersversorgung, Nebeneinander verschiedener Formen

Sachverhalt

Um einen wichtigen Mitarbeiter mit Spezialkenntnissen im Unternehmen zu halten, bietet der Arbeitgeber ihm folgende betriebliche Altersvorsorge an:

- Zusage einer Betriebsrente

  Der Mitarbeiter erhält mit Ausscheiden zum Ablauf seines 65. Lebensjahrs (16.8.2012) vom Arbeitgeber eine monatliche Rente von 10 % seines letzten Bruttoarbeitslohns vor Eintritt in den Ruhestand. Zur Absicherung schließt der Arbeitgeber eine sogenannte Rückdeckungsversicherung ab, in die er monatlich 500 EUR einbezahlt.
- Beiträge in eine Pensionskasse

  Der Arbeitgeber zahlt monatlich 200 EUR in eine Pensionskasse ein. Aus dieser Pensionskasse erhält der Arbeitnehmer ab dem 65. Lebensjahr eine monatliche Rente.

Beide Formen der betrieblichen Altersvorsorge wurden dem Arbeitnehmer mit Schreiben vom 30.6.2003 unwiderruflich zugesagt.

Wie werden diese Formen der betrieblichen Altersvorsorge steuerlich behandelt?

Lösung

Die beiden Formen der betrieblichen Altersvorsorge werden steuerlich unterschiedlich behandelt:

- Zusage der Betriebsrente

Es handelt sich um eine so genannte Direktzusage, für die der Arbeitgeber in seiner Bilanz eine Pensionsrückstellung bilden kann. Weil der Anspruch auf die Auszahlung der Betriebspension erst im Versorgungsfall – hier mit dem

65. Lebensjahr – rechtlich entsteht, führt diese betriebliche Altersvorsorge bei der Zusage noch nicht zu Arbeitslohn. Auch die Beiträge, die der Arbeitgeber in die Rückstellungsversicherung einbezahlt, gelten steuerrechtlich nicht als Arbeitslohn. Demzufolge wird die Zusage steuerlich überhaupt nicht erfasst.

Erst bei Auszahlung der Betriebspension durch den Arbeitgeber ab 2012 entsteht steuerpflichtiger Arbeitslohn, für den die Lohnsteuer nach den Daten der Lohnsteuerkarte bzw. Ersatzbescheinigung des Arbeitnehmers einbehalten werden muss.

Da bis zur Auszahlung der Betriebspension lohnsteuerlich kein Arbeitslohn vorliegt, liegt auch kein sozialversicherungspflichtiges Arbeitsentgelt vor. Derartige Direktzusagen bleiben – sofern vom Arbeitgeber finanziert – in unbegrenzter Höhe lohnsteuer- und damit auch sozialversicherungsfrei. Werden derartige Direktzusagen vom Arbeitnehmer finanziert, gilt für das Sozialversicherungsrecht die Begrenzung der Sozialversicherungsfreiheit auf 4 % der Beitragsbemessungsgrenze der gesetzlichen Rentenversicherung West.

- Beiträge in eine Pensionskasse

Die zugesagten Beiträge des Arbeitgebers zu einer Pensionskasse gelten bereits mit Beitragszahlung als Arbeitslohn. Die Beiträge sind jedoch nach § 3 Nr. 63 EStG steuerfrei, und zwar jährlich begrenzt auf 4 % der Beitragsbemessungsgrenze der Rentenversicherung West. Diese steuerfreien Beträge bleiben sozialversicherungsfrei.

9.2 Betriebliche Altersversorgung, Pensionsfonds

Sachverhalt

Aufgrund einer Betriebsvereinbarung aus dem Jahr 2003 haben die Arbeitnehmer die Möglichkeit, bis zum maximalen steuerfreien Betrag Beiträge in einen Pensionsfonds einzuzahlen. Von dieser Möglichkeit haben alle Arbeitnehmer bereits im Jahr 2003 Gebrauch gemacht.

Die Vertragsbedingungen der Pensionsfonds sehen vor, dass mit Eintritt des Arbeitnehmers in die gesetzliche Altersrente die betriebliche Altersvorsorge als Einmalbetrag ausbezahlt wird. Bei Tod des Mitarbeiters werden die angesparten Beiträge an die Erben ausgezahlt.

Wie sind die Beiträge steuerrechtlich zu behandeln?

Lösung

Obwohl es sich um eine Altzusage (vor 1.1.2005) handelt, sind die Beiträge in den Pensionsfonds aufgrund der vorgesehenen Kapitalauszahlung ab 2005 nicht mehr steuerfrei. Die Vertragsbedingungen für diesen Pensionsfonds müssen ab 2005 angepasst werden, um auch zukünftig die Lohnsteuer- und damit die Sozialversicherungsfreiheit zu erhalten.

Seit 2005 sind die Voraussetzungen für die Steuerfreiheit der Beiträge in eine Pensionskasse, einen Pensionsfonds oder eine Direktversicherung deutlich strenger. Wie bisher müssen die Beiträge im Rahmen des ersten Beschäftigungsverhältnisses des Arbeitnehmers gezahlt werden. In der Praxis sind das Arbeitnehmer mit den Steuerklassen I bis V. Auch für geringfügig Beschäftigte bis 400 EUR pro Monat kann dieser Steuerfreibetrag ausgenutzt werden, wenn die Aushilfe daneben keine andere Beschäftigung ausübt, anderenfalls ist die Steuerfreiheit immer an das erste Arbeitsverhältnis der Aushilfe gebunden.

Seit 2005 gelten zwei weitere Voraussetzungen für die Steuerfreiheit:

- Die Auszahlung der betrieblichen Altersvorsorge im Versorgungsfall darf nur als Rente erfolgen. Zulässig ist, vertraglich vorrangig die Auszahlung einer Rente vorzusehen, aber ein Kapitalwahlrecht einzuräumen.
- Begünstigt ist noch die Alters-, Invaliditäts- oder Hinterbliebenenversorgung. Eine Beitragsrückgewähr ist nur im Rahmen einer engen Hinterbliebenenversorgung möglich, ein angemessenes Sterbegeld kann im Todesfall an die Erben ausbezahlt werden. Unter angemessenem Sterbegeld ist in der Regel ein Betrag bis zu maximal 8.000 EUR zu verstehen. Zu den Hinterbliebenen zählen die Witwe/Witwer des Arbeitnehmers, Kinder im steuerlichen Sinne (nur bis zur steuerlichen Altersgrenze, i.d.R. maximal bis zum 25. Lebensjahr), frühere Ehegatten oder Lebenspartner einer nichtehelichen Lebensgemeinschaft.

9.3 Betriebliche Altersversorgung, Entgeltumwandlung von Einmalzahlungen (Pensionszusage)

Sachverhalt

Nach einer arbeitsvertraglichen Regelung hat ein Arbeitnehmer Anspruch auf eine jährliche Tantieme. Die Tantieme für das laufende Kalenderjahr wird hierbei zeitversetzt um ein Jahr mit der Gehaltsabrechnung für den Monat November des nachfolgenden Kalenderjahres ausgezahlt.

Die für das Kalenderjahr 2011 erdiente Tantieme gelangt beim Arbeitnehmer also erst mit der Gehaltsabrechnung für den Monat November 2012 zur Auszahlung. Der Arbeitnehmer vereinbart mit dem Arbeitgeber im Januar 2012, dass der Arbeitgeber die mit der Gehaltsabrechnung für den Monat November 2012 fällige Tantieme, um die Hälfte zugunsten einer Pensionszusage umwandelt.

Wie ist die Tantieme steuerrechtlich zu behandeln?

Lösung

Die Tantiemenzahlung ist im Monat November 2012 lediglich zur Hälfte als steuerpflichtiger sonstiger Bezug dem Lohnsteuerabzug beim Arbeitnehmer zu unterwerfen. Die zwischen Arbeitnehmer und Arbeitgeber im Januar 2012 getroffene Vereinbarung ist als steuerlich zulässige Entgeltumwandlung zugunsten einer Pensionszusage anzuerkennen. Bei Abschluss der Entgeltumwandlung im Januar 2012 hatte der Arbeitnehmer die Tantieme des Jahres 2011 zwar bereits erdient, sie war jedoch noch nicht fällig geworden.

Hinweis

Eine durch Entgeltumwandlung finanzierte betriebliche Altersversorgung liegt nach dem BetrAVG dann vor, wenn Arbeitgeber und Arbeitnehmer vereinbaren, künftige Arbeitslohnansprüche des Arbeitnehmers in eine wertgleiche Anwartschaft auf Versorgungsleistungen herabzusetzen. Voraussetzung für die steuerliche Anerkennung einer Entgeltumwandlung zugunsten betrieblicher Altersversorgung ist allerdings, dass die Versorgungsleistungen zur Absicherung mindestens eines biometrischen Risikos (Alter, Tod, Invalidität) zugesagt und erst bei Eintritt des biologischen Ereignisses fällig werden.

9.4 Betriebliche Altersversorgung, steuerfreie (keine Vererblichkeit)

Sachverhalt

Den Mitarbeitern wird ab 1.1.2008 im Rahmen der beruflichen Altersvorsorge eine Direktversicherung angeboten. Diese finanzieren die Arbeitnehmer durch Barlohnverzicht, der Arbeitgeber stockt den Finanzierungsanteil der Arbeitnehmer hierbei um 50 % auf.

Ein Mitarbeiter, 24 Jahre alt, alleinstehend, entscheidet sich, ab 1.6.2008 monatlich 120 EUR in die Direktversicherung einzuzahlen. Entsprechend verringert sich sein Arbeitslohn um 120 EUR, der Arbeitgeber überweist insgesamt 180 EUR an die Pensionskasse.

Wie sind die Voraussetzungen für die Steuerfreiheit der Beiträge?

Lösung

Damit die Beiträge in die Direktversicherung steuerfrei bleiben, müssen die Vertragsbedingungen der Direktversicherung den strengeren steuerlichen Vorschriften entsprechen. Neben der Auszahlung der Ansprüche als Rente kann der Vertrag nur eine eingeschränkte, enge Hinterbliebenenversorgung vorsehen. Unter diesen engen Hinterbliebenenbegriff fallen folgende Personen:

- Witwe/Witwer des Arbeitnehmers,
- Kinder im Sinne des § 32 Abs. 3 und 4 EStG, also in der Regel bis zum 25. Lebensjahr,
- frühere Ehegatten des Arbeitnehmers,
- Lebenspartner jeglichen Geschlechts sowohl von eheähnlichen Lebensgemeinschaften wie von gleichgeschlechtlichen Lebenspartnerschaften.

Daneben ist nur noch die Auszahlung eines angemessenen Sterbegelds bis 8.000 EUR zulässig.

Entspricht der Vertrag den aktuellen steuerlichen Vorschriften und verstirbt dieser Arbeitnehmer vorzeitig, ohne dass sich an seinen Lebensverhältnissen etwas ändert, bleiben die bereits eingezahlten Beiträge bei der Direktversicherung. Würde der Versicherungsvertrag eine Auszahlung der bereits eingezahlten Beiträge an die Erben vorsehen, würden die eingezahlten Beiträge sofort steuer- und sozialversicherungspflichtig (BMF, Schreiben v. 5.2.2008, BStBl I. S. 420).

Hinweis

Seit 2005 ist insbesondere bei der Direktversicherung eine deutliche Einschränkung zu beachten. Für Direktversicherungen aus Altzusagen vor dem 1.1.2005, die weiterhin pauschal mit 20 % versteuert werden können, müssen diese Einschränkungen nicht beachtet werden. Diese Altzusagen müssen nicht steuerfrei sein, sondern können laufend (pauschal) versteuert werden. Dadurch bleiben für diese „alten" Direktversicherungen Kapitalauszahlung, Beitragsrückgewähr und volle Vererblichkeit ohne steuerliche Nachteile zulässig.

9.5 Betriebliche Altersversorgung, Kapitalwahlrecht (kurzfristige Ausübung)

Sachverhalt

Ein Mitarbeiter hat ab 1.1.2012 wegen Erreichen der Altersgrenze Anspruch auf Auszahlung seiner betrieblichen Altersvorsorge. Da der Versicherungsvertrag zwar die Rentenauszahlung vorsieht, dem Arbeitnehmer aber ein Kapitalwahlrecht einräumt, entschied sich der Arbeitnehmer im März 2011 für die Auszahlung des gesamten Kapitals als Einmalbetrag. Demzufolge zahlt die Pensionskasse zum 1.1.2012 den gesamten Kapitalbetrag von 100.000 EUR an den Arbeitnehmer aus.

Welche Auswirkungen hat die kurzfristige Ausübung des Kapitalwahlrechts auf Entgeltabrechnung und Auszahlung?

Lösung

Da sich der Arbeitnehmer erst im letzten Jahr vor der Auszahlungsphase seiner betrieblichen Altersvorsorge für die Kapitalauszahlung entscheidet, hat dieses Ausüben des Kapitalwahlrechts keine Auswirkungen auf die Lohnabrechnung.

- Lohnabrechnung

  Der Arbeitgeber kann die Beiträge, die bis zum Dezember 2011 in die Pensionskasse eingezahlt werden müssen, in vollem Umfang steuerfrei belassen. Die Auswirkungen des Kapitalwahlrechts hat also keine Auswirkung auf die Entgeltabrechnung des Arbeitgebers.

- Auszahlung

  Die Auszahlung des Kapitals von 100.000 EUR am 1.1.2012 ist in voller Höhe steuerpflichtig. Die Pensionskasse muss vom Auszahlungsbetrag die Lohnsteuer entsprechend der Steuerklasse des Arbeitnehmers einbehalten. Eine Ermäßigung durch die Fünftelungsregelung nach § 32 EStG ist nach Auffassung der Finanzverwaltung nicht zulässig. Der Arbeitnehmer muss also, je nach individuellem Steuersatz im Jahr 2012, mit einer Steuerbelastung von über 40 % rechnen.

9.6 Betriebliche Altersversorgung, Kapitalwahlrecht (frühzeitige Ausübung)

Sachverhalt

Ein Mitarbeiter hat ab 1.1.2012 wegen Erreichen der Altersgrenze Anspruch auf Auszahlung seiner betrieblichen Altersvorsorge. Da der Versicherungsvertrag zwar die Rentenauszahlung vorsieht, dem Arbeitnehmer aber ein Kapitalwahlrecht einräumt, entschied sich der Arbeitnehmer im Juni 2011 (drei Jahre vor dem Versorgungsfall) dafür, sich statt der lebenslangen Rente das Kapital in voller Höhe ausbezahlen zu lassen.

Demzufolge zahlt die Pensionskasse zum 1.1.2012 den gesamten Kapitalbetrag von 100.000 EUR an den Arbeitnehmer aus.

Welche Auswirkungen hat die frühzeitige Ausübung des Kapitalwahlrechts auf Lohnabrechnung und Auszahlung?

Lösung

Bis einschließlich Mai 2011 bleiben die Beiträge zur Pensionskasse steuerfrei, da der Vertrag vorrangig eine Rentenauszahlung vorsieht. Ein mögliches Kapitalwahlrecht ist steuerlich zulässig und hat bis zur Ausübung keine steuerliche Auswirkung.

- Lohnabrechnung

  Da der Arbeitnehmer das Wahlrecht nicht innerhalb eines Jahrs vor Auszahlungsbeginn ausgeübt hat, werden die Beiträge in die Pensionskasse mit dem Augenblick, in dem er sich für die Kapitalauszahlung entschieden hat, zu steuerpflichtigem Arbeitslohn.

Der Arbeitgeber muss die Beiträge zur Pensionskasse ab Juni 2010 versteuern, dementsprechend sind diese Beiträge auch sozialversicherungspflichtig. Damit der Arbeitgeber die Lohnabrechnung ab Juni 2011 zutreffend erstellen kann, muss er also entweder vom Arbeitnehmer oder von der Versicherungsgesellschaft über die Auswirkungen des Kapitalwahlrechts informiert werden.

- Auszahlung

  Da in diesem Fall das zum 1.1.2012 angesammelte Kapital teilweise aus steuerfreien Beiträgen (bis Mai 2011) und teilweise aus versteuerten Beiträgen (ab Juni 2011) stammt, muss die Pensionskasse das Gesamtkapital aus dem Versicherungsvertrag entsprechend aufteilen.

  Wurde das Kapital aus steuerfreien Beiträgen angesammelt, wird die Kapitalauszahlung in voller Höhe steuerpflichtig.

  Stammt das Kapital aus steuerpflichtigen Beiträgen, muss nur der Zinsanteil vom Arbeitnehmer versteuert werden.

  Beide Beträge werden mit dem Zuschuss in voller Höhe versteuert, auch hier gilt keine Steuerermäßigung durch die Fünftelungsregelung nach § 32 EStG.

Hinweis

Wichtig für die Entgeltabrechnung ist ein Hinweis der Versicherungsgesellschaft, dass der Arbeitnehmer sein Kapitalwahlrecht ausgeübt hat. Ohne Auswirkung auf die Lohnabrechnung bleibt eine Teilkapitalauszahlung von 30 % des Kapitals, das zu Beginn der Auszahlungsphase zur Verfügung steht.

10 Betriebsveranstaltungen

10.1 Betriebsveranstaltungen, Betriebsausflug einzelner Abteilungen

Sachverhalt

Da ein gemeinschaftlicher Betriebsausflug des gesamten Unternehmens organisatorisch nicht möglich ist, unternimmt die Verkaufsabteilung (30 Mitarbeiter) einen eintägigen Ausflug mit Besichtigungen, Schiffsfahrt und Abendessen. Eingeladen sind alle Mitarbeiter im Verkauf, die Vertreter und die Bürokräfte. Die Kosten pro teilnehmendem Mitarbeiter bzw. Mitarbeiterin betragen 105 EUR.

Handelt es sich um eine steuerfreie Betriebsveranstaltung?

Lösung

Betriebsveranstaltungen gehören als Leistungen im ganz überwiegend betrieblichen Interesse des Arbeitgebers nicht zum Arbeitslohn, wenn es sich handelt um

- eine herkömmliche (übliche) Veranstaltung,
- mit üblichen Zuwendungen (R 19.5 Abs. 1 LStR).

Der BFH definiert Betriebsveranstaltungen als

- Veranstaltungen auf betrieblicher Ebene mit einem gewissen Eigengewicht,
- die gesellschaftlichen Charakter haben
  und
- bei denen die Teilnahme grundsätzlich allen Betriebsangehörigen offen steht.

Ob alle Betriebsangehörigen teilnehmen können oder ob nur einzelne Abteilungen oder Personengruppen eingeladen sind, spielt keine Rolle. Damit ist es grundsätzlich möglich, dass auch solche Veranstaltungen eine Betriebsveranstaltung im steuerlichen Sinne sind, an denen nur ein abgegrenzter Kreis von Arbeitnehmern (z.B. alle Arbeitnehmer einer Filiale, eines Teams oder Abteilung) teilnehmen kann. Voraussetzung ist jedoch, dass die Begrenzung des Teilnehmerkreises sich nicht als eine Bevorzugung bestimmter Arbeitnehmergruppen darstellt (R 19.5 Abs. 2 LStR). Damit ist der Rahmen einer steuerfreien Betriebsveranstaltung eingehalten.

10.2 Betriebsveranstaltungen, Motivationsveranstaltung

Sachverhalt

Für die 50 besten Verkäufer eines großen Unternehmens wird ein Ausflug organisiert. Er beginnt um 12:00 Uhr mit einem gemeinsamen Mittagessen, danach erfolgt eine Stadtrundfahrt mit Weinprobe. Nach dem Abendessen werden die Leistungen besonders erfolgreicher Verkäufer gesondert hervorgehoben. Die Vorstellung dieser Mitarbeiter dient dazu, alle Verkäufer zusätzlich zu motivieren. Die Kosten der Veranstaltung betragen 90 EUR je Teilnehmer.

Bleibt die Veranstaltung als Betriebsausflug steuerfrei, weil der steuerliche Kostenrahmen von 110 EUR je Mitarbeiter eingehalten ist?

Lösung

Es liegt keine steuerlich anzuerkennende Betriebsveranstaltung vor, da es sich bei der Veranstaltung um eine Bevorzugung eines bestimmten Kreises von Arbeitnehmern (der 50 besten Verkäufer) handelt. In der Praxis bereitet die Abgrenzung zwischen dem klassischen steuerfreien Betriebsausflug (Betriebsveranstaltung) und einer Motivations- oder Belohnungsveranstaltung erhebliche Probleme. Deratige Veranstaltungen dienen überwiegend der Belohnung bestimmter Arbeitnehmer und bleiben damit nicht steuerfrei. Entscheidend ist hierbei der Zweck der Veranstaltung:

- Dient die Veranstaltung dazu, dass sich die Mitarbeiter des Unternehmens, der Abteilung usw. kennenlernen, die sozialen Kontakte verbessern und sich dadurch das Betriebsklima und die Zusammenarbeit verbessert, liegt eine Betriebsveranstaltung vor. Diese bleibt steuerfrei, wenn die Anzahl pro Jahr (maximal 2 Veranstaltungen) sowie der Kostenrahmen (110 EUR je teilnehmendem Mitarbeiter und Betriebsveranstaltung) eingehalten werden.
- Dient die Veranstaltung dazu, einzelne Mitarbeiter zu ehren, für bestimmte Leistungen zu belohnen oder einzelne Mitarbeiter durch Ehrung oder Belohnung zu motivieren, liegt steuerpflichtiger Arbeitslohn vor. Hier steht der

Entlohnungscharakter im Vordergrund, der in der Regel zu Arbeitslohn führt (H 19.5 LStH "Entlohnungsabsicht").

Die Aufwendungen von 90 EUR je teilnehmenden Arbeitnehmer sind als geldwerter Vorteil individuell beim Arbeitnehmer lohnsteuer- und sozialversicherungspflichtig.

Eine Lohnsteuerpauschalierung ist über die Sondervorschrift des § 40 Abs. 1 EStG möglich (sonstige Bezüge in einer größeren Zahl von Fällen). Dieser kann unter Umständen bei 40 % oder höher liegen. Allerdings gilt dann kein "fester" Pauschsteuersatz (z.B. 25 %), sondern der betriebsindividuelle Steuersatz. Zudem gelten nach § 40 Abs. 1 EStG pauschal besteuerte Bezüge als sozialversicherungspflichtiges Entgelt..

Für Betriebsveranstaltungen besteht keine Möglichkeit der Pauschalbesteuerung nach § 37b EStG. Die Lohnsteuer kann nur mit dem festen Prozentsatz von 25 % pauschaliert werden (R 19.5 Abs. 6 Satz 2 und 3 LStR; § 40 Abs. 2 Satz 1 Nr. 2 EStG).

10.3 Betriebsveranstaltungen, Konzertbesuch

Sachverhalt

Ein Arbeitgeber trifft sich mit seinen 20 Mitarbeitern ab 18:00 Uhr, um ein Konzert zu besuchen. Anschließend wird mit einem angemieteten Bus die Heimfahrt angetreten. Insgesamt entstehen Kosten für Busfahrt und Eintritt in Höhe von 2.000 EUR bzw. 100 EUR pro Teilnehmer.

Zusätzlich wird in der Adventszeit für alle Mitarbeiter eine Feier veranstaltet. Die Kosten pro Mitarbeiter betragen hierfür 70 EUR.

Handelt es sich bei beiden Veranstaltungen um steuerlich anzuerkennende Betriebsveranstaltungen?

Lösung

Ohne gemeinschaftliche Veranstaltung (Essen, Umtrunk) geht die Finanzverwaltung regelmäßig davon aus, den Konzertbesuch nicht als gewöhnlich und steuerlich begünstigte Betriebsveranstaltung zu akzeptieren, obwohl der Höchstbetrag von 110 EUR je teilnehmenden Mitarbeiter eingehalten wird (H 19.5 LStH "Theaterkarten"). Steuerlich abzugfähig wäre der Konzertbesuch, wenn er Teil eines Gesamtprogramms gewesen wäre. Auch die Anzahl der Veranstaltungen (hier: 2 pro Jahr) liegt im steuerlich zulässigen Rahmen.

Steuerlich anerkannte Betriebsveranstaltungen dienen dazu, den Kontakt und damit die Zusammenarbeit unter den Mitarbeitern zu fördern. Es handelt sich nicht um eine Belohnung, sondern der Arbeitgeber verspricht sich durch die Teilnahme der Mitarbeiter eigene Vorteile durch verbesserte Zusammenarbeit. Die Veranstaltung muss das gemeinsame Miteinander der Arbeitnehmer fördern (H 19.5 LStH "Entlohnungsabsicht"). Der Besuch gesellschaftlicher Ereignisse (Konzert, Veranstaltung) darf hierbei nicht der einzige Zweck der Veranstaltung sein. Die Prüfer der Finanzverwaltung sind angehalten derartige Veranstaltungen als geldwerten Vorteil zu bewerten und gegebenenfalls nachzuversteuern.

Die Adventsfeier wird dagegen als gemeinschaftliche Veranstaltung angesehen und kann, da sie allen Mitarbeitern offen steht und der Höchstbetrag von 110 EUR je Mitarbeiter nicht überschritten wird, steuer- und in der Folge sozialversicherungsfrei bleiben.

Praxis-Tipp

In der Praxis sollte darauf geachtet werden, dass vor oder nach der Veranstaltung (z.B. Konzertbesuch) noch eine gemeinschaftliche Veranstaltung durchgeführt wird, z.B. ein gemeinsames Essen, ein Sektumtrunk o.Ä. Übersteigen die auf den einzelnen Mitarbeiter entfallenden Aufwendungen die 110-EUR-Grenze, empfiehlt sich eine Zuzahlung der Mitarbeiter. Diese wird auf die 110-EUR-Grenze angerechnet. Da es sich bei dem Höchstbetrag von 110 EUR um eine Freigrenze handelt, ist bei Überschreitung der Grenze nicht nur der 110 EUR übersteigende Betrag als lohnsteuer- und sozialversicherungspflichtiger Arbeitslohn zu behandeln, sondern die gesamten Aufwendungen. Das gilt bereits dann, wenn die 110-EUR-Grenze nur um 1 Cent überschritten wird.

10.4 Betriebsveranstaltungen, Betriebsausflug mit Werksbesichtigung beim Kunden

Sachverhalt

Der Arbeitgeber führt einen Betriebsausflug durch, der am Freitag um 15:00 Uhr beginnt. Abends findet die eigentliche Betriebsfeier statt, danach erfolgt die Übernachtung auf Kosten des Arbeitgebers.

Am Samstag steht nach dem Frühstück eine Werksbesichtigung beim Hauptkunden anlässlich eines "Tags der offenen Tür" auf dem Programm. Die Belegschaft erhält eine besondere Führung durch den Betrieb, bei der insbesondere die Verwendung der gelieferten Produkte erläutert wird. Um 15:30 Uhr am Samstag sind die Mitarbeiter wieder zu Hause. Insgesamt haben 30 Mitarbeiter teilgenommen.

Die Gesamtkosten für die teilnehmenden Arbeitnehmer betragen:

Busfahrt	850 EUR
Übernachtung mit Frühstück	1.600 EUR
Abendessen mit Programm	1.300 EUR
Mittagessen Samstag	450 EUR
Gesamtkosten	4.200 EUR
Kosten pro Teilnehmer (4.200 EUR : 30)	140 EUR

Der Zeitaufwand für die Betriebsbesichtigung ist etwa gleich hoch wie der für die Betriebsfeier.

Muss die Veranstaltung insgesamt versteuert werden, weil die 110-EUR-Grenze überschritten ist oder liegen zwei getrennte Veranstaltungen vor?

Lösung

Mit dieser Reise werden zwei steuerlich getrennte Veranstaltungen durchgeführt:

- Eine Betriebsbesichtigung, die im überwiegend eigenbetrieblichen Interesse des Arbeitgebers liegt und damit keinen steuerpflichtigen Arbeitslohn darstellt und
- eine Betriebsveranstaltung, die aufgrund der getrennten Kostenzuordnung noch innerhalb der 110-EUR-Grenze liegt.

Eine Betriebsbesichtigung kann bei einem Kunden im überwiegend eigenbetrieblichen Interesse erfolgen, auch wenn sie anlässlich eines „Tags der offenen Tür„ beim Kunden durchgeführt wurde (BFH, Urteil v. 16.11.2005, VI R 118/01, BFH/NV 2006 S. 863, BStBl 2006 II S. 444).

Die angefallenen Kosten für die Reise werden, soweit möglich, direkt zugeordnet. Nicht direkt zuordenbare Kosten, wie z. B. Transport, Übernachtung, werden nach Zeitanteilen aufgeteilt.

Die Zuordnung kann hier wie folgt vorgenommen werden:

Vorgang	Betrag	Aufteilung	Betriebsbesichtigung	Betriebsausflug
Busfahrt	850 EUR	50:50	425 EUR	425 EUR
Übernachtung	1.600 EUR	50:50	800 EUR	800 EUR
Abendessen mit Programm	1.300 EUR	direkt		1.300 EUR
Mittagessen Samstag	450 EUR	direkt	450 EUR	
Summe			1.675 EUR	2.525 EUR
Kosten pro Mitarbeiter (2.525 EUR : 30)				84,16 EUR

Die Kosten für die Betriebbesichtigung zählen als Veranstaltung im überwiegend eigenbetrieblichen Interesse nicht zum Arbeitslohn.

Die Kosten für den Betriebsausflug betragen 84,16 EUR je Arbeitnehmer und übersteigen somit nicht die 110-EUR-Grenze. Durch die zulässige Aufteilung der Aufwendungen für die Betriebsbesichtigung und die eigentliche Betriebsfeier kann der Betriebsausflug steuer- und sozialversicherungsfrei bleiben.

10.5 Betriebsveranstaltungen, mehr als 2 Veranstaltungen/Jahr

Sachverhalt

Ein Arbeitgeber führt den jährlichen Betriebsausflug abteilungsbezogen (Produktion, Verwaltung, Vertrieb) durch. Jede Abteilung darf einen eintägigen Ausflug durchführen, der mit einem Abendessen endet. Die Kosten pro Veranstaltung dürfen 100 EUR pro teilnehmenden Mitarbeiter nicht übersteigen.

Außerdem findet zu Weihnachten an einem Freitagnachmittag für alle Mitarbeiter eine Adventsfeier statt. Die Kosten pro teilnehmenden Mitarbeiter liegen bei rund 20 EUR.

Einmal im Jahr erfolgt in einer weiteren Feier gemeinsam mit den Pensionären die Ehrung von Mitarbeitern, die 20, 25 oder 30 Jahre lang dem Betrieb angehören.

Der für das Personal verantwortliche Geschäftsführer sowie die fünf Betriebsräte nehmen an allen Veranstaltungen teil, auch an den Ausflügen der einzelnen Abteilungen.

Bleibt die Veranstaltung zur Ehrung der Jubilare und der Pensionäre steuerfrei oder liegt Arbeitslohn vor?

Lösung

Obwohl einige der Mitarbeiter an drei bzw. noch mehr Betriebsveranstaltungen teilgenommen haben, bleiben alle Betriebsveranstaltungen steuerfrei. Steuerlich sind zwar nur maximal 2 Betriebsveranstaltungen pro Jahr üblich. Pensionärstreffen und gemeinsame Ehrungen der Arbeitnehmer mit langer Betriebszugehörigkeit werden hierbei jedoch nicht mitgezählt. Sie können also zusätzlich zu 2 «normalen» Betriebsveranstaltungen durchgeführt werden (R 19.5 Abs. 2 Satz 3 LStR).

Nehmen einzelne Mitarbeiter an mehr als zwei Veranstaltungen teil, liegt kein Arbeitslohn vor, wenn dies

- aufgrund eines funktionalen Wechsels (z.B. Eintritt in den Ruhestand, Versetzung)

  oder
- in Erfüllung beruflicher Aufgaben (z.B. als Personalchef, Betriebsratsmitglied) erfolgt (R 19.5 Abs. 3 Satz 6 LStR).

Damit bleiben alle Veranstaltungen steuerfrei.

10.6 Betriebsveranstaltungen, Ausflug mit Übernachtung

Sachverhalt

Ein Arbeitgeber veranstaltet für seine Mitarbeiter einen Betriebsausflug mit Übernachtung. Abfahrt erfolgt am Donnerstag um 16:00 Uhr. Nach Ankunft und Bezug der Quartiere gibt es ab 19:00 Uhr ein Abendessen. Ab 20:00 Uhr erfolgt ein Folkloreabend mit Tanz und gemütlichem Beisammensein. Am Folgetag wird nach dem Frühstück ein Automuseum besichtigt. Nach dem gemeinsamen Mittagessen wird die Rückfahrt nach Hause angetreten. Die Mitarbeiter sind am Freitag um 16:00 Uhr wieder zurück. Die Kosten für den Ausflug einschließlich Übernachtung, Verpflegung und Eintritt betragen 90 EUR pro teilnehmendem Mitarbeiter.

Liegt trotz der Übernachtung eine steuerfreie Betriebsveranstaltung vor?

Lösung

Der Ausflug erfüllt alle Voraussetzungen einer steuerlich anzuerkennenden Betriebsveranstaltung. Auf die Dauer der Veranstaltung kommt es nicht mehr an. Zum einen hat die Finanzverwaltung die Begrenzung der Steuerfreiheit auf 1-tägige Veranstaltungen aufgegeben (R 19.5 Abs. 3 Satz 2 LStR, H 19.5 LStH "Dauer"), zum anderen hat der BFH dies ausdrücklich bestätigt (BFH, Urteil vom 16.11.2005, BStBl. II 2006 S. 439). Damit bleiben auch mehrtägige Betriebsausflüge steuerfrei, wenn die Kostengrenze von 110 EUR je Teilnehmer eingehalten wird.

10.7 Betriebsveranstaltungen, Angehörige feiern mit

Sachverhalt

Der Arbeitgeber veranstaltet eine Weihnachtsfeier. An der Feier nehmen 16 Mitarbeiter und 12 Angehörige teil, außerdem der Geschäftsführer mit Ehefrau. Das sind insgesamt 30 Teilnehmer.

Die Abrechnung der Weihnachtsfeier sieht wie folgt aus:

Verpflegung einschließlich Speisen und Getränke	860,00 EUR
Auftritt einer Kapelle	300,00 EUR

Anmietung der Kegelbahn	120,00 EUR
Übernommene Übernachtungskosten	640,00 EUR
Summe	1.920,00 EUR

Weitere Betriebsveranstaltungen werden im Kalenderjahr nicht durchgeführt.

Bleibt diese Veranstaltung steuerfrei, da die 110-EUR-Grenze eingehalten ist und nur eine Betriebsveranstaltung pro Jahr durchgeführt wird?

Lösung

Die Anzahl der jährlichen Veranstaltungen bleibt im herkömmlichen Rahmen, es wäre sogar eine weitere Veranstaltung steuerfrei.

Bei den Mitarbeitern, die einen Partner mitgebracht haben, kommt es aber zu einer Überschreitung der 110-EUR-Grenze, da die auf den Angehörigen entfallenden Kosten dem jeweiligen Arbeitnehmer zugerechnet werden (R 19.5 Abs. 5 Nr. 1 LStR).

Für die Mitarbeiter, die alleine teilgenommen haben, liegen die Kosten bei 64 EUR (1.920 EUR : 30 Teilnehmer) und bleiben somit ohne steuerliche Folgen.

Für die Mitarbeiter mit Begleitung liegen die Kosten bei 128 EUR (64 EUR x 2). Durch die Zurechnung der Aufwendungen des Angehörigen wird bei diesen Arbeitnehmern die Grenze von 110 EUR überschritten. In der nächsten Lohnabrechnung muss der Betrag von 128 EUR als steuer- und sozialversicherungspflichtiger Arbeitslohn erfasst werden. Möglich wäre auch eine Pauschalbesteuerung durch den Arbeitgeber mit 25 % zuzüglich 5,5 % Solidaritätszuschlag und eventueller Kirchenlohnsteuer (§ 40 Abs. 2 Satz 1 Nr. 2 EStG). Durch die zulässige Pauschalbesteuerung unterliegt der Betrag von 128 EUR nicht der Sozialversicherungspflicht. Darüber hinaus wäre auch eine Zuzahlung durch den Arbeitnehmer in Höhe von 18 EUR (128 EUR ./. 110 EUR) möglich. Hierdurch wäre der Höchstbetrag von 110 EUR eingehalten.

Hinweis

Die 110-EUR-Grenze bezieht sich auf die Kosten inkl. Umsatzsteuer. Steuerlich nachteilige Konsequenzen können sich z. B. ergeben, wenn die Veranstaltung für eine größere Zahl von Mitarbeitern geplant wurde, tatsächlich aber weniger Mitarbeiter teilnehmen. Dadurch würden sich die Kosten pro teilnehmenden

Mitarbeiter erhöhen und gegebenenfalls zu einem Überschreiten der 110-EUR-Grenze führen.

10.8 Betriebsveranstaltungen, Umsatzsteuer

Sachverhalt

Ein Arbeitgeber führte mit 100 Mitarbeitern einen Sommerausflug durch. Für die Prüfung, ob die 110-EUR-Grenze eingehalten wurde, lässt sich der Leiter der Personalabteilung die Kosten aus der Buchhaltung geben.

Der Buchhalter schickt den Ausdruck des Finanzbuchhaltungskontos „freiwillige soziale Leistungen, steuerfrei" mit folgenden Beträgen:

- Busfahrt: 1.500 EUR
- Mittagessen: 1.200 EUR
- Schiffsfahrt: 1.500 EUR
- Essen Abend: 1.900 EUR
- Getränke Abend: 1.100 EUR
- Band Abend: 2.500 EUR
- Summe: 9.700 EUR

Kosten pro Arbeitnehmer: 97 EUR

Die anderen Voraussetzungen für die Steuerfreiheit der Betriebsveranstaltungen sind erfüllt. Angehörige der Mitarbeiter haben am Sommerausflug nicht teilgenommen.

Bleibt der Sommerausflug wegen Einhaltens der 110-EUR-Grenze steuerfrei bleibt?

Lösung

Die 110-EUR-Grenze ist nicht eingehalten. Für die Berechnung, ob die 110-EUR-Grenze eingehalten ist, sind die Bruttoausgaben einschließlich Umsatzsteuer maßgebend. Da das Unternehmen aus den bezogenen Leistungen den Vorsteuerabzug hat, sind die Beträge auf dem Finanzbuchhaltungskonto Nettobeträge (ohne Umsatzsteuer).

Auf die Busfahrt, das Mittag- und Abendessen, die Getränke, sowie die Kosten für die Band müssen 19 % USt aufgerechnet werden, auf die Schiffsfahrt 7 % USt. Damit erhöhen sich die – lohnsteuerlichen – Aufwendungen um 1.663 EUR auf insgesamt 11.363 EUR. Das ergibt pro Mitarbeiter einen Brutto-Aufwand von 113,63 EUR. Die Veranstaltung wird insgesamt lohnsteuerpflichtig.

Hinweis

Bei der Planung einer Betriebsveranstaltung, die lohnsteuer- und beitragsfrei bleiben soll, muss

- die geringere Teilnehmerzahlen durch abwesende Mitarbeiter sowie
- die Umsatzsteuer auf die anfallenden Ausgaben

berücksichtigt werden.

Soweit das Unternehmen zum Vorsteuerabzug berechtigt ist, müssen die Daten der Finanzbuchhaltung um die Umsatzsteuer erhöht werden.

Bisher vertrat die Rechtsprechung die Auffassung, dass Zuwendungen bei Betriebsveranstaltungen der Umsatzsteuer unterliegen, wenn es sich um eine unübliche Betriebsveranstaltung handelt und/oder die 110-EUR-Grenze überschritten wird. Zudem besteht aus der jeweiligen Eingangsleistung für die Betriebsveranstaltung ein Vorsteuerabzug.

An den vorstehenden Grundsätzen hält der Bundesfinanzhof nicht mehr fest (BFH, Urteil v. 9.12.2010 V R 17/10, BFH/NV 2011 S. 717).

Er hat entschieden, dass der Arbeitgeber zum Vorsteuerabzug berechtigt ist, soweit die 110-EUR-Freigrenze je Arbeitnehmer eingehalten wird. Eine umsatzsteuerpflichtige Leistung an die Arbeitnehmer liegt nicht vor.

Wird die 110-EUR-Grenze aber überschritten, geht der BFH von einer Mitveranlassung durch die Privatsphäre der Arbeitnehmer aus. Hierdurch entfällt für den Arbeitgeber der Vorsteuerabzug. Im Gegenzug entfällt die bisherige umsatzsteuerpflichtige Leistung an die Arbeitnehmer. Unterm Strich führt dies dem Arbeitgeber zu keiner finanziellen Mehrbelastung.

11 Bewirtungskosten

11.1 Bewirtungskosten, Arbeitnehmerbewirtung

Sachverhalt

Während einer großen Fachmesse hat der Geschäftsführer eines Unternehmens seine Abteilungsleiter zu einem Mittagessen in das Messerestaurant eingeladen. Die Gesamtrechnung für das Mittagessen der vier Abteilungsleiter und des Geschäftsführers beläuft sich auf 180 EUR einschließlich Umsatzsteuer.

Der Geschäftsführer bittet nun um Erstattung der von ihm getragenen Aufwendungen und zudem darum, evtl. lohnsteuerliche und sozialversicherungsrechtliche Auswirkungen für die Mitarbeiter zu berücksichtigen. Die vorgelegte Rechnung erfüllt sämtliche steuerlichen Voraussetzungen.

Wie sind die entstandenen Kosten steuer- und sozialversicherungsrechtlich zu behandeln?

Lösung

Im Rahmen des Mittagessens werden ausschließlich eigene Arbeitnehmer bewirtet. Die Kosten fallen deshalb nicht unter die Abzugsbeschränkung für Bewirtungsaufwendungen. Die Vorsteuer ist voll abzugsfähig, wenn die Rechnung auf den Namen der Firma ausgestellt ist. Die verbleibenden (Netto-) Aufwendungen können in voller Höhe als Betriebsausgaben abgezogen werden.

Dem Geschäftsführer können die ihm entstandenen Auslagen von 180 EUR in voller Höhe als Auslagenersatz steuer- und sozialversicherungsfrei erstattet werden.

Das Essen selbst ist aber sowohl für den (angestellten) Geschäftsführer wie auch für die eingeladenen Arbeitnehmer steuer- und sozialversicherungspflichtiger Arbeitslohn. Es handelt sich um eine übliche Beköstigung während einer Auswärtstätigkeit. Je Mitarbeiter belaufen sich die Kosten auf 36 EUR (180 EUR / 5). Sie liegen damit unter der 40-EUR-Grenze und können mit dem Sachbezugswert (2012: 2,87 EUR) angesetzt werden. Die den Mitarbeitern für ihre Auswärtstätigkeit zu gewährende steuerfreie Verpflegungspauschale bleibt jedoch im Gegenzug ungekürzt.

Praxis-Tipp

Bei einer Mahlzeit im Wert von mehr als 40 EUR, ist der tatsächliche Wert statt des Sachbezugswerts anzusetzen. Wenn der Geschäftsführer z. B. für 250 EUR einlädt, entfallen auf jeden Teilnehmer 50 EUR.

Hinweis

Eine Pauschalversteuerung des Mittagessens mit dem Pauschsteuersatz von 25 % und damit verbundene Sozialversicherungsfreiheit kommt hier nicht in Betracht, weil es sich nicht um arbeitstägliche Mahlzeiten handelt.

11.2 Bewirtungskosten, Geschäftsfreunde

Sachverhalt

Während einer großen Fachmesse lädt der Geschäftsführer eines Unternehmens einige der besten Firmenkunden sowie die mit dem Messedienst beauftragten Mitarbeiter zum Mittagessen in ein nahe gelegenes Restaurant ein. Die Gesamtkosten für die Bewirtung von zehn Personen belaufen sich auf 600 EUR zuzüglich Umsatzsteuer.

Der Geschäftsführer bittet nun um Erstattung der von ihm getragenen Aufwendungen und zudem darum, evtl. lohnsteuerliche und sozialversicherungsrechtliche Auswirkungen für die Mitarbeiter zu berücksichtigen. Die vorgelegten Rechnungen erfüllen sämtliche steuerlichen Voraussetzungen.

Wie sind die entstandenen Kosten steuer- und sozialversicherungsrechtlich zu behandeln?

Lösung

Im Rahmen des Messebesuchs findet eine Bewirtung von Geschäftsfreunden statt. Die Kosten fallen unter die Abzugsbeschränkung für Bewirtungsaufwendungen und können vom Arbeitgeber nur zu 70 % als Betriebsausgaben abgezogen werden. Von der Gesamtrechnung über 600 EUR netto sind deshalb 180 EUR nicht abzugsfähig. Die auf die Bewirtung entfallende Vorsteuer von 114 EUR (600 EUR x 19 %) kann in voller Höhe abgezogen werden.

Dem Geschäftsführer können die ihm entstandenen Auslagen von 714 EUR einschließlich Umsatzsteuer in voller Höhe als Auslagenersatz steuer- und sozialversicherungsfrei erstattet werden.

Für die an der Bewirtung der Geschäftsfreunde teilnehmenden Arbeitnehmer ergeben sich hingegen keinerlei steuer- oder sozialversicherungsrechtliche Folgen. Die Bewirtung ist kein zu berücksichtigender Vorteil. Es handelt sich vielmehr um eine Zuwendung im ganz überwiegend betrieblichen Interesse des Arbeitgebers. Dies gilt auch für den auf den einladenden Geschäftsführer entfallenden Anteil. Der auf jeden Arbeitnehmer entfallende Anteil von 60 EUR bleibt komplett von Abgaben befreit. Die Steuerfreiheit der Arbeitnehmerbewirtung ist im Fall der Beteiligung von Geschäftsfreunden unabhängig von der Höhe der auf den einzelnen Teilnehmer entfallenden Aufwendungen.

Auch für die eingeladenen Geschäftsfreunde bzw. deren Arbeitnehmer ergeben sich keine steuerlichen Folgen aus der Einladung.

Praxis-Tipp

Die Steuerfreiheit der Teilnahme von Arbeitnehmern an einer Bewirtung von Geschäftsfreunden gilt auch bei der Einladung in sog. VIP-Logen in Sportstadien. Der nach einem Verwaltungserlass zulässigerweise pauschal zu ermittelnde Bewirtungsanteil an den Gesamtaufwendungen (30 %) führt nicht zu Arbeitslohn.

11.3 Bewirtungskosten, Arbeitsbesprechung (regelmäßige)

Sachverhalt

In einem Unternehmen ist es üblich, dass jede Abteilung mindestens vierteljährlich einen sog. jour-fixe mit allen Mitarbeitern durchführt. Bei diesem Anlass werden aktuelle Angelegenheiten jeder Abteilung besprochen und die anstehenden Arbeitsaufträge werden koordiniert. Jeder Abteilungsleiter bekommt für derartige Veranstaltungen ein Budget zugesprochen, mit dem er die Mitarbeiter in angemessenem Rahmen verköstigen soll.

Der Abteilungsleiter der Personalabteilung führt im Jahr 2012 insgesamt fünf derartiger Veranstaltungen durch (Abteilungsgröße zehn Personen). Bei zwei Veranstaltungen hat er für die Mitarbeiter Getränke und Plätzchen bereitgestellt, bei zwei Besprechungen ein Frühstück und kurz vor Weihnachten ein Mittagessen.

Die Aufwendungen belaufen sich auf insgesamt 50 EUR für Getränke und Plätzchen sowie 170 EUR für die Frühstücke und nochmals 180 EUR für das Mittagessen (jeweils zuzüglich Umsatzsteuer).

Welche lohnsteuer- und sozialversicherungsrechtlichen Folgen für die bewirteten Mitarbeiter ergeben sich?

Lösung

Die gesamten Aufwendungen fallen nicht unter das teilweise Abzugsverbot für Bewirtungsaufwendungen. Es werden ausschließlich eigene Arbeitnehmer bewirtet. Die Aufwendungen von insgesamt 400 EUR sind beim Unternehmen voll als Betriebsausgaben abzugsfähig. Bei ordnungsgemäßer Rechnung ist die Umsatzsteuer als Vorsteuer voll abzugsfähig.

Für die Mitarbeiter ist die regelmäßige Bewirtung allerdings teilweise abgabenpflichtig. Werden Mitarbeiter aus betrieblichem Anlass kostenlos oder verbilligt bewirtet, ist dieser Sachbezug Arbeitslohn. Getränke und Genussmittel, die der Arbeitgeber zum Verzehr im Betrieb unentgeltlich oder teilentgeltlich überlässt, sind jedoch steuerfreie Aufmerksamkeiten. Deshalb ergeben sich aus der Bereitstellung von Getränken und Plätzchen zu den Veranstaltungen keine steuer- und sozialversicherungsrechtlichen Konsequenzen.

Die Verköstigung der Mitarbeiter mit einem Frühstück bzw. einem Mittagessen geht jedoch über die Grenze einer Aufmerksamkeit hinaus und ist deshalb zu versteuern. Die Bewertung der Mahlzeiten kann jedoch u. E. hier mit dem Sachbezugswert erfolgen. Dieser beträgt im Jahr 2012 je Arbeitnehmer für das Frühstück 1,57 EUR und für das Mittagessen 2,87 EUR. In gleicher Höhe ergibt sich jeweils auch ein beitragspflichtiges Entgelt in der Sozialversicherung.

Praxis-Tipp

Es handelt sich bei den Bewirtungen im vorstehenden Beispiel nicht um Arbeitsessen im steuerlichen Sinne, weil die Veranstaltungen regelmäßig stattfinden. Ein Arbeitsessen und damit kein steuerpflichtiger Arbeitslohn liegt vor, wenn eine Bewirtung anlässlich und während eines außergewöhnlichen Arbeitseinsatzes (z. B. Eilauftrag) im ganz überwiegend betrieblichen Interesse an einer günstigen Gestaltung des Arbeitsablaufs erfolgt und dabei Speisen unentgeltlich überlassen werden, deren Wert 40 EUR nicht überschreitet. Regelmäßige Treffen stellen keinen außergewöhnlichen Arbeitseinsatz dar.

11.4 Bewirtungskosten, Belohnungsessen

Sachverhalt

Ein Unternehmen hatte in den vergangenen Wochen einen Großauftrag zu erledigen, der in allen Abteilungen zu erheblichen Überstunden geführt hat. Zur Belohnung hat der Geschäftsführer ein Budget von 1.000 EUR je Abteilung zur Verfügung gestellt, das die Abteilungsleiter nach eigenem Ermessen verwalten konnten. Nun liegen die Abrechnungen von zwei Abteilungsleitern vor.

- Der Leiter einer Abteilung hat seine 24 Mitarbeiter zu einem gemeinsamen Mittagessen in einer nahe gelegenen Gaststätte eingeladen. Die Gesamtrechnung für 25 Teilnehmer an der Bewirtung beläuft sich auf 1.000 EUR einschließlich Umsatzsteuer.
- Ein anderer Abteilungsleiter hat nur seine vier Teamleiter zu einem gemeinsamen Abendessen eingeladen, weil sie am meisten unter dem Großauftrag zu leiden hatten. Er hat sie gebeten, jeweils ihren Partner bzw. ihre Partnerin mitzubringen. Die Gesamtrechnung für zehn Teilnehmer an der Bewirtung beläuft sich auf 1.000 EUR einschließlich Umsatzsteuer.

Welche lohnsteuer- und sozialversicherungsrechtlichen Folgen für die bewirteten Mitarbeiter ergeben sich?

Lösung

Die gesamten Aufwendungen für beide Bewirtungen fallen nicht unter das teilweise Abzugsverbot für Bewirtungsaufwendungen. Es werden ausschließlich eigene Mitarbeiter bewirtet. Bei ordnungsgemäßer Rechnung ist die Umsatzsteuer als Vorsteuer voll abzugsfähig. Die verbleibenden Aufwendungen sind beim Unternehmen voll als Betriebsausgabe abzugsfähig.

Für die Mitarbeiter ist die Bewirtung allerdings teilweise abgabenpflichtig. Werden Arbeitnehmer aus betrieblichem Anlass kostenlos oder verbilligt bewirtet, ist dieser Sachbezug grds. Arbeitslohn. Es handelt sich hier jeweils um sog. Belohnungsessen. Es liegen keine steuerlich unbedeutenden Arbeitsessen vor, weil Voraussetzung dabei insbesondere die Gestellung des Essens während des außergewöhnlichen Arbeitseinsatzes ist. Im hier vorliegenden Fall werden die Mitarbeiter jedoch nach dem Arbeitseinsatz zur Belohnung bewirtet. Unabhängig vom Wert des Essens und der Zahl der beteiligten Arbeitnehmer liegt hier also in beiden Fällen steuer- und sozialversicherungspflichtiger Arbeitslohn vor.

- Bei dem gemeinsamen Mittagessen nehmen alle 25 Angehörigen einer Abteilung teil. Auf jeden Teilnehmer entfallen damit Aufwendungen in Höhe von 40 EUR. Für diesen Arbeitslohn kann die Anwendung der Sachbezugsfreigrenze geprüft werden. Sachbezüge bis zu 44 EUR im Monat bleiben steuer- und sozialversicherungsfrei. Falls die Firma keine regelmäßigen steuerfreien Sachgeschenke gewährt (z. B. Job-Ticket oder Tankgutscheine), bleibt die Bewirtung unter diesem Grenzwert und damit steuer- und sozialversicherungsfrei.
- Am Teamleiteressen nehmen insgesamt zehn Personen (einschließlich Abteilungsleiter und dessen Partnerin) teil. Auf jede bewirtete Person entfallen 100 EUR. Der Wert der Bewirtung für den Partner oder die Partnerin ist dem jeweiligen Mitarbeiter zuzurechnen, sodass auf die vier Teamleiter und den Abteilungsleiter jeweils 200 EUR entfallen. Aus Vereinfachungsgründen wird dieser Wert nur zu 96 % angesetzt, so dass lediglich 192 EUR steuer- und sozialversicherungspflichtig sind.

12 Bruttolohn

12.1 Bruttolohn, Lohnzahlung von Dritten

Sachverhalt

Ein Mitarbeiter eines Unternehmens erhält beim Kauf eines Pkw bei einem bestimmten Pkw-Herstellers einen Rabatt von 20 % auf den Bruttolistenpreis, wenn er nachweisen kann, dass er bei dem Unternehmen beschäftigt ist. Der Preisnachlass beruht auf einem Rahmenabkommen zwischen dem Unternehmen und dem Pkw-Hersteller, das die beiden Unternehmen im Jahr 2011 abgeschlossen haben.

Im Januar 2012 erwirbt ein Mitarbeiter einen Pkw bei einem Vertragshändler und erhält auf den Bruttolistenpreis von 29.750 EUR einen Preisnachlass von 20 % = 5.950 EUR. Er bezahlt für das Fahrzeug nur 23.800 EUR. Zeitgleich wirbt der Pkw-Hersteller mit der Aktion: "Beim Kauf bis 31.1.2012 schenken wir Ihnen die Umsatzsteuer".

Handelt es sich bei dem geldwerten Vorteil um lohnsteuer- und sozialversicherungspflichtigen Arbeitslohn?

Lösung

Es liegt eine Lohnzahlung Dritter vor, die der Arbeitgeber wie eigenen Arbeitslohn behandeln muss. Der Vorteil unterliegt dem Lohnsteuerabzug. Echte Lohnzahlungen durch Dritte liegen vor, wenn der Arbeitnehmer Vorteile von einem Dritten als Entgelt für seine Arbeitsleistung gegenüber seinem eigentlichen Arbeitgeber erhält (§ 38 Abs. 1 Satz 3 EStG, R 38.4 Abs. 2 LStR). Der Arbeitgeber muss diese Lohnzahlung durch Dritte versteuern, wenn er weiß, dass derartiger Drittlohn vorliegt oder er erkennen kann, dass solche Leistungen erbracht werden. Diese Voraussetzung ist erfüllt, wenn der Arbeitgeber selbst an der Verschaffung des Preisvorteils durch Abschluss des Rahmenabkommens mitgewirkt hat.

Die Berechnung des geldwerten Vorteils erfolgt nach den allgemeinen Regelungen. Maßgebend ist der Endpreis am Abgabeort. Das ist der Preis, der im allgemeinen Geschäftsverkehr von Letztverbrauchern in der Mehrzahl der Fälle vor Ort tatsächlich gezahlt wird. Dies ist, entgegen der häufig von Finanzamtsprüfern geäußerten Meinung, nicht der Bruttolistenpreis des Herstellers, sondern der übliche Verkaufspreis nach Abzug üblicher Rabatte. Im Beispiel ist der Rabatt bereits vom Hersteller in Höhe der Umsatzsteuer ausgewiesen:

Bruttolistenpreis	29.750 EUR
Abzgl. „geschenkte" Umsatzsteuer (19 %)	- 4.750 EUR
Endpreis am Abgabeort	25.000 EUR
Davon 96 % gem. R 8.1 Abs. 2 Satz 9 LStR:	24.000 EUR
Abzgl. tatsächlich vom Mitarbeiter gezahlt	- 23.800 EUR
Geldwerter Vorteil	200 EUR

Dieser Betrag muss in der Entgeltabrechnung lohnsteuerlich als sonstiger Bezug und sozialversicherungsrechtlich als Einmalzahlung behandelt werden.. Eine Lohnsteuerpauschalierung ist nicht möglich.

Praxis-Tipp

Das Bundesfinanzministerium hat mit BMF-Schreiben vom 27.9.1993 (BStBl I S. 814) die Regelungen bei Lohnzahlungen durch Dritte konkretisiert. Danach gehören die von einem Dritten gewährten Preisvorteile u.a. nur dann zum steuerpflichtigen Arbeitslohn, wenn der Arbeitgeber an der Verschaffung des Preisvorteils mitgewirkt hat. Eine Mitwirkung des Arbeitgebers an der Verschaffung des Preisvorteils ist nicht anzunehmen, wenn sich seine Beteiligung darauf beschränkt,

- Angebote Dritter in seinem Betrieb bekannt zu machen oder
- Angebote Dritter an die Arbeitnehmer seines Betriebs zu dulden oder
- die Betriebszugehörigkeit der Arbeitnehmer zu bescheinigen.

An einer Mitwirkung des Arbeitgebers fehlt es auch dann, wenn bei der Verschaffung von Preisvorteilen allein eine vom Arbeitgeber unabhängige Selbsthilfeeinrichtung der Arbeitnehmer mitwirkt. Die Mitwirkung des Betriebs- oder Personalrats an der Verschaffung von Preisvorteilen durch Dritte bedeutet noch keine Mitwirkung des Arbeitgebers. Die Verschaffung von Preisvorteilen in diesen Fällen ist dem Arbeitgeber nicht zuzurechnen und führt allein nicht zur Annahme von Arbeitslohn. Einstweilen ist dieses BMF-

Schreiben, entgegen der gesetzlichen Neuregelung seit 2004, weiterhin anzuwenden.

Bei Lohnzahlung durch Dritte erfordert dies die Kenntnis des Arbeitgebers über die von einem Ditten gewährten Bezüge. Der Arbeitgeber hat deshalb die Arbeitnehmer auf ihre gesetzliche Verpflichtung hinzuweisen, dass sie am Ende des jeweiligen Lohnzahlungszeitraums die gegebenenfalls von Dritten gewährten Bezüge mitzuteilen haben (§ 38 Abs. 4 Satz 3 EStG, R 38.4 Abs. 2 Satz 3 LStR).

12.2 Bruttolohn, Zulagen für Samstagsarbeit

Sachverhalt

Ein Mitarbeiter erhält für seine Tätigkeit ein monatliches Grundgehalt von 2.500 EUR. Für Sondereinsätze an 2 Samstagen in einem Monat werden ihm jeweils 150 EUR zusätzlich zum Grundgehalt gezahlt. Steuerfreie Bestandteile fallen keine an.

Stellt der zusätzliche Betrag für die Sondereinsätze lohnsteuer- und sozialversicherungspflichtiges Entgelt dar?

Lösung

Zum steuerpflichtigen Bruttolohn des Arbeitnehmers zählen grundsätzlich auch Zulagen und Zuschläge, die zusätzlich zum vereinbarten Entgelt aufgrund tarifvertraglicher Regelung oder aufgrund einzelvertraglicher Abreden gezahlt werden. Eine Ausnahme hiervon stellen die nach § 3b EStG begünstigten Zuschläge für Sonntags-, Feiertags- oder Nachtarbeit dar.

Bei den Sonderzahlungen handelt es sich nicht um Zuschläge zum Grundlohn. Zudem wären Zuschläge für die Arbeit an einem Samstag nicht begünstigt. Die Sonderzahlungen für die Wochenendeinsätze sind steuerlich nicht begünstigt und müssen deshalb als laufender Arbeitslohn behandelt werden. Sie unterliegen in voller Höhe dem Lohnsteuerabzug und der Sozialversicherungspflicht.

Die Berechnung des Bruttoentgelts gestaltet sich folgendermaßen:

Grundgehalt	2.500 EUR
2 Samstagseinsätze (2 x 150 EUR)	300 EUR
Bruttolohn	2.800 EUR

Die Lohnsteuer und die Sozialversicherungsbeiträge werden von einem Bruttoarbeitslohn von 2.800 EUR berechnet..

Ebenfalls zum steuerpflichtigen Bruttoarbeitslohn zählen Zulagen (Erschwerniszulagen beispielsweise Gefahren-, Schmutz- und Hitzezulagen, sowie Funktionszulagen und besondere Leistungszulagen). Diese werden zusätzlich zum vereinbarten Arbeitslohn gezahlt, aufgrund

- eines Tarifvertrags,
- einer Betriebsvereinbarung

  oder
- einer Vereinbarung im Arbeitsvertrag.

13 Doppelte Haushaltsführung

13.1 Doppelte Haushaltsführung, Beginn

Sachverhalt

Ein verheirateter Arbeitnehmer wird ab Mittwoch, 1.2.2012, von seiner Filiale in Düsseldorf nach München versetzt. Er reist am Vorabend (31.01.2012) erstmals an. Er behält jedoch seinen Familienwohnsitz in Düsseldorf bei.

Der Arbeitgeber stellt ihm in München kostenlos ein Apartment auf dem Firmengelände zur Verfügung.

Im Monat Februar fährt der Arbeitnehmer nach seinem Dienst in München an allen Wochenenden mit dem eigenen Pkw zu seiner Familie. Er kommt dort regelmäßig freitags gegen 22.00 Uhr an und fährt am Sonntag gegen 17.00 Uhr wieder nach München.

Nach unternehmensinternen Regelungen werden die steuerlich zulässigen Aufwendungen erstattet.

Wie hoch ist die Reisekostenerstattung für den Monat Februar (einschließlich erster Hinfahrt)?

Lösung

Ab Februar 2012 liegt eine steuerlich zu berücksichtigende doppelte Haushaltsführung vor. Der Arbeitnehmer ist aufgrund der Versetzung außerhalb seines Wohnorts Düsseldorf beschäftigt und führt am auswärtigen Beschäftigungsort München einen doppelten Haushalt. Deshalb dürfen die notwendigen Mehraufwendungen, die durch die doppelte Haushaltsführung entstehen, steuer- und sozialversicherungsfrei ersetzt werden. Dazu gehören die Kosten für die Unterkunft. Da diese ohnehin vom Arbeitgeber kostenfrei gestellt wird, können keine zusätzlichen steuerfreien Erstattungen gewährt werden.

- Am Beginn der doppelten Haushaltsführung kann der Arbeitgeber die tatsächlichen Aufwendungen für die erste Hinfahrt zum Beschäftigungsort steuerfrei vergüten.

Ohne Einzelnachweis ist die Kilometerpauschale von 0,30 EUR je gefahrenem Kilometer zu gewähren:

600 Kilometer × 0,30 EUR je gefahrenem Kilometer = 180 EUR

- Außerdem können die Kosten für eine Heimfahrt wöchentlich steuerfrei erstattet werden. Dazu können dem Arbeitnehmer die Aufwendungen in Höhe der Entfernungspauschale von 0,30 EUR je Entfernungskilometer steuerfrei ersetzt werden.

  Da der Mitarbeiter im Februar nicht öfter als einmal wöchentlich nach Hause gefahren ist, sind alle Heimfahrten erstattungsfähig:

  4 Fahrten × 600 Kilometer × 0,30 EUR je Entfernungskilometer = 720 EUR

- Die Verpflegungsmehraufwendungen können maximal drei Monate lang, also noch bis Ende April 2012, in Höhe der für beruflich veranlasste Auswärtstätigkeiten geltenden Pauschalen erstattet werden.

  Für die Berechnung der Abwesenheitsdauer ist die Mittelpunktwohnung des Arbeitnehmers maßgebend. Hieraus folgt, dass für Tage, an denen Familienheimfahrten durchgeführt werden, nur geringere Pauschbeträge zum Ansatz kommen und für Tage, an denen sich der Arbeitnehmer ganz zu Hause aufgehalten hat, keine Pauschbeträge steuerfrei erstattet werden können.

  Von Montag bis Donnerstag ist der Arbeitnehmer 24 Stunden abwesend und erhält deshalb die volle Verpflegungspauschale von 24 EUR. An den Freitagen ist der Arbeitnehmer mehr als 14 Stunden abwesend und erhält deshalb eine Pauschale von 12 EUR. Samstags und sonntags erhält er keine Pauschale (sonntags, weil die Abwesenheit unter 8 Stunden beträgt).

  Für Februar 2012 ergeben sich damit folgende Pauschalen:

  4 × 12 EUR + 17 × 24 EUR = 456 EUR

Insgesamt können dem Arbeitnehmer damit 1.356 EUR steuer- und sozialversicherungsfrei erstattet werden.

13.2 Doppelte Haushaltsführung, Versetzung

Sachverhalt

Ein verheirateter Arbeitnehmer ist Anfang Dezember 2011 vorübergehend 300 Kilometer von seinem Wohnort entfernt nach Kassel versetzt worden. Seine Familie ist nicht umgezogen.

- Er hat dort ein möbliertes Apartment (40 Quadratmeter) zum Preis von 400 EUR angemietet.
- An den Wochenenden fährt er regelmäßig mit der Bahn nach Hause zu seiner Familie.
- Die Fahrkarten in Höhe von 300 EUR monatlich sowie die Kosten für die Unterbringung werden in voller Höhe vom Arbeitgeber erstattet.

Der Arbeitnehmer beantragt nun zusätzlich für den Monat März 2012 die Erstattung von Verpflegungsmehraufwendungen. Nach unternehmensinternen Regelungen werden die steuerlich zulässigen Aufwendungen erstattet.

Ergeben sich aus dem Sachverhalt lohnsteuer- und sozialversicherungsrechtliche Folgen?

Lösung

Für den Arbeitnehmer können nur steuerfreie Erstattungen nach den Regeln der doppelten Haushaltsführung erbracht werden.

- Zu den erstattungsfähigen Aufwendungen gehört die Unterkunft. Die Wohnungsgröße von 40 Quadratmetern ist angemessen, sodass die Miete in Höhe von 400 EUR in voller Höhe steuer- und sozialversicherungsfrei erstattet werden kann.
- Verpflegungsmehraufwendungen können maximal drei Monate lang steuerfrei erstattet werden. Die Dreimonatsfrist ist Ende Februar 2012 ausgelaufen, sodass für den Monat März erstmalig keine Verpflegungspauschalen mehr steuer- und sozialversicherungsfrei erstattet werden dürfen.
- Die Kosten für eine Heimfahrt wöchentlich können steuerfrei erstattet werden. Bei der Benutzung öffentlicher Verkehrsmittel können die Kosten in tatsächlicher Höhe erstattet werden. Die Erstattung der Fahrkarte bleibt somit in voller Höhe steuer- und sozialversicherungsfrei.

13.3 Doppelte Haushaltsführung, Ledige (mit Fahrten am Ort)

Sachverhalt

Eine Bereichsleiterin hat bei ihrer Einstellung vor drei Jahren eine Zusage erhalten, maximal fünf Jahre lang, die notwendigen Kosten für eine Zweitwohnung ersetzt zu bekommen. Nachdem sie anfangs ein kleines Apartment in unmittelbarer Firmennähe bewohnt hat, ist sie vor etwa einem Jahr in eine rund 60 Quadratmeter große Wohnung am Stadtrand gezogen (10 Kilometer von der Firma) entfernt. Die monatliche Warmmiete beträgt 500 EUR. Daneben erhält sie – wie alle Mitarbeiter – ein Job-Ticket zum Preis von monatlich 60 EUR, mit dem sie die Fahrten von der Zweitwohnung zur Arbeitsstätte zurücklegen kann. Weitere Erstattungen erhält die Mitarbeiterin nicht. Obwohl sie alleinstehend ist, hat sie ihre rund 400 Kilometer entfernt liegende Hauptwohnung nicht aufgegeben und fährt dort an den Wochenenden hin, weil ihre Eltern und ihr gesamter Freundeskreis dort leben.

Wie sind die Arbeitgeberzuschüsse zu Wohnung und Fahrkarte lohnsteuer- und sozialversicherungsrechtlich zu behandeln?

Lösung

Die Mitarbeiterin ist aufgrund des vor drei Jahren erfolgten Arbeitsplatzwechsels außerhalb ihres Wohnorts beschäftigt und führt am auswärtigen Beschäftigungsort einen Haushalt. Die Anerkennung einer doppelten Haushaltsführung setzt zusätzlich voraus, dass die Mitarbeiterin einen eigenen Hausstand außerhalb des Beschäftigungsorts unterhält. Bei Ledigen ist jedoch nicht mehr Voraussetzung, dass im eigenen Hausstand während der Abwesenheit des Arbeitnehmers hauswirtschaftliches Leben herrschen muss.

Arbeitgeber dürfen einen eigenen Hausstand nur anerkennen, wenn die Mitarbeiterin schriftlich erklärt hat, dass sie neben der Zweitwohnung am Beschäftigungsort außerhalb des Beschäftigungsorts einen eigenen Hausstand unterhält und die Richtigkeit dieser Erklärung durch Unterschrift bestätigt hat. Wenn eine solche Bescheinigung vorliegt, ist die doppelte Haushaltsführung grundsätzlich steuerlich anzuerkennen.

- Weil die doppelte Haushaltsführung schon mehrere Jahre andauert, sind Verpflegungsmehraufwendungen nicht mehr steuerfrei zu gewähren.
- Es können die notwendigen Übernachtungskosten steuerfrei erstattet werden. Als notwendig wird bei allein stehenden Personen eine Wohnungsgröße von 60 Quadratmetern anerkannt. Deshalb kann die Miete in Höhe von 500 EUR in voller Höhe steuer- und sozialversicherungsfrei erstattet werden.
- Zuschüsse für Familienheimfahrten werden hier nicht gewährt. Die Mitarbeiterin erhält nur die Nahverkehrskarte.

- Bei den Fahrten zwischen Zweitwohnung und Arbeitsstätte handelt es sich um Fahrten zwischen Wohnung und Arbeitsstätte. Vergütungen des Arbeitgebers für diese Fahrten sind unabhängig vom benutzten Verkehrsmittel steuerpflichtig. Es ist jedoch eine Pauschalbesteuerung der Fahrkarte im Wert von 60 EUR mit einem Steuersatz von 15 % möglich. Damit verbunden ist die Sozialversicherungsfreiheit.

Praxis-Tipp

Steuerrechtlich vorteilhafter, wäre ein Zuschuss zu den Familienheimfahrten.

13.4 Doppelte Haushaltsführung, Übernachtungskostenersatz (pauschaler)

Sachverhalt

Ein Arbeitnehmer hat bei seiner Einstellung die Zusage erhalten, für mindestens zwei Jahre die notwendigen Kosten für eine Zweitwohnung ersetzt zu bekommen.

Der Arbeitnehmer hat seine Hauptwohnung beibehalten. Er hat dem Arbeitgeber schriftlich erklärt, dass er außerhalb des Beschäftigungsorts einen eigenen Hausstand unterhält und die Richtigkeit dieser Erklärung durch Unterschrift bestätigt.

Nachdem er im Kalenderjahr 2011 ein kleines Apartment in unmittelbarer Nähe der Firma bewohnt hat, übernachtet er seit Januar 2012 die Woche über bei einem befreundeten Kollegen kostenfrei in dessen Wohnung.

Ist eine Erstattung von Kosten für die Zweitwohnung nach dem Umzug noch steuer- und sozialversicherungsfrei möglich?

Lösung

Der Arbeitnehmer ist aufgrund des Arbeitsplatzwechsels außerhalb seines früheren Wohnorts beschäftigt und führt am auswärtigen Beschäftigungsort einen Haushalt. Die Anerkennung einer doppelten Haushaltsführung setzt zusätzlich voraus, dass der Arbeitnehmer weiterhin einen eigenen Hausstand außerhalb des Beschäftigungsorts unterhält. Dies hat er schriftlich bestätigt. Damit ist die doppelte Haushaltsführung grundsätzlich steuerlich anzuerkennen.

Bei einer doppelten Haushaltsführung kann der Arbeitgeber die notwendigen Übernachtungskosten in Höhe der nachgewiesenen Aufwendungen erstatten. Aufwendungen fallen hier nicht mehr an. Alternativ ist aber auch die Gewährung von Übernachtungspauschalen möglich.

Für die ersten drei Monate einer doppelten Haushaltsführung können die Übernachtungskosten im Inland mit einem Pauschbetrag bis zu 20 EUR je Übernachtung steuerfrei erstattet werden. Diese Dreimonatsfrist ist bei dem Arbeitnehmer abgelaufen, weil die doppelte Haushaltsführung bereits mehr als ein Jahr andauert. Danach kann je Übernachtung grds. ein Pauschbetrag von 5 EUR steuerfrei erstattet werden. Voraussetzung für die pauschale Erstattung ist aber, dass die Übernachtung nicht in einer vom Arbeitgeber unentgeltlich überlassenen Unterkunft stattfindet.

Dies ist hier erfüllt. Ein Wechsel zwischen dem Einzelnachweis der tatsächlich entstandenen Übernachtungskosten und dem Ansatz der Pauschbeträge ist jedoch während ein und derselben doppelten Haushaltsführung innerhalb eines Kalenderjahrs nicht zulässig. Weil der Mitarbeiter genau zum Jahreswechsel umgezogen ist, kann jedoch u. E. eine Erstattung in Höhe von 5 EUR je Übernachtung steuer- und sozialversicherungsfrei erfolgen.

13.5 Doppelte Haushaltsführung, Auswärtstätigkeit

Sachverhalt

Ein Arbeitnehmer führt seit etwas mehr als einem Jahr einen beruflich veranlassten doppelten Haushalt in Freiburg. Dort bewohnt er ein kleines Apartment zum Preis von 300 EUR monatlich. Am Wochenende fährt er mit dem Pkw zu seiner Familie nach Stuttgart (200 Kilometer).

Vom Arbeitgeber werden sowohl die Übernachtungskosten wie auch die Familienheimfahrten – wie in den vergangenen Monaten – bis zu den steuerfreien Grenzen erstattet.

- Der Arbeitnehmer hat an den vier Wochenenden im Monat Februar 2012 seinen Heimatort Stuttgart sonntags gegen 21.00 Uhr verlassen und ist freitags gegen 19.00 Uhr dorthin zurückgekehrt.
- Von Dienstag 7.2.2012 bis Donnerstag 9.2.2012 hat er mit der Bahn Kunden in Frankfurt und Karlsruhe besucht. Die Fahrkarten dafür hat er unmittelbar vom Arbeitgeber erhalten; ebenso hat er seine Übernachtungen gebucht. Der

Arbeitnehmer ist am Dienstag um 8.00 Uhr von seiner Zweitwohnung losgefahren und am Donnerstag um 11.00 Uhr wieder an seiner regelmäßigen Arbeitsstätte eingetroffen.

Können dem Mitarbeiter Verpflegungsmehraufwendungen steuer- und sozialversicherungsfrei ersetzt werden?

Lösung

Bei dem Arbeitnehmer liegt eine steuerlich zu berücksichtigende doppelte Haushaltsführung vor. Er ist aufgrund der Versetzung außerhalb seines Wohnorts beschäftigt und führt am auswärtigen Beschäftigungsort Freiburg einen doppelten Haushalt. Deshalb dürfen die notwendigen Mehraufwendungen, die durch die doppelte Haushaltsführung entstehen, steuer- und sozialversicherungsfrei ersetzt werden.

- Die Kosten für eine angemessene Unterkunft sowie die Kosten für eine Familienheimfahrt wöchentlich (beschränkt auf die Entfernungspauschale von 0,30 EUR je Entfernungskilometer) können in bisheriger Höhe weiter erstattet werden.
- Eine Erstattung von Verpflegungsmehraufwendungen im Rahmen der doppelten Haushaltsführung kommt nicht in Betracht, da die Dreimonatsfrist abgelaufen ist. Nach Ablauf der Dreimonatsfrist ist eine steuerfreie Erstattung von Verpflegungsmehraufwendungen nicht mehr möglich.Sie beginnt von neuem, wenn eine mindestens vierwöchige Tätigkeit an einem anderen Ort ausgeübt wird und wenn danach ein Wechsel der Zweitwohnung erfolgt.
- Während der Kundenbesuche befindet sich der Arbeitnehmer jedoch gleichzeitig auf einer beruflich veranlassten Auswärtstätigkeit. Für diese Tage können Verpflegungspauschalen erstattet werden, weil hier eine separate Frist beginnt, die mit der Rückkehr nach Freiburg endet.

  Maßgeblich für die Höhe der Pauschalen ist hier die Abwesenheit von der regelmäßigen Arbeitsstätte und von der Zweitwohnung:

  Am Dienstag und Donnerstag ist der Arbeitnehmer mehr als 14 Stunden von der Wohnung und regelmäßigen Arbeitsstätte abwesend und erhält dafür eine Pauschale von jeweils 12 EUR, am Mittwoch beträgt die Abwesenheit volle 24 Stunden und die Pauschale 24 EUR.

  Es können damit insgesamt 48 EUR Verpflegungsmehraufwendungen steuer- und sozialversicherungsfrei erstattet werden.

Praxis-Tipp

Dauert die doppelte Haushaltsführung erst weniger als drei Monate an, können auch dafür Verpflegungsmehraufwendungen erstattet werden. Maßgeblich ist hier die Abwesenheit vom Hauptwohnsitz. Soweit für denselben Kalendertag Verpflegungsmehraufwendungen wegen einer Auswärtstätigkeit und einer doppelten Haushaltsführung anzuerkennen sind, ist jeweils der höchste Pauschbetrag anzusetzen.

13.6 Doppelte Haushaltsführung, Arbeitnehmer ohne eigenen Hausstand

Sachverhalt

Im letzten Monat hat eine neue Auszubildende die Ausbildung begonnen. Sie stammt aus der Nähe von Hamburg und wohnt dort noch bei ihren Eltern. Für Zwecke der Ausbildung hat sie in Hannover ein Apartment zum Preis von 200 EUR bezogen. Die Miete dafür wird vom Arbeitgeber erstattet. An den Wochenenden fährt die Auszubildende die Strecke von 150 Kilometern mit der Bahn nach Hause. Die Fahrkarte dafür kostet im Monat 100 EUR und wird ebenfalls vom Arbeitgeber übernommen. Neben ihrem Ausbildungsgehalt erhält die neue Mitarbeiterin keine weiteren Erstattungen oder Bezüge.

Wie sind die Erstattungen für die Wohnung und die Fahrkarte steuerlich und sozialversicherungsrechtlich zu beurteilen?

Lösung

Eine doppelte Haushaltsführung liegt vor, wenn ein Mitarbeiter aus beruflichen Gründen außerhalb des Orts, in dem er einen eigenen Hausstand unterhält, beschäftigt ist und auch am Beschäftigungsort wohnt.

Im vorliegenden Fall mangelt es an einem eigenen Hausstand der Mitarbeiterin am Heimatort, weil sie dort noch bei ihren Eltern wohnt. Allerdings hat der BFH zuletzt festgestellt, dass der Umstand, ob der Arbeitnehmer für die Kosten des Haushalts aufkommt, zwar ein besonders gewichtiges Indiz, aber keine zwingende Voraussetzung für eine doppelte Haushaltsführung ist (BFH, Urteil v. 21.4.2010 , VI R 26/09, BFH/NV 2010, 1894). Im Regelfall ist jedoch davon auszugehen, dass Auszubildende, die noch im elterlichen Haushalt wohnen, dort nicht die Haushaltsführung bestimmen können. Es liegt damit eine sog. unechte doppelte Haushaltsführung ohne eigenen Hausstand vor.

Die Übernahme der Wohnungsmiete durch den Arbeitgeber stellt in voller Höhe lohnsteuer- und sozialversicherungspflichtigen Arbeitslohn dar.

Bei den Fahrten zwischen Elternhaus und Arbeitsstätte handelt es sich um Fahrten „von der weiter entfernt liegenden Wohnung" zur Arbeitsstätte. Vergütungen des Arbeitgebers für diese Fahrten sind unabhängig vom benutzten Verkehrsmittel steuerpflichtig.

Grds. kann dieser Arbeitslohn jedoch mit 15 % pauschal versteuert werden. Diese Pauschalversteuerung führt auch zur Sozialversicherungsfreiheit. Die Kosten für die Fahrkarte sind bis zur Höhe der tatsächlichen Kosten von 100 EUR pauschalierungsfähig.

13.7 Doppelte Haushaltsführung, Wegzug

Sachverhalt

Ein lediger Mitarbeiter wohnt und arbeitet in Düsseldorf, wo er in der Medienbranche beschäftigt ist. Im Jahr 2012 verlegt er seinen Hauptwohnsitz zu seiner Lebensgefährtin nach München, die dort bereits seit langem eine Eigentumswohnung besitzt. Seine 50 qm große Wohnung in Düsseldorf behält er jedoch bei. Nur die Wochenenden verbringt er in München. Die 600 Kilometer lange Strecke legt er mit dem ihm zur Verfügung gestellten Dienstwagen zurück.

Liegt eine doppelte Haushaltsführung vor und welche lohnsteuerlichen Folgen ergeben sich daraus?

Lösung

Nach dem Wegzug liegt eine beruflich bedingte doppelte Haushaltsführung vor. Abzustellen ist ausschließlich auf die auswärtige Zweitwohnung in Düsseldorf, die der Mitarbeiter deshalb beibehalten hat, um von dort aus seinen Arbeitsplatz erreichen zu können. Die gleichzeitige Wegverlegung der Familienwohnung aus privaten Gründen nach München, durch die erst die Einrichtung einer zusätzlichen Wohnung erforderlich wird und damit auch die Aufsplitterung der bislang einheitlichen Haushaltsführung am Ort der Beschäftigung, sind nicht (mehr) von Bedeutung.

Der Mitarbeiter kann die notwendigen Mehraufwendungen der doppelten Haushaltsführung als Werbungskosten abziehen. Alternativ ist eine steuerfreie Erstattung durch den Arbeitgeber möglich.

Als notwendig beurteilt die Rechtsprechung die Unterkunftskosten am Beschäftigungsort insoweit, als sie die Durchschnittsmiete für eine nach Lage und Ausstattung durchschnittliche 60 qm große Wohnung nicht überschreiten. Diese Voraussetzung ist hier erfüllt.

Darüber hinaus gibt es wöchentlich eine steuerlich zu berücksichtigende Familienheimfahrt, für die grds. die Entfernungspauschale von 0,30 EUR je Entfernungskilometer angesetzt werden kann.

Weil der Mitarbeiter bereits einen Firmenwagen nutzt, entfällt diese Möglichkeit. Allerdings ist für eine wöchentliche Familienheimfahrt mit dem Firmenwagen kein geldwerter Vorteil anzusetzen, sodass hier keine zusätzlichen Steuerfolgen auftreten.

Unabhängig davon gilt jedoch die 1-%-Regelung für sonstige Privatfahrten sowie die 0,03-%-Regelung für die Fahrten von der Düsseldorfer Wohnung zum Arbeitsplatz.

Eine Gewährung von Verpflegungspauschalen bzw. eine Berücksichtigung von Umzugskosten lehnt die Verwaltung bei derartigen Wegzugsfällen ab.

13.8 Doppelte Haushaltsführung, umgekehrte Familienheimfahrten

Sachverhalt

Ein verheirateter Abteilungsleiter führt seit Jahren einen doppelten Haushalt. Neben einem Appartement an seinem Arbeitsort Dresden hat er sein Hauptwohnsitz in der Nähe von München, wo seine Ehefrau weiterhin wohnt. Die Firma erstattet die Kosten für die wöchentlich durchgeführten Familienheimfahrten mit dem eigenen PKW im Rahmen der steuerlichen Möglichkeiten.

Hinsichtlich mehrerer Fahrten im Jahr 2012 ergeben sich jedoch Besonderheiten. An insgesamt drei Wochenenden konnte der Mitarbeiter wegen dringender beruflicher Verpflichtungen keine Heinfahrt antreten und hat er mehrere dienstliche Termine in Dresden wahrgenommen. Stattdessen hat ihn seine Ehefrau an diesen Wochenenden in Dresden besucht. Zusätzlich ist die Ehefrau auch an einem Wochenende im Dezember nach Dresden gekommen, um mit ihrem Mann den dortigen Weihnachtsmarkt zu besuchen.

Können auch die Aufwendungen für die Besuchsfahrten der Ehefrau steuerfrei ersetzt werden?

Lösung

Im Rahmen einer steuerlich zu berücksichtigenden doppelten Haushaltsführung können die Kosten für eine Heimfahrt wöchentlich steuerfrei erstattet werden. Dazu können dem Arbeitnehmer die Aufwendungen in Höhe der Entfernungspauschale von 0,30 EUR je Entfernungskilometer steuerfrei ersetzt werden. Bei einer Entfernung von 450 km sind dies wöchentlich 135 EUR.

Dies gilt grds. auch für sog. umgekehrte Familienheimfahrten. Wird der Arbeitnehmer am Wochenende von seinem Ehegatten oder minderjährigen Kindern besucht, insbesondere weil er aus beruflichen Gründen nicht nach Hause fahren kann, so treten deren Fahrtkosten an die Stelle der Kosten für eine Familienheimfahrt des Arbeitnehmers. Auch diese Kosten können vom Arbeitgeber nach den Grundsätzen für Familienheimfahrten steuerfrei erstattet werden, allerdings nur in der Höhe, in der auch dem Arbeitnehmer Kosten für die Familienheimfahrt entstanden wären (BFH v. 28. 1. 1983, VI R 136/79, BStBl 1983 II, 313). Für die drei Wochenenden, an denen der Arbeitnehmer beruflich an einer Familienheimfahrt gehindert war, können trotzdem jeweils 135 EUR steuerfrei erstattet werden.

Tritt der den doppelten Haushalt führende Ehegatte die wöchentliche Familienheimfahrt hingegen aus privaten Gründen nicht an, sind die Aufwendungen für die stattdessen durchgeführte Besuchsfahrt des anderen Ehegatten zum Beschäftigungsort keine Werbungskosten (BFH v. 2.2.2011, VI R 15/10; BStBl 2011 II, 456). Für das Wochenende mit dem Weihnachtsmarktbesuch ist deshalb auch keine steuerfreie Erstattung durch den Arbeitgeber möglich.

14 Einmalzahlungen

14.1 Einmalzahlungen, Entgeltarten

Sachverhalt

Ein Arbeitgeber zahl den Mitarbeitern laufendes wie auch einmaliges Arbeitsentgelt unter diversen Bezeichnungen.

Welche der Entgeltarten zählen zu den Einmalzahlungen, welche zum Arbeitsentgelt?

Lösung

Bezeichnung des Arbeitsentgelts	**Einmalzahlung**	**laufendes Arbeitsentgelt**
Weihnachtsgeld	x	
Urlaubsgeld	x	
Jubiläumszuwendungen	x	
Geburtsbeihilfen	x	
Abgeltung bestimmter Aufwendungen des Beschäftigten, die im Zusammenhang mit der Beschäftigung stehen		x
Waren oder Dienstleistungen, die vom Arbeitgeber nicht überwiegend für den Bedarf seiner Beschäftigten hergestellt, vertrieben oder erbracht werden und monatlich in Anspruch genommen werden können, z. B. verbilligter Einkauf für Mitarbeiter eines Warenhauses		x
Sonstige Sachbezüge		x
Vorteil aus verbilligter Miete für Arbeitnehmer in einer Werkswohnung		x
Arbeitnehmer bei einem Automobilkonzern, kann zweimal jährlich ein Auto mit Personalrabatt erwerben	x	

Vermögenswirksame Leistungen		x
Provision		x
Beteiligung am Unternehmensgewinn des Vorjahres	x	

14.2 Einmalzahlungen, zeitliche Zuordnung

Sachverhalt

In der Zeit vom 1.4.-31.12.2011 werden Einmalzahlungen an diverse Arbeitnehmer ausgezahlt.

Welchem Entgeltabrechnungsmonat sind diese Einmalzahlungen zuzuordnen?

Lösung

Sachverhalt	Zuordnung	Hinweise/Besonderheiten
Auszahlung Urlaubgeld im Mai 2012	Mai 2012	
Weihnachtsgeld wird im Dezember 2012 ausgezahlt, der Arbeitnehmer bezieht seit 1.10.2012 Krankengeld	Dezember 2012	Krankengeldbezugszeiten sind zwar grundsätzlich beitragsfrei, dem wird jedoch dadurch Rechnung getragen, dass die beitragsfreie Zeit nicht für die Ermittlung der anteiligen Jahresbeitragsbemessungsgrenze herangezogen wird (Oktober bis Dezember 2012 = 0 SV-Tage)
Gewinnbeteiligung auf Vorjahresgewinn wird im Juni 2012 gezahlt, die Arbeitnehmerin ist seit 15.5.2012 in Elternzeit	Juni 2012	Elternzeit ist kein ruhendes Beschäftigungsverhältnis. Für die Dauer des Anspruchs auf Erziehungsgeld besteht Beitragsfreiheit; Folge: wie bei Krankengeldbezug (siehe voriges Beispiel)
Beschäftigungsverhältnis endet am 31.10.2012 wegen Eintritt in den Ruhestand. Zahlung von anteiligem Weihnachtsgeld im Dezember 2012	Oktober 2012	Zuordnung zum letzten abgerechneten Kalendermonat im laufenden Jahr

Beschäftigungsverhältnis endet durch fristlose Kündigung am 14.3.2012. Im Juni 2012 wird dem Arbeitnehmer durch das Arbeitsgericht eine Abfindung wegen Beendigung der Beschäftigung als Entschädigung für den Wegfall künftiger Verdienstmöglichkeiten (den Verlust des Arbeitsplatzes) zugesprochen und ausgezahlt	keine	Keine Zuordnung zum früheren Beschäftigungsverhältnis, weil die Abfindung künftige Entgeltansprüche (also für die Zeit nach Ende der Beschäftigung) ausgleichen soll **Achtung** Soweit es sich um erarbeitete Entgeltansprüche handelt, welche nachgezahlt werden, sind diese dem Beschäftigungsverhältnis zuzuordnen (Einmalzahlungen im Beispiel also dem Zeitraum 1.-14.3. bzw. laufende Entgelte dem Monat der Erzielung).

14.3 Einmalzahlungen, zeitliche Zuordnung mit Märzklausel

Sachverhalt

In der Zeit vom 1.1.-31.3.2012 werden Einmalzahlungen an diverse Arbeitnehmer ausgezahlt.

Welchem Entgeltabrechnungsmonat müssen diese Einmalzahlungen zugeordnet werden?

Lösung

Sachverhalt	Zuordnung	Hinweise/Besonderheiten
Einmalzahlung im März 2012 übersteigt anteilige Jahresbeitragsbemessungsgrenze. Der Arbeitnehmer war wie folgt beschäftigt: 1.3.2002 - 30.6.2011 1.2.2012 - laufend Zwischenzeitlich bestand eine Beschäftigung bei einem anderen Arbeitgeber.	Juni 2011	Die Märzklausel gilt auch, wenn der Arbeitnehmer für eine Zwischenzeit bei einem anderen Arbeitgeber beschäftigt war. Es fällt grundsätzlich die Insolvenzgeldumlage nach der Höhe des für die Rentenversicherung beitragspflichtigen Anteils der Einmalzahlung an (Wert 2011: 0,0 %). Umlagen U1 und U2 nach dem AAG sind aus der Einmalzahlung nicht zu entrichten.

Einmalzahlung im März 2012 übersteigt anteilige Jahresbeitragsbemessungsgrenze. Beschäftigung bestand auch während des Vorjahres, die Jahresbeitragsbemessungsgrenze bis Dezember 2012 ist jedoch bereits ausgeschöpft.	Dezember 2011	Bei der Märzklausel bleibt es auch dann, wenn der beitragspflichtige Anteil geringer ist, als er bei einer Zuordnung im laufenden Jahr gewesen wäre (kein Günstigkeitsvergleich). Hier ist die Einmalzahlung im Ergebnis beitragsfrei.
Einmalzahlung im März 2012 übersteigt anteilige Jahresbeitragsbemessungsgrenze der Kranken- und Pflegeversicherung, nicht die der Renten- und Arbeitslosenversicherung. Der Arbeitnehmer ist nur renten- und arbeitslosenversicherungspflichtig (private Kranken- und Pflegeversicherung). Beitragsgruppe 0110	März 2012	Für die Anwendung der Märzklausel ist für alle Versicherungszweige, bei krankenversicherungspflichtigen Arbeitnehmern die KV-Beitragsbemessungsgrenze maßgebend, ansonsten die Beitragsbemessungsgrenze der RV. Damit wird vermieden, das eine Einmalzahlung zur Beitragsberechnung unterschiedlichen Lohnabrechnungszeiträumen zuzurechnen ist. Die Beitragsberechnung erfolgt dann für alle Versicherungszweige unter Berücksichtigung der im neuen Zuordnungsmonat geltenden Bedingungen (Beitragsgruppen, Beitragssätze und Beitragsbemessungsgrenzen). In beiden Fällen fällt Insolvenzgeldumlage (2012: 0,04 %) nach der Höhe des für die Rentenversicherung beitragspflichtigen Anteils an. Umlagen nach dem AAG sind aus den Einmalzahlungen nicht zu entrichten.
Der Arbeitnehmer erhält im März 2012 zwei verschiedene Einmalzahlungen, die jeweils für sich nicht, sondern nur in der Summe, die anteilige Jahresbeitragsbemessungsgrenze überschreiten.	Dezember 2011	Mehrere Einmalzahlungen im selben Abrechnungsmonat sind zusammen als einmalig gezahltes Arbeitsentgelt dieses Abrechnungszeitraums zu behandeln. Grundsätzlich fällt die Insolvenzgeldumlage (2011: 0,0 %) nach der Höhe des für die Rentenversicherung beitragspflichtigen Anteils der Einmalzahlung an. Umlagen nach dem AAG sind aus der Einmalzahlung nicht zu entrichten.
Der Arbeitnehmer hat im Januar 2012 eine Einmalzahlung, sie ist in diesem Monat in vollem Umfang beitragspflichtig. Im März 2012 erhält er eine weitere Einmalzahlung, welche die anteilige Jahresbeitragsbemessungsgrenze übersteigt.	Dezember 2011 für die Einmalzahlung im März, die Einmalzahlung aus Januar bleibt unberührt	Mehrere Einmalzahlungen, die einem Lohnabrechnungszeitraum im I. Quartal des Jahres zugeordnet werden, sind als einheitliche Einmalzahlung zu bewerten. Sie können also nur gemeinsam nach der Märzklausel dem letzten Lohnabrechnungszeitraum bei dem selben Arbeitgeber im Vorjahr zugeordnet werden. Soweit die erste Einmalzahlung im I. Quartal des Jahres jedoch noch voll beitragspflichtig wurde und die zweite Sonderzuwendung im nächsten Monat des I. Quartals bereits die

anteilige Jahresbeitragsbemessungsgrenze übersteigt, ist lediglich die zweite Einmalzahlung dem Vorjahr zuzuordnen. Die Zuordnung der bereits abgerechneten Einmalzahlung bleibt unberührt.

Es fällt grundsätzlich die Insolvenzgeldumlage (2011: 0,0 %) nach der Höhe des für die Rentenversicherung beitragspflichtigen Anteils der Einmalzahlung an. Umlagen nach dem AAG sind aus der Einmalzahlung nicht zu entrichten.

Der Arbeitnehmer hat am 1.3.2012 vom Arbeitgeber B zu C gewechselt. Er erhält folgende Einmalzahlungen, die jeweils die maßgebende anteilige Jahresbeitragsbemessungsgrenze im Jahr 2011 überschreiten:

1. von C im März 2011
2. von B im März 2011
3. von B im Juni 2011

zu 1: März 2012

zu 2: Dezember 2011

zu 3: Februar 2012

zu 1: Keine Beschäftigung bei C im Vorjahr. Beitrags- und Umlagepflicht zur Insolvenzgeldumlage (2012: 0,04 %; nicht jedoch nach dem AAG) besteht im Rahmen der Beitragsbemessungsgrenzen für März 2012, wobei das laufende Entgelt vorrangig beitragspflichtig ist.

zu 2: Grundsätzlich Zuordnung zu Februar 2012, aber wegen Zahlung bis 31.3.2012 und Beschäftigung bei B im Vorjahr ist seitens Arbeitgeber B die Märzklausel anzuwenden. Grundsätzlich fällt die Insolvenzgeldumlage (2011: 0,0 %) nach der Höhe des für die Rentenversicherung beitragspflichtigen Anteils der Einmalzahlung an. Umlagen nach dem AAG (U1 bzw. U2) sind aus der Einmalzahlung nicht zu entrichten.

zu 3: Da die Einmalzahlung nach dem 31.3.2012 ausgezahlt worden ist, aber einem Monat im ersten Quartal des zugeordnet wurde, weil die Beschäftigung in diesem Monat geendet hat, bleibt es bei dieser Zuordnung (= Märzklausel seitens Arbeitgeber B nicht anwendbar). Es fällt die Insolvenzgeldumlage (2012: 0,04 %) nach der Höhe des für die Rentenversicherung beitragspflichtigen Anteils der Einmalzahlung an. Umlagen nach dem AAG sind aus der Einmalzahlung nicht zu entrichten.

14.4 Einmalzahlungen, Märzklausel

Sachverhalt

In einem Handelsunternehmen (alte Bundesländer) ist es üblich, im Monat Februar die Jahresprovision für das vergangene Jahr auszuzahlen.

Eine Mitarbeiterin hat ein Gehalt von 3.250 EUR. Sie erhält im Februar 2012 eine Jahresprovision in Höhe von 4.785 EUR.

Ihr Jahresbruttoentgelt im Jahr 2011 betrug 40.250 EUR.

Welchem Zeitraum ist die Einmalzahlung zuzuordnen und in welcher Höhe ist sie beitragspflichtig zur Sozialversicherung?

Lösung

Die Jahresprovision ist im Februar 2011 als sonstiger Bezug nach der Jahrestabelle zu versteuern. Im Steuerrecht gilt das Zuflussprinzip: Die Lohnsteuer fällt in dem Jahr an, in dem die Zahlung erfolgt.

Die Anwendung der Märzklausel ist zu prüfen. Dazu ist die anteilige Jahresbeitragsbemessungsgrenze (JBBG) per 28.2.2011 sowohl in der Kranken- und Pflegeversicherung als auch in der Renten- und Arbeitslosenversicherung dem beitragsrechtlichen Entgelt per 28.2.2011 gegenüberzustellen:

Anteilige JBBG Kranken- und Pflegeversicherung 2012 (3.825 EUR × 2 Monate)		7.650 EUR
Gehalt Januar 2012	3.250 EUR	
Zzgl. Gehalt Februar 2012	+ 3.250 EUR	
Zzgl.Jahresprovision Februar 2012	+ 4.785 EUR	
Beitragspflichtiges Entgelt per 28.2.2012		- 11.285 EUR
Kranken- und pflegeversicherungsfrei im Februar 2012		3.635 EUR

Die gesamte Einmalzahlung muss dem Vorjahr (Anwendung der Märzklausel) zugeordnet werden.

Kranken- und Pflegeversicherung

JBBG Kranken- und Pflegeversicherung Vorjahr	41.550 EUR
Abzg. Beitragspflichtiges Arbeitsentgelt im Vorjahr	- 40.250 EUR

Es verbleibt ein Freiraum in Höhe von	4.300 EUR
Einmalzahlung Februar 2012	4.785 EUR
Abzgl. Spielraum aus 2011	- 4.300 EUR
Kranken- und pflegeversicherungsfreier Teil der Einmalzahlung	48 EUR

Renten- und Arbeitslosenversicherung

JBBG Renten- und Arbeitslosenversicherung Vorjahr	66.000 EUR
Abzg. Beitragspflichtiges Arbeitsentgelt im Vorjahr	- 40.250 EUR
Es verbleibt ein Freiraum in Höhe von	25.750 EUR

Die gesamte Einmalzahlung Februar 2012 in Höhe von 4.785 EUR ist beitragspflichtig zur Renten- und Arbeitslosenversicherung.

Hinweis

Bei krankenversicherungspflichtigen Arbeitnehmern ist bei der Beurteilung der Märzklausel für jeden Versicherungszweig auf die Beitragsbemessungsgrenze in der Krankenversicherung abzustellen. Bei krankenversicherungsfreien (freiwillig oder privat versicherten) Arbeitnehmern ist nur die Beitragsbemessungsgrenze in der Rentenversicherung anzuwenden.

Praxis-Tipp

Wurde die Jahresprovision im Lohnprogramm als Einmalzahlung gekennzeichnet, führt das Lohnprogramm die Prüfung der Märzklausel automatisch durch.

14.5 Einmalzahlungen, Urlaubsgeld

Sachverhalt

Ein Arbeitnehmer, geb. 1965, Lohnsteuerklasse I, verdient monatlich 3.000 EUR. Im Juni 2011 erhält er ein Urlaubsgeld in Höhe von 1.500 EUR.

Wie ist die Einmalzahlung steuer- und sozialversicherungsrechtlich zu bewerten?

Lösung

Urlaubsgeld gehört zu den Einmalzahlungen (sozialversicherungsrechtlich) bzw. sonstigen Bezügen (lohnsteuerrechtlich). Für diese gelten besondere steuerrechtliche und sozialversicherungsrechtliche Regelungen.

Sonstige Bezüge müssen nach der Jahreslohnsteuertabelle versteuert werden.

Berrechnung der Lohnsteuer auf den sonstigen Bezug

Voraussichtlicher Jahresarbeitslohn ohne sonstigen Bezug: (3.000 EUR × 12 Monate)	36.000 EUR	
Darauf entfallende Lohnsteuer		5.695 EUR.
Voraussichtlicher Jahresarbeitslohn mit sonstigem Bezug (36.000 EUR + 1.500 EUR Urlaubsgeld)	37.500 EUR	
darauf entfallende Lohnsteuer		6.104 EUR
Differenz		409 EUR

Die Differenz zwischen beiden Beträgen ist die Lohnsteuer auf den sonstigen Bezug, zuzüglich Solidaritätszuschlag und ggf. Kirchensteuer.

Berechnung Sozialversicherungspflicht der Einmalzahlung

Anteilige JBBG Kranken- und Pflegeversicherung 2012 (3.825 EUR × 6 Monate)		22.950 EUR
Gehalt Januar bis Juni 2012 (3.000 EUR x 6 Monate)	18.000 EUR	
Zzgl.Urlaubsgeld Juni 2012	+ 1.500 EUR	
Beitragspflichtiges Entgelt		- 19.500 EUR
Differenz bis zur anteiligen JBBG		3.450 EUR

Das gesamte Urlaubsgeld in Höhe von 1.500 EUR ist sozialversicherungspflichtig.

Da die Beitragsbemessungsgrenze in der Renten- und Arbeitslosenversicherung höher liegt, erübrigt sich im vorliegenden Fall die Prüfung

Hinweis

Einmalzahlungen bleiben bei der Ermittlung der Umlagen U1 und U2 außer Ansatz.

Praxis-Tipp

Im Lohnprogramm ist in jedem Fall eine Lohnart auszuwählen, die unter der Gruppe „sonstiger Bezug und Einmalzahlung" geführt wird. Damit wird erreicht, dass das Lohnprogramm die Versteuerung und Beitragsabrechnung nach dem o.g. Schema ausführt.

14.6 Einmalzahlungen, Arbeitgeberwechsel und Krankengeldbezug

Sachverhalt

Ein Arbeitnehmer ist versicherungspflichtig zu allen Zweigen der Sozialversicherung. Seine Beschäftigung endet am 31.3.2012 und beginnt am 16.5.2012 erneut.

Während der Zeit vom 1.4.-15.5.2012 ist der Arbeitnehmer bei einem anderen Arbeitgeber beschäftigt.

Vom 1.11.2011-15.1.2012 bezieht er Krankengeld.

Weihnachtsgeld wird im Dezember 2012 ausgezahlt.

Bis zu welcher Höhe unterliegt das Weihnachtsgeld der Beitragsberechnung zur Sozialversicherung?

Lösung

Die Monatsbeitragsbemessungsgrenze für Dezember 2012 beträgt 0 EUR, da keine beitragspflichtigen SV-Tage infolge des Krankengeldbezugs vorliegen. Deshalb sind die anteiligen Jahresbeitragsbemessungsgrenzen für die Kranken- und Pflegeversicherung und die Renten- und Arbeitslosenversicherung zu ermitteln. So kann festgestellt werden, bis zu welchem Gesamtarbeitsentgelt (noch) Beitragspflicht besteht.

Ermittlung der SV-Tage vom 1.1.-31.12.2011	
Januar bis März 2012 (3 Monate x 30 Tage)	90 Tage
April 2012 (Zeiten bei anderem Arbeitgeber zählen nicht)	0 Tage
Mai 2012 (1.6-31.5., es zählen die tatsächlichen Kalendertage)	16 Tage

Juni bis Oktober 2012 (5 Monate x 30 Tage)	150 Tage
November bis Dezember 2012 (Krankengeldbezug beitragsfrei)	0 Tage
SV-Tage 2012 gesamt	**256 Tage**

Anteilige Jahresbeitragsbemessungsgrenze Kranken- und Pflegeversicherung

Jahresbeitragsbemessungsgrenze 2012	45.900 EUR
Anteilige Jahresbeitragsbemessungsgrenze 2012 (45.900 EUR : 360 Tage x 256 SV-Tage)	32.640 EUR

Während der Beschäftigungszeiten bis einschließlich Dezember 2012 ist maximal ein Gesamtarbeitsentgelt von 32.640 EUR beitragspflichtig zur Kranken- und Pflegeversicherung. Darüber hinaus ausgezahltes Entgelt bleibt beitragsfrei.

Anteilige Jahresbeitragsbemessungsgrenze Renten- und Arbeitslosenversicherung

Jahresbeitragsbemessungsgrenze 2012	67.200,00 EUR
Anteilige Jahresbeitragsbemessungsgrenze 2011 (66.000 EUR : 360 Tage × 256 SV-Tage)	47.786,67 EUR

Während der Beschäftigungszeiten bis einschließlich Dezember 2012 ist maximal ein Gesamtarbeitsentgelt von 47.786,67 EUR beitragspflichtig zur Renten- und Arbeitslosenversicherung sowie zur Insolvenzgeld-umlage. Darüber hinaus ausgezahltes Entgelt bleibt beitragsfrei.

14.7 Einmalzahlungen, unterjähriger Beginn/Wegfall der Versicherungspflicht

Sachverhalt

Ein Arbeitnehmer nimmt am 1.4.2012 eine Beschäftigung auf. Zunächst besteht ausschließlich Renten- und Arbeitslosenversicherungspflicht (BGR 0110, Krankenversicherungsfreiheit wegen Überschreitung der Jahresarbeitsentgeltgrenze).

Ab 1.7.2012 wird das Entgelt dauerhaft gekürzt und folglich tritt Kranken- und Pflegeversicherungspflicht ein (BGR 1111).

Im Dezember 2012 wird vom Arbeitgeber eine Einmalzahlung gezahlt.

Welche Besonderheiten sind bei der Ermittlung der anteiligen Jahresbeitragsbemessungsgrenzen aufgrund der unterjährigen Änderungen bei den Beitragsgruppen zu beachten?

Lösung

Die anteiligen Jahresbeitragsbemessungsgrenzen sind wegen der unterjährigen Änderung in der KV und PV für einen abweichenden Zeitraum zu ermitteln:

- Kranken- und Pflegeversicherung für die Zeit vom 1.7.-31.12.2012.
- Renten- und Arbeitslosenversicherung und Insolvenzgeldumlage (2012: 0,04 %) für die Zeit vom 1.4.-31.12.2012.

14.8 Einmalzahlungen, unterjährige Beitragsgruppenveränderung (durchgängige Versicherungspflicht in allen SV-Zweigen)

Sachverhalt

Ein Arbeitnehmer hatte bislang Beitragsgruppe 1111. Er vollendet das 65. Lebensjahr am 11.7.2012, er erhält ab 1.8.2012 Vollrente wegen Alters und eine Einmalzahlung im Dezember 2012 aus seinem weiterhin ausgeübten Beschäftigungsverhältnis.

Welche Besonderheiten sind bei der Ermittlung der anteiligen Jahresbeitragsbemessungsgrenzen aufgrund der unterjährigen Änderungen bei den Beitragsgruppen zu beachten?

Lösung

Die Beitraggruppen ändern sich bei dem Arbeitnehmer ab 1.8.2012 wie folgt:

- Krankenversicherung: Änderung der Beitragsgruppe von 1XXX auf 3XXX, wegen des Rentenbezugs entfällt der Anspruch auf Krankengeld. Der ermäßigte KV-Beitragssatz gilt.
- Rentenversicherung: Änderung der Beitragsgruppe von X1XX auf X3XX, wegen des Rentenbezugs wird der Arbeitnehmer rentenversicherungsfrei. Der Arbeitgeber muss den halben Rentenversicherungsbeitrag zahlen.

- Arbeitslosenversicherung: Änderung der Beitragsgruppe von XX1X auf XX2X, wegen Vollendung des 65. Lebensjahres wird der Arbeitnehmer arbeitslosenversicherungsfrei. Der Arbeitgeber muss den halben Arbeitslosenversicherungsbeitrag zahlen.
- Insolvenzgeldumlage: Die Umlage ist auch für rentenversicherungsfreie Arbeitnehmer von dem Entgelt zu entrichten, das ohne die Rentenversicherungsfreiheit für die Berechnung der Rentenversicherungsbeiträge relevant wäre (allerdings beträgt im Jahr 2012 der Umlagesatz 0,04 %).

Trotz der Änderung besteht in allen Versicherungszweigen durchgehend Beitragspflicht.

Die anteiligen Jahresbeitragsbemessungsgrenzen sind für jeden Versicherungszweig durchgehend für die Zeit vom 1.1.-31.12.2012 zu ermitteln. Die Beiträge aus dem beitragspflichtigen Anteil der Einmalzahlung sind jedoch mit den im Dezember 2012 geltenden Beitragsgruppen und -sätzen zu berechnen (BGR 3321)!

14.9 Einmalzahlungen, beitragspflichtiger Anteil (Ermittlung)

Sachverhalt

Ein Arbeitnehmer erhält laufendes Monatsentgelt in Höhe von 3.300 EUR.

Im Dezember 2012 bekommt er Weihnachtsgeld in Höhe von 3.500 EUR.

Im Mai 2011 erhält er Urlaubsgeld in Höhe von 2.800 EUR.

Im August 2012 macht er Überstunden, die mit 600 EUR vergütet werden (laufendes Entgelt; beitragspflichtig bis zur Beitragsbemessungsgrenze des Monats in der KV/PV waren noch 525 EUR; die vollen 600 EUR waren beitragspflichtig zur RV/ALV).

Die anteiligen Jahres- Beitragsbemessungsgrenzen 2012 betragen

- am 31.5.2012: 19.125 EUR (KV/PV) bzw. 28.000 EUR (RV/ALV)
- am 31.12.2012: 45.900 EUR (KV/PV) bzw. 67.200 EUR (RV/ALV)

Wie ist der beitragspflichtige Anteil der Einmalzahlungen im Mai und Dezember jeweils zu berechnen?

Lösung

Berechnungsformel

Anteilige Jahresbeitragsbemessungsgrenze

- bisher beitragspflichtiges Arbeitsentgelt ohne die zu beurteilende Einmalzahlung

= BBG für die zu beurteilende Einmalzahlung

Der so ermittelte Freiraum zwischen der anteiligen Jahresbeitragsbemessungsgrenze und dem im gleichen Zeitraum erzielten beitragspflichtigen Entgelt des jeweiligen Versicherungszweiges bildet die Beitragbemessungsgrenze für die Einmalzahlung. Soweit diese überschritten wird, bleibt die Einmalzahlung beitragsfrei. (Achtung: Ausnahme mit Sonderregelung, siehe unter „Märzklausel"!)

Berechnung Kranken- und Pflegeversicherung für Mai 2012

Anteilige Jahresbeitragsbemessungsgrenze	19.125 EUR
Entgelt (3.300 EUR x 5 Monate)	- 16.500 EUR
Differenz	2.625 EUR

Der beitragspflichtige Anteil des Urlaubsgelds zur Kranken- und Pflegeversicherung beträgt 2.062,50 EUR.

Berechnung Renten- und Arbeitslosenversicherung für Mai 2012

Anteilige Jahresbeitragsbemessungsgrenze	28.000 EUR
Entgelt (3.300 EUR x 5 Monate)	- 16.500 EUR
Differenz	11.500 EUR

Das Urlaubsgeld ist in voller Höhe von 2.300 EUR beitragspflichtig zur RV/ALV sowie zur Insolvenzgeldumlage (2011: 0,0 %).

Berechnung Kranken- und Pflegeversicherung für Dezember 2012

Anteilige Jahresbeitragsbemessungsgrenze		45.900 EUR
Entgelt (3.300 EUR x 12 Monate)	39.600 EUR	
Zzgl. verbeitragtes Urlaubsgeld	+ 2.250 EUR	
Zzgl. verbeitragte Überstundenvergütung	+ 350 EUR	
Entgelt gesamt		- 42.750 EUR
Differenz		3.150 EUR

Der beitragspflichtige Anteil des Weihnachtsgelds zur Kranken- und Pflegeversicherung beträgt 2.350 EUR.

Berechnung Renten- und Arbeitslosenversicherung für Dezember 2012

Anteilige Jahresbeitragsbemessungsgrenze		67.200 EUR
Entgelt (3.300 EUR x 12 Monate)	39.600 EUR	
Zzgl. Urlaubsgeld	+ 2.800 EUR	
Zzgl. Überstundenvergütung	+ 600 EUR	
Entgelt gesamt		- 43.000 EUR
Differenz		24.200 EUR

Das Weihnachtsgeld ist in voller Höhe von 3.500 EUR beitragspflichtig zur RV/ALV und zur Insolvenzgeldumlage (2012: 0,04 %). Es fällt keine Umlage U1 bzw. U2 an.

14.10 Einmalzahlungen, Beitragsberechnung

Sachverhalt

Ein Arbeitnehmer erhält im März eine Geburtsbeihilfe, welche die anteilige Jahresbeitragsbemessungsgrenze für Januar bis März übersteigt. Die Geburt seines Sohns hat er dem Arbeitgeber im Februar angezeigt, sodass er ab 1.3. den Beitragszuschlag für Kinderlose zur Pflegeversicherung nicht mehr zu zahlen hat.

Lösung

Die Beitragsberechnung für den beitragspflichtigen Teil der Einmalzahlung findet stets in den Beitragsgruppen statt, die im jeweiligen Zuordnungsmonat für den Beschäftigten gelten. Auch beim Beitragssatz sind immer die Verhältnisse des Zuordnungsmonats maßgebend. Dies bedeutet, dass bei rückwirkender Zuordnung von Einmalzahlungen nicht selten andere Beitragsfaktoren maßgeblich sind als im Auszahlungsmonat der Einmalzahlung.

Auswirkungen beim Arbeitnehmer:

Die Geburtsbeihilfe ist für den Arbeitnehmer dem Dezember zuzuordnen, da wegen der anzuwendenden Märzklausel eine Zuordnung im Auszahlungsmonat März ausscheidet. Daher sind die Verhältnisse des Monats Dezember des Vorjahres maßgebend: Es ist also noch der Beitragssatz zur Pflegeversicherung inklusive des Beitragszuschlags für Kinderlose zu beachten. Auch die Beiträge zur KV, RV und BA sind mit dem Beitragssatz des Vorjahres zu berechnen. Gleiches gilt für die Umlage.

14.11 Einmalzahlungen, rückwirkende Korrektur

Sachverhalt

Am 15.10.2011 wird mit allen Arbeitnehmern eine schriftliche Vereinbarung darüber geschlossen, dass die im Dezember 2011 fälligen Jahressonderzahlungen für 2011 wegen der schlechten Geschäftslage um 50 % gekürzt werden.

Wider Erwarten kommt es doch noch zu einem besseren Geschäftsergebnis für 2011. Der Arbeitgeber entschließt sich daher, die infolge Verzichts nicht zur Auszahlung gelangten Anteile der Jahressonderzahlung 2011 im April 2012 nachzuzahlen:

- Arbeitnehmer A erhält 2.000 EUR Jahressonderzahlung. Wegen erheblicher Überstunden hat sein laufendes Entgelt in den Monaten Januar bis April 2012 die monatliche Beitragsbemessungsgrenze zur Kranken- und Pflegeversicherung überschritten.
- Arbeitnehmer B erhält 1.800 EUR Jahressonderzahlung. Er bezieht seit 1.12.2010 Krankengeld.

Für beide Arbeitnehmer wäre in einer anteiligen Jahresbeitragsbemessungsgrenze vom 1.1.-31.12.2011 genug Freiraum, um die Nachzahlungen zur Jahressonderzahlung in allen Versicherungszweigen in voller Höhe der Beitragspflicht zu unterwerfen.

Welchem Zeitraum werden die Nachzahlungen zugeordnet und wie gestalte sich die rückwirkende Korrektur der Beiträge zur Sozialversicherung?

Lösung

Grundsätzlich können Nachzahlungen für zu gering erfolgte Einmalzahlungen durch eine Rückrechnung abgerechnet werden. Die damalige Entgeltabrechung wird so korrigiert, also ob die Einmalzahlung bereits von Anfang an in richtiger Höhe geflossen wäre.

Die Nachzahlungen zur Jahressonderzahlung an die Arbeitnehmer werden rückwirkend dem Monat Dezember 2011 zugeordnet. Dies hat folgende Auswirkungen:

- Beide Nachzahlungen werden unter Berücksichtigung der Beitragsfaktoren im Dezember 2011 in allen Versicherungszweigen voll beitragspflichtig. Insolvengeldumlage fällt wegen des Umlagesatzes von 0,0 % nicht an.

  Die Beiträge für die Nachzahlungen zur Jahressonderzahlung werden mit dem April-Beitrag 2011 fällig.
- Die Beitragsnachzahlung ist in einem Beitragsnachweis zu berücksichtigen. Es stehen verschiedene Möglichkeiten zur Verfügung, die das Entgeltabrechnungsprogramm automatisch oder nach manueller Vorgabe anbietet:
  - Zur Umsetzung kann ein Korrekturbeitragsnachweis erzeugt werden. Hierzu ist die Buchung der Einzugsselle über das „Verarbeitungsmerkmal" zu steuern. Dieses Kennzeichen ist extrem wichtig.

    Zulässig wäre hier „S" (= Stornierung des ursprünglichen Beitragsnachweises) für Dezember 2011 und Abgabe eines neuen – erhöhten – Beitragsnachweises für Dezember 2011. Wird „S" angegeben, sind die Felder „Zeitraum" bis „Gesamtbetrag" des Storno-Beitragsnachweises mit den zu stornierenden Werten zu befüllen. Der ursprünglich übermittelte Beitragsnachweis wird dadurch vollständig storniert.

    Vereinfacht ginge dies auch mit „Verarbeitungsmerkmal" „E" (= Ersetzen des für diesen Zeitraum eingereichten Beitragsnachweises). Wird „E" angegeben, sind in den Stellen „Zeitraum" bis „Gesamtbetrag" die neuen – erhöhten – Werte anzugeben. Der ursprüngliche Beitragsnachweis für denselben Zeitraum wird dann vollständig ersetzt.
  - Eine weitere Variante wäre ein zusätzlicher Beitragsnachweisdatensatz für Dezember 2011 oder April 2012 in dem das „Verarbeitungsmerkmal X" (= Differenzbeitragsnachweis) verwendet wird. Wird „X" angegeben, sind in den Stellen „Zeitraum" bis „Gesamtbetrag" ausschließlich die sich im Einzelnen ergebenden Differenzbeträge anzugeben. Im Datenfeld „Laufende Nummer" ist die laufende Nummer des Beitragsnachweisdatensatzes anzugeben, wenn innerhalb eines Entgeltabrechnungszeitraums mehr als ein Datensatz je Betriebsstätte übermittelt wird.

    Wird als Funktionskennzeichen „S" oder „E" angegeben, ist die laufende Nummer des zu stornierenden bzw. ersetzenden Datensatzes anzugeben.
  - Als weitere Alternative wäre es möglich, die nachzuzahlenden Beiträge in den Beitragsnachweis April 2012 mit aufzunehmen. Für Prüfzwecke nachvollziehbar würde dies über die Beitragsabrechnung (Krankenkassenliste), die zu jedem Beitragsnachweis zu erstellen ist.

Würde der Arbeitgeber Dauerbeitragsnachweise erstellen, wäre für Mai 2012 ein neuer Dauerbeitragsnachweis erforderlich, damit die (durch die Nachzahlung) erhöhten Beiträge des April 2012 nicht auch in den Folgemonaten weiterhin zum Soll gestellt werden.

- Die Jahresmeldung für Arbeitnehmer A für 2011 muss korrigiert werden (soweit sie bereits erstellt wurde). Die beitragspflichtigen Nachzahlungen sind dem Jahresentgelt 2011 zuzuordnen.
- Bei Arbeitnehmer B kann die Unterbrechungsmeldung (zum 30.11.2011, wegen des Krankengeldbezugs) korrigiert werden. Alternativ könnte aber auch eine Sondermeldung (für Dezember 2011, mit der beitragspflichtigen Nachzahlung) mit Abgabegrund 54 erstattet werden

Hinweis

Rückforderungen von Einmalzahlungen (oder Teilen davon) führen immer zu aufwändigen Rückrechnungen. Die Beiträge sind neu zu berechnen und es wird die Erstattung der zuviel gezahlten Beiträge bei der zuständigen Krankenkasse (Einzugsstelle) beantragt.

Praxis-Tipp

Bei rückwirkenden Erhöhungen des laufenden Entgelts (Tariferhöhungen) sind die nachzuzahlenden Entgelte grundsätzlich dem jeweiligen Lohnabrechnungszeitraum, auf den sie entfallen, zuzurechnen.

Aus Vereinfachungsgründen ist folgende Regelung zulässig:

- Der Nachzahlungsbetrag wird analog einer Einmalzahlung abgerechnet.
- Dabei ist für den Nachzahlungsbetrag die anteilige Jahresbeitragsbemessungsgrenze des Nachzahlungszeitraums maßgebend.

Die Beitragsgruppen und Beitragssätze des Lohnabrechnungszeitraums, mit dessen laufenden Entgelten die Nachzahlung abgerechnet wird, sind zu beachten.

14.12 Einmalzahlungen, rückwirkende Korrektur (Behandlung der Nachzahlung als neue Einmalzahlung)

Sachverhalt

Am 15.10.2011 wurde mit allen Arbeitnehmern eine schriftliche Vereinbarung geschlossen, dass die im Dezember 2011 fälligen Jahressonderzahlungen für 2011 wegen der schlechten Geschäftslage um 50% gekürzt werden. Wider Erwarten kommt es zu einem besseren Geschäftsergebnis für 2011. Der Arbeitgeber zahlt die infolge Verzichts nicht zur Auszahlung gelangten Anteile der Jahressonderzahlung 2011 im April 2012 nach:

- Arbeitnehmer A erhält 2.000 EUR Jahressonderzahlung. Wegen erheblicher Überstunden hat sein laufendes Entgelt in den Monaten Januar bis April 2011 die monatliche Beitragsbemessungsgrenze zur Kranken- und Pflegeversicherung überschritten.
- Arbeitnehmer B erhält 1.800 EUR Jahressonderzahlung. Er bezieht seit 1.12.2011 Krankengeld.

Welchem Zeitraum wird die Nachzahlung zugeordnet und welche Auswirkungen ergeben sich daraus?

Lösung

Die Nachzahlungen zur Jahressonderzahlung an die beiden Arbeitnehmer werden dem Monat April 2012 zugeordnet. Dies hat folgende Auswirkungen:

- Da die Nachzahlung der Einmalzahlung im April 2012 erfolgt, kommt hier die Anwendung der Märzklausel (bei Auszahlung im Januar, Februar oder März) nicht zum Tragen. Die Nachzahlung wird dem tatsächlichen Monat der Auszahlung (April 2012) zugeordnet. Der Arbeitgeber muss keine Rückrechnung vornehmen.
- Für Arbeitnehmer A sind aus der Nachzahlung nur Renten- und Arbeitslosenversicherungsbeiträge sowie die Insolvenzgeldumlage zu entrichten, da sein laufendes Entgelt in den Monaten Januar bis April 2012 die monatliche Beitragsbemessungsgrenze zur Kranken- und Pflegeversicherung überschritten hat.
- Für Arbeitnehmer B fallen in der Zeit von Januar bis April 2012 keine SV-Tage an, da wegen des Krankengeldbezugs durchgehend Beitragsfreiheit

besteht. Die anteiligen Jahresbeitragsbemessungsgrenzen belaufen sich folglich auf 0 EUR. Die Nachzahlung ist damit beitrags- und umlagefrei.

- Die Beiträge aus der Nachzahlung werden zum drittletzten Bankarbeitstag des April 2012, also am 26.4.2012, fällig (Monat der tatsächlichen Auszahlung der Sonderzahlung).
- Die beitragspflichtigen Entgelte für Arbeitnehmer A fließen in die Jahresmeldung 2012 mit ein.

Hinweis

Die Entscheidung, ob die Nachzahlung wie oben beschrieben behandelt wird, oder ob eine Rückrechnung durchgeführt wird, kann der Arbeitgeber für alle betroffenen Beschäftigten nur einheitlich treffen. Eine willkürliche Zuordnung, z.B. mit Blick auf das jeweils günstigste Ergebnis je Arbeitnehmer, ist nicht zulässig.

14.13 Einmalzahlungen, Fälligkeit der Beiträge

Sachverhalt

- Abrechnungsmonat Dezember 2012.
- Entgeltzahlung einschließlich Zahlung eines Weihnachtsgelds am 22.12.2012.
- Termin für die Fälligkeit des Gesamtsozialversicherungsbeitrags am 28.12.2012.
- Zeitpunkt, an dem der Arbeitgeber die voraussichtliche Höhe der Beitragsschuld feststellt, ist der 21.12.2012.
- Es liegen keine Anhaltspunkte für die Nichtzahlung des Weihnachtsgelds vor.

Mit den laufenden Beiträgen welchen Monats sind die Beiträge aus der Einmalzahlung abzuführen?

Lösung

Bei der Ermittlung der voraussichtlichen Beitragsschuld für Dezember 2012 sind auch die Beiträge zu berücksichtigen, die auf das Weihnachtsgeld entfallen würden.

Bei einmalig gezahltem Arbeitsentgelt entstehen die Beitragsansprüche, sobald dieses ausgezahlt worden ist. Unter dem Gesichtspunkt der Beitragsfälligkeit in Höhe der voraussichtlichen Beitragsschuld kann die Fälligkeit der Beiträge aus einmalig gezahltem Arbeitsentgelt nicht allein am bloßen Vorgang der Auszahlung festgemacht werden. Vielmehr haben Arbeitgeber bei der Ermittlung der voraussichtlichen Beitragsschuld für den Beitragsmonat festzustellen, ob die Einmalzahlung mit hinreichender Sicherheit in diesem Beitragsmonat ausgezahlt wird.

Deshalb werden die Beiträge aus einmalig gezahltem Arbeitsentgelt im Rahmen der Regelungen über die Höhe der voraussichtlichen Beitragsschuld in dem Monat fällig, in dem das einmalig gezahlte Arbeitsentgelt ausgezahlt werden soll.

14.14 Einmalzahlungen, Rückzahlung des Weihnachtsgelds an Arbeitgeber (auflösende Bedingung)

Sachverhalt

Die Arbeitnehmer erhalten mit dem Novemberentgelt, welches am letzten Arbeitstag des Monats November zur Auszahlung kommt, ein Weihnachtsgeld in Höhe von 75 % des durchschnittlichen Monatsentgelts.

Die Zahlung ist nach dem Tarifvertrag an die Bedingung geknüpft, dass das Beschäftigungsverhältnis mindestens bis zum 31.3. des Folgejahres andauert.

Ein Arbeitnehmer kündigt nach Zahlung des Weihnachtsgelds sein Arbeitsverhältnis fristgerecht zum 31.1., um ab 1.2. eine andere Stelle anzutreten.

Kann der Arbeitnehmer das Weihnachtsgeld zurückfordern und wie ist dies ggf. sozialversicherungsrechtlich zu behandeln?

Lösung

Die Bedingung, unter der die Einmalzahlungen geleistet wurde, ist eine so genannte „auflösende Bedingung". Bei deren Eintritt entfällt der arbeitsrechtliche Anspruch auf das Weihnachtsgeld rückwirkend. Der Arbeitgeber kann die Zahlung zurückfordern oder den überzahlten Betrag mit einer ggf. noch folgenden Entgeltzahlung aufrechnen.

Die Beiträge zur Sozialversicherung wurden ordnungsgemäß dem November zugeordnet und mit den Novemberbeiträgen abgeführt.

Zum Zeitpunkt (Monat) der Durchführung der Rückforderung ist eine

- Korrekturberechnung für den Monat November vorzunehmen. Das Entgeltkonto ist so zu stellen, als wäre die Einmalzahlung damals nicht zur Auszahlung gelangt („Rückrechnung").
- Die zuviel gezahlten Beiträge (Arbeitnehmer- und Arbeitgeberanteile) werden im aktuellen Beitragsnachweis (Rückforderungsmonat) verrechnet.

  Voraussetzung für die Verrechnung ist, dass die Zahlung der zuviel gezahlten Beiträge noch keine 24 Monate zurückliegt. Die entfallene Einmalzahlung darf nicht der Bemessung von Geldleistungen zugrunde gelegen haben, also nicht in eine Verdienstbescheinigung, z.B. für Kranken- oder Mutterschaftsgeld eingeflossen sein.
- Alternativ kann die Rückforderung der zuviel gezahlten Beiträge über einen Erstattungsantrag bei der zuständigen Krankenkasse (Einzugsstelle) erfolgen. In diesem Fall muss die Rückrechnung im Entgeltkonto unterbleiben.
- Die Einmalzahlung darf nicht in die Jahresmeldung für den Arbeitnehmer einfließen, ggf. ist eine nachträgliche Korrektur der bereits übermittelten Jahresmeldung erforderlich.

Praxis-Tipp

Die verrechneten oder von der Einzugsstelle erstatteten Arbeitnehmeranteile aus der Einmalzahlung stehen dem Arbeitgeber zu. Mit dem Eintritt der auflösenden Bedingung ist der Anspruch auf das Brutto-Weihnachtsgeld entfallen. Es ist also nicht nur der Nettobetrag der Einmalzahlung, sondern auch alle davon abgezweigten Abzüge zurückzuzahlen. Das Gleiche gilt für die aus der Einmalzahlung an das Finanzamt abgeführten Steuern.

14.15 Einmalzahlungen, Verzicht des Arbeitnehmers auf Weihnachtsgeld

Sachverhalt

Ein nicht tarifgebundenes Unternehmen, zahlte in den letzten drei Jahren – ohne Unterbrechung – Weihnachtsgeld in Höhe des durchschnittlichen Monatsentgelts an seine Arbeitnehmer. Dadurch liegt eine „betriebliche Übung" vor.

Da das Unternehmen sich wirtschaftlich verschlechtert hat, vereinbart der Arbeitgeber am 23.11. mit jedem Arbeitnehmern schriftlich, das Weihnachtsgeld nicht auszuzahlen, sondern zur Sanierung der Unternehmensfinanzen zu verwenden.

Wie ist das entfallene Weihnachtsgeld sozialversicherungsrechtlich zu behandeln?

Lösung

- Da hier der Verzicht auf die Einmalzahlung vor dem Fälligkeitstag der Beiträge (drittletzter Bankarbeitstag im November) für den Monat November feststand, werden keine Beiträge aufgrund des entfallenen Weihnachtsgelds fällig. Wäre der Verzicht erst nach dem Fälligkeitstag vereinbart worden, wären aus dem Weihnachtsgeld zunächst Beiträge fällig geworden.
- Wäre ein Arbeitnehmer ausschließlich infolge des regelmäßig zu erwartenden Weihnachtsgelds wegen Überschreitung der Jahresarbeitsentgeltgrenze bisher krankenversicherungsfrei, so tritt mit Abschluss der Verzichtsvereinbarung am 23.11. Krankenversicherungspflicht ein. Soweit im Folgejahr Weihnachtsgeld wieder zusteht, wäre eine Überschreitung der Jahresarbeitsentgeltgrenze im übernächsten Jahr wieder möglich.
- Der Verzicht auf Weihnachtsgeld hat Auswirkungen auf die Berechung des regelmäßigen Arbeitsentgeltes für die Geringfügigkeitsgrenze (400 EUR) und für die Gleitzone.
- Der Verzicht auf das Weihnachtsgeld sollte – wie im vorliegenden Fall – arbeitsrechtlich korrekt ablaufen, da sonst Klagen auf Zahlung erfolgversprechend wären. Wenn ein Tarifvertrag zu beachten ist, muss dieser eine entsprechende Öffnungsklausel beinhalten. Teilzeitkräfte dürften nicht benachteiligt werden (z. B. indem nur sie zum Verzicht aufgefordert werden). Der Verzicht muss in jedem Fall vor der Fälligkeit des Weihnachtsgelds schriftlich vereinbart sein.

Achtung

Die schriftliche Vereinbarung des Verzichts auf Weihnachtsgeld ist Bestandteil der Entgeltunterlagen und als solche bis zur nächsten Prüfung durch den Rentenversicherungsträger aufzubewahren.

15 Einsatzwechseltätigkeit

15.1 Einsatzwechseltätigkeit, täglicher Betriebsbesuch

Sachverhalt

Ein Außendienstmitarbeiter hat folgenden Tagesablauf:

- Gegen 8.15 Uhr fährt er mit seinem Pkw 10 Kilometer in die Firma, wo er seine Tagesaufträge erhält und die abgerechneten Aufträge vom Vortag an die Buchhaltung weitergibt.
- Von dort aus beginnt er gegen 9.00 Uhr mit seiner Außendiensttätigkeit.
- Zwischen 17.30 Uhr und 18.00 Uhr kehr er regelmäßig aus dem Außendienst direkt nach Hause zurück.

Für sämtliche dienstlichen Fahrten erhält er ein Kilometergeld von 0,30 EUR. Zusätzlich erhält er tägliche Spesen in Höhe von 6 EUR. Der Mitarbeiter hat im September an 20 Tagen gearbeitet und dabei insgesamt 2.000 dienstliche Kilometer (einschließlich Fahrten zum Betrieb) zurückgelegt.

In welcher Höhe stehen dem Mitarbeiter Erstattungen zu und welche steuer- und sozialversicherungsrechtlichen Folgen ergeben sich daraus?

Lösung

Der Außendienstmitarbeiter zählt zu den Arbeitnehmern mit wechselnden Einsatzstellen. Nach zuletzt geänderter Rechtsprechung (BFH v. 9.6.2011, VI R 58/09, BStBl 2011 II) hat er im Betrieb keine regelmäßige Arbeitsstätte. Er sucht den Firmensitz zwar immer wieder auf, um seine berufliche Auswärtstätigkeit, also seine weitere Arbeit an auswärtigen Einsatzstellen von dort anzutreten. Die Aufenthalte sind aber immer nur kurz und er übt dort keine wesentlichen Tätigkeiten aus..

- Die arbeitstäglichen Wege zur Firma rechnen damit ebenso wie die anschließende Fahrt vom Betrieb in den Außendienst zu den Reisekosten. Der steuerfreie Arbeitgeberersatz ist in Höhe der tatsächlich angefallenen Kosten bzw. in Höhe des Kilometersatzes von 0,30 EUR für Fahrten mit dem Pkw zulässig. Insgesamt ergeben sich für diesen Monat 2.000 dienstliche Kilometer. In folgender Höhe können die Fahrtkosten steuer- und sozialversicherungsfrei erstattet werden:

2.000 Kilometer × 0,30 EUR = 600 EUR

- Für Verpflegungsmehraufwendungen werden je nach Abwesenheit gestaffelte Pauschalen gewährt. Für die Berechnung der Abwesenheitsdauer kommt es darauf an, von wo aus die Auswärtstätigkeit angetreten wird. Weil der Mitarbeiter keine regelmäßige Arbeitsstätte mehr hat, kann er für die Dauer der gesamten Abwesenheit von der Wohnung Verpflegungsmehraufwendungen in Anspruch nehmen. Die Abwesenheitsdauer beträgt täglich über 8 Stunden.

  Es können Verpflegungspauschalen in Höhe von 6 EUR täglich steuer- und sozialversicherungsfrei erstattet werden. Bei 20 Arbeitstagen im Monat ergibt sich eine Erstattung von 120 EUR.

Insgesamt können somit 720 EUR steuer- und sozialversicherungsfrei erstatten werden.

15.2 Einsatzwechseltätigkeit, wöchentlicher Betriebsbesuch

Sachverhalt

Ein Kundendienstmonteur fährt mit seinem eigenen Pkw jeweils montags gegen 7.30 Uhr zunächst in die Firma. Dort holt er den firmeneigenen Werkstattwagen ab und stellt seine Wochentour zusammen. Er verlässt die Firma erst gegen 10.00 Uhr. Am Freitagmittag beendet er gegen 15.00 Uhr seine Außendiensttätigkeit, indem er in der Firma seine Aufträge abrechnet und an die Buchhaltung weiterleitet. Den Werkstattwagen stellt er dann vereinbarungsgemäß auf dem Firmengelände ab.

Von Dienstag bis Donnerstag, wenn er seine täglichen Einsatztouren zu Hause beginnt und beendet, ist er jeweils von 7.30 Uhr bis 17.30 Uhr unterwegs. Montags und freitags ist die Abwesenheitsdauer von zu Hause identisch, allerdings entfallen jeweils zwei Stunden auf Büroarbeiten im Betrieb sowie zusätzliche Zeit auf die An- und Abfahrt.

Es liegt nun die Spesenabrechnung für die Zeit vom 1.2.2011 (Mittwoch) bis zum 29.2.2012 vor. Der Mitarbeiter war in dieser Zeit an allen 21 Arbeitstagen im Dienst.

In welcher Höhe können ihm steuer- und sozialversicherungsfreie Reisekosten erstattet werden?

Lösung

Der Mitarbeiter zählt zu der Fallgruppe der Arbeitnehmer mit wechselnden Einsatzstellen. Nach zuletzt geänderter Rechtsprechung hat er im Betrieb keine regelmäßige Arbeitsstätte. Er sucht den Betriebssitz seines Arbeitgebers zwar fortdauernd immer wieder auf, verbleibt aber dort jeweils nur kurz. Dies reicht nicht aus, um eine regelmäßige Arbeitsstätte zu begründen.

Für die Berechnung der Abwesenheitsdauer bezüglich der zu gewährenden Verpflegungspauschalen kommt es darauf an, von wo aus die Auswärtstätigkeit angetreten wird. Weil der Mitarbeiter im Betrieb keine regelmäßige Arbeitsstätte hat, kann er Verpflegungsmehraufwendungen für die Dauer der gesamten Abwesenheit von der Wohnung in Anspruch nehmen. Damit ist er an allen Arbeitstagen 10 Stunden unterwegs und kann die Verpflegungspauschale von 6 EUR (mindestens 8-stündige Abwesenheit) in Anspruch nehmen. Insoweit können steuer- und sozialversicherungsfreie Erstattungen vorgenommen werden.

Für den Februar ergeben sich für die 21 Wochentage Erstattungen von 126 EUR.

Hinweis

Falls der Arbeitgeber dem Mitarbeiter für die Fahrten zum Betrieb bzw. vom Betrieb nach Hause einen Firmenwagen zur Verfügung stellt, bleibt der Vorteil unbesteuert.

15.3 Einsatzwechseltätigkeit, tägliche Rückkehr zur Wohnung

Sachverhalt

Ein Bauarbeiter ist seit mehr als einem Jahr auf einer Großbaustelle eingesetzt. Die Baustelle ist 25 Kilometer vom Firmensitz und 40 Kilometer vom Wohnort des Mitarbeiters entfernt. Er verlässt regelmäßig um 7.00 Uhr die Wohnung und kehrt dorthin gegen 18.00 Uhr zurück. Zum Firmensitz kommt er nur zu besonderen Anlässen. Der Arbeitgeber erstattet Fahrt- und Verpflegungskosten, soweit die Erstattungen steuerfrei bleiben.

In welcher Höhe können dem Mitarbeiter Reisekosten erstattet werden?

Lösung

Trotz der langen Verweildauer auf einer Baustelle übt der Bauarbeiter eine vorübergehende Auswärtstätigkeit aus.

Grds. können im Rahmen der Auswärtstätigkeit Fahrt- und Verpflegungskosten steuerfrei erstattet werden. Weil der Mitarbeiter täglich zu seiner Wohnung zurückkehrt, fallen keine Übernachtungskosten an.

Fahrtkosten entstehen ausschließlich für Fahrten zwischen Wohnung und Baustelle. Der Mitarbeiter sucht den Firmensitz fast nie auf und hat keine regelmäßige Arbeitsstätte. Die Fahrtkosten können deshalb in der tatsächlichen Höhe erstattet werden. Bei Fahrten mit dem Pkw können ohne Einzelnachweis 0,30 EUR je gefahrenem Kilometer erstattet werden.

- Für die tägliche Hin- und Rückfahrt können Fahrtkosten in folgender Höhe steuerfrei erstattet werden:

  2 × 40 Kilometer × 0,30 EUR = 24 EUR

  Eine zeitliche Beschränkung existiert nicht.
- Verpflegungsmehraufwendungen können für den Mitarbeiter hingegen nicht mehr steuerfrei ersetzt werden, weil er bereits mehr als drei Monate auf der gleichen Baustelle tätig ist.

15.4 Einsatzwechseltätigkeit, tägliche Rückkehr zur Wohnung (unter 30 Kilometer)

Sachverhalt

Ein Monteur ist seit letztem Monat auf Montage bei einem Kunden eingesetzt. Der Betrieb des Kunden ist 20 Kilometer vom Wohnort des Mitarbeiters entfernt. Die Strecke dorthin legt er mit dem eigenen Pkw zurück. Er verlässt regelmäßig um 7.00 Uhr die Wohnung und kehrt dorthin gegen 18.00 Uhr zurück. Zum Firmensitz kommt der Mitarbeiter nur zu besonderen Anlässen.

Der Arbeitgeber erstattet Fahrtkosten mit 0,30 EUR je gefahrenen Kilometer. Zudem werden die steuerlichen Verpflegungspauschalen gezahlt.

Welche steuer- und sozialversicherungsrechtlichen Folgen ergeben sich?

Lösung

Der Monteur übt eine typische Tätigkeit an wechselnden Einsatzstellen aus. Eine regelmäßige Arbeitsstätte hat er nicht.

Grds. können im Rahmen einer solchen Auswärtstätigkeit Fahrt- und Verpflegungskosten steuerfrei erstattet werden. Weil der Mitarbeiter täglich zu seiner Wohnung zurückkehrt, fallen keine Übernachtungskosten an.

Für Verpflegungsmehraufwendungen werden je nach Abwesenheit gestaffelte Pauschalen gewährt.

- Der Mitarbeiter ist täglich 11 Stunden von seiner Wohnung abwesend. Dafür kann eine Pauschale in Höhe von 6 EUR täglich steuer- und sozialversicherungsfrei gewährt werden.

Dies gilt allerdings nur für maximal drei Monate an der gleichen Einsatzstelle. Sollte die Montage beim selben Kunden nach drei Monaten nicht beendet sein, können danach keine steuerfreien Verpflegungszuschüsse mehr gewährt werden.

Zusätzlich entstehen dem Monteur Fahrtkosten für Fahrten zwischen Wohnung und Kundenbetrieb. Die frühere 30-Kilometer-Grenze ist gestrichen worden. Die Fahrtkosten können in der tatsächlichen Höhe erstattet werden. Bei Fahrten mit dem eigenen Pkw können ohne Einzelnachweis 0,30 EUR je gefahrenem Kilometer erstattet werden.

- Für die tägliche Hin- und Rückfahrt ergibt sich folgende Erstattung:
  2 x 20 Kilometer x 0,30 EUR = 12 EUR

15.5 Einsatzwechseltätigkeit, täglich mehrere Einsatzstellen

Sachverhalt

Ein Maurer, der auf ständig wechselnden Einsatzstellen arbeitet, ist im Monat September 2012 an zehn Arbeitstagen auf einer 50 Kilometer von seiner Wohnung entfernt liegenden Baustelle tätig gewesen. An weiteren zehn Arbeitstagen war er zunächst auf einer 20 Kilometer von seiner Wohnung entfernt liegenden Baustelle tätig. Dort arbeitete er bis mittags und ist dann jeweils zu einer von der ersten Baustelle 25 km entfernten Baustelle gefahren. Diese zweite Baustelle lag 35 Kilometer von seiner Wohnung entfernt.

Der Mitarbeiter hat regelmäßig um 6.30 Uhr die Wohnung verlassen und ist dorthin zwischen 17.00 und 18.00 Uhr zurückgekehrt. Zum Firmensitz kommt der Mitarbeiter nur selten. Die Fahrten zu den Baustellen führt er mit dem eigenen Pkw durch. Der Arbeitgeber erstattet Fahrtkosten mit 0,30 EUR je gefahrenen Kilometer. Zudem werden die steuerlichen Verpflegungspauschalen gezahlt.

In welcher Höhe können dem Maurer für September Reisekosten steuer- und sozialversicherungsfrei erstattet werden?

Lösung

Als Maurer übt der Arbeitnehmer eine Tätigkeit an wechselnden Einsatzstellen aus. Er hat bereits im betrachteten Beispielmonat drei Einsatzstellen. Im Rahmen einer solchen Tätigkeit können Fahrt- und Verpflegungskosten steuerfrei erstattet werden. Weil der Mitarbeiter täglich zu seiner Wohnung zurückkehrt fallen keine Übernachtungskosten an.

Für Verpflegungsmehraufwendungen werden je nach Abwesenheit gestaffelte Pauschalen gewährt. Der Maurer ist täglich zwischen 10,5 und 11,5 Stunden von seiner Wohnung abwesend. Für Abwesenheit zwischen 8 und 14 Stunden kann eine Pauschale in Höhe von 6 EUR täglich steuer- und sozialversicherungsfrei gewährt werden.

- Für den Monat September 2012 ergeben sich bei 20 Arbeitstagen steuer- und sozialversicherungsfreie Pauschalen von insgesamt 120 EUR.

Zusätzlich entstehen dem Arbeitnehmer Fahrtkosten für Fahrten zwischen Wohnung und Baustellen. Die Fahrtkosten können grds. in der tatsächlichen Höhe erstattet werden.

Bei Fahrten mit dem Pkw können ohne Einzelnachweis 0,30 EUR je gefahrenem Kilometer erstattet werden. Auf die Entfernungen kommt es nicht an. Es wird die gesamte Fahrtstrecke von (20 Kilometer Hinfahrt + 25 Kilometer Weiterfahrt zur zweiten Baustelle + 35 Kilometer Heimfahrt =) 80 Kilometern steuerlich anerkannt.

- Folgende Fahrtkostenerstattungen sind somit steuer- und sozialversicherungsfrei möglich:

  10 Tage × 2 × 50 Kilometer × 0,30 EUR = 300 EUR

  10 Tage × 80 Kilometer (Gesamtstrecke) × 0,30 EUR = 240 EUR

  zusammen: 540 EUR

Insgesamt können dem Maurer damit für den Monat September Reisekosten in Höhe von 690 EUR steuer- und sozialversicherungsfrei erstattet werden.

15.6 Einsatzwechseltätigkeit, auswärtige Übernachtung (unter 3 Monate)

Sachverhalt

Ein in Freiburg wohnender Polier, der auf Großbaustellen eingesetzt wird, ist seit Januar 2012 (voraussichtlich für den Rest des Jahrs) in Karlsruhe tätig.

Unter der Woche übernachtet er – außer mittwochs – in einem angemieteten 1-Zimmer-Appartement (monatliche Miete 250 EUR), das unmittelbar neben der Baustelle liegt.

Jeweils mittwochs und freitags fährt er abends mit dem Pkw die 100 Kilometer lange Strecke zu seiner Familie und kommt dort gegen 18.30 Uhr an.

Montags und donnerstags fährt er um 6.30 Uhr wieder von zu Hause zur Baustelle.

Nun liegt der Reisekostenantrag für die Zeit vom 1.1.2012, bis zum 31.1.2012 vor. Der Mitarbeiter war in dieser Zeit an allen 22 Arbeitstagen im Dienst. In welcher Höhe können ihm steuer- und sozialversicherungsfrei Reisekosten erstattet werden?

Lösung

Als Polier übt der Mitarbeiter eine Tätigkeit an wechselnden Einsatzstellen aus. Nach dem derzeitigen Einsatz wird er wieder zu einer neuen Baustelle wechseln. Eine regelmäßige Arbeitsstätte hat er nicht.

Grds. können im Rahmen einer solchen Auswärtstätigkeit Übernachtungs-, Fahrt- und Verpflegungskosten steuerfrei erstattet werden.

- Die Mietaufwendungen in Höhe von 250 EUR monatlich können in tatsächlicher Höhe steuer- und sozialversicherungsfrei ersetzt werden.

Für die anfallenden Fahrtkosten ist ein steuerfreier Arbeitgeberersatz in Höhe der tatsächlich angefallenen Kosten bzw. in Höhe des Kilometersatzes von 0,30 EUR für Fahrten mit dem Pkw zulässig. Sämtliche Fahrten (einschließlich Zwischenheimfahrten unter der Woche) können nach Dienstreisesätzen steuerfrei ersetzt werden.

- Für den Monat Januar 2012 (insgesamt 8 Hin- und Rückfahrten) ergibt sich folgender, steuer- und sozialversicherungsfrei möglicher Fahrtkostenersatz:

  8 Fahrten × 2 × 100 Kilometer × 0,30 EUR = 480 EUR

Außerdem umfasst der steuerfrei mögliche Arbeitgeberersatz die steuerlichen Verpflegungspauschalen. Dies gilt allerdings nur für die ersten drei Monate des Einsatzes auf der gleichen Baustelle, also hier noch bis einschließlich März 2012. Für die Berechnung ist die Abwesenheitsdauer von der Familienwohnung maßgebend. Montags, mittwochs, donnerstags und freitags ist der Mitarbeiter zwar mehr als 14 Stunden, aber nicht volle 24 Stunden abwesend, sodass eine Pauschale von 12 EUR für diese Tage gewährt werden kann. Dienstags ist der Arbeitnehmer hingegen volle 24 Stunden abwesend, so dass hier die ungekürzte Pauschale gewährt werden kann.

- Bei 22 Arbeitstagen (davon 5 Dienstage) ergeben sich damit folgende Pauschalen, die steuer- und sozialversicherungsfrei ersetzt werden können:

  17 × 12 EUR + 5 × 24 EUR = 324 EUR

Insgesamt können dem Mitarbeiter damit bis zu 1.054 EUR steuer- und sozialversicherungsfrei erstattet werden. Selbstverständlich können aber auch nach firmeninternen Regelungen geringere Erstattungen vorgenommen werden, z. B. nur für eine Heimfahrt wöchentlich.

Praxis-Tipp

Bei einer unentgeltlich vom Arbeitgeber gewährten Übernachtungsmöglichkeit im Bauwagen können keine Übernachtungskosten steuerfrei erstattet werden, auch nicht pauschal.

15.7 Einsatzwechseltätigkeit, auswärtige Übernachtung (über 3 Monate)

Sachverhalt

Ein Monteur, der in Hannover wohnt, ist seit Mitte 2011 auf einer Montage in Hamburg eingesetzt.

Unter der Woche übernachtet er in einer Pension zum Preis von 25 EUR je Nacht (ohne Frühstück), die in 10 Kilometer Entfernung von der Arbeitsstätte liegt.

Am Freitagnachmittag fährt er mit dem Pkw von der Pension aus die 150 Kilometer lange Strecke zu seiner Familie und kommt dort gegen 19.00 Uhr an.

Sonntags fährt er um 20.00 Uhr wieder zu seiner Pension.

Der Arbeitgeber erstattet die Fahrtkosten mit 0,30 EUR je gefahrenen Kilometer, für Verpflegung werden 5 EUR täglich gewährt, die Übernachtungskosten ohne Frühstück werden in tatsächlicher Höhe erstattet.

Nun liegt der Reisekostenantrag des Monteurs für Februar 2012 mit 21 Arbeitstagen vor.

In welcher Höhe müssen Reisekostenerstattungen geleistet werden und welche lohnsteuerlichen und sozialversicherungsrechtlichen Folgen ergeben sich daraus?

Lösung

Trotz der langen Verweildauer auf einer Arbeitsstelle übt der Monteur eine Tätigkeit an wechselnden Einsatzstellen aus. Er hat keine regelmäßige Arbeitsstätte.

Grds. können im Rahmen einer solchen Auswärtstätigkeit Übernachtungs-, Fahrt- und Verpflegungskosten steuerfrei erstattet werden. Deshalb können die Übernachtungsaufwendungen in tatsächlicher Höhe steuer- und sozialversicherungsfrei ersetzt werden.

- Für den Monat Februar 2012 sind Kosten für 21 Übernachtungen (sonntags bis freitags) entstanden. Die Erstattung beträgt damit 525 EUR.

Für die anfallenden Fahrtkosten ist ein steuerfreier Arbeitgeberersatz in Höhe der tatsächlich angefallenen Kosten bzw. in Höhe des Kilometersatzes von 0,30 EUR für Fahrten mit dem Pkw zulässig. Es können sowohl die Heimfahrten zur Familie wie auch die Fahrten am Einsatzort nach Dienstreisesätzen steuerfrei ersetzt werden.

- Es ergibt sich damit für Februar 2012 folgender, steuer- und sozialversicherungsfrei möglicher Fahrtkostenersatz:

  4 Heimfahrten × 2 × 150 Kilometer × 0,30 EUR = 360 EUR

  21 Arbeitstage × 2 × 10 Kilometer × 0,30 EUR = 126 EUR

Verpflegungsmehraufwendungen können für den Mitarbeiter hingegen nicht mehr steuerfrei ersetzt werden, weil er bereits mehr als drei Monate auf der gleichen Einsatzstelle tätig ist.

- Die Verpflegungskostenerstattungen von insgesamt 105 EUR für 20 Arbeitstage sind steuer- und sozialversicherungspflichtiger Arbeitslohn.

Steuer- und sozialversicherungsfrei können dem Mitarbeiter für Februar insgesamt 1.011 EUR für Unterkunfts- und Fahrtkosten erstattet werden.

15.8 Einsatzwechseltätigkeit, Sammelbeförderung

Sachverhalt

Eine Firma setzt Bauarbeiter in Kolonnen auf Großbaustellen ein. Dabei werden sie in firmeneigenen Kleinbussen zu ihrem jeweiligen Einsatzort transportiert.

Die Kleinbusse starten von einem Parkplatz als gemeinsamem Treffpunkt. Für die Fahrt dorthin erhalten die Mitarbeiter eine Fahrkarte für den öffentlichen Personennahverkehr auf Antrag ersetzt. Zudem erhalten die Mitarbeiter eine tägliche Verpflegungspauschale von 6 EUR.

Es liegt der Reisekostenantrag eines Mitarbeiters für September 2012 vor.

- Der Mitarbeiter hat in diesem Monat an 20 Tagen auf einer erst kürzlich eingerichteten Baustelle gearbeitet.
- Für die fünf Kilometer Entfernung zum Treffpunkt hat er den Bus benutzt. Die Fahrkarte hat für den Monat 60 EUR gekostet.
- Der Mitarbeiter hat täglich um 6.30 Uhr das Haus verlassen und ist um 16.30 dorthin zurückgekehrt. Die Abfahrt vom Treffpunkt bzw. die Ankunft war jeweils eine halbe Stunde danach bzw. davor.

Welche steuer- und sozialversicherungsrechtlichen Folgen ergeben sich aus den vereinbarten Erstattungen?

Lösung

Als Bauarbeiter übt der Mitarbeiter eine Tätigkeit an wechselnden Einsatzstellen aus. Eine regelmäßige Arbeitsstätte hat er nicht.

Grds. können im Rahmen einer solchen Auswärtstätigkeit Fahrt- und Verpflegungskosten steuerfrei erstattet werden. Weil der Mitarbeiter täglich zu seiner Wohnung zurückkehrt, fallen keine Übernachtungskosten an.

Für Verpflegungsmehraufwendungen werden je nach Abwesenheit gestaffelte Pauschalen gewährt. Der Mitarbeiter ist täglich 10 Stunden von seiner Wohnung abwesend. Für Abwesenheit zwischen 8 und 14 Stunden kann während der ersten drei Monate an derselben Baustelle eine Pauschale in Höhe von 6 EUR täglich steuer- und sozialversicherungsfrei gewährt werden.

- Für September ergeben sich bei einer Pauschale von 6 EUR täglich für 20 Arbeitstage steuer- und sozialversicherungsfreie Pauschalen von insgesamt 120 EUR.

Fahrtkosten fallen für die Fahrten vom Treffpunkt zur Baustelle nicht an, weil es sich insoweit um eine unentgeltliche Sammelbeförderung handelt. Diese löst keine steuerlichen oder sozialversicherungsrechtlichen Folgen aus.

Die Fahrkarte darf steuerfrei ersetzt werden, obwohl der Mitarbeiter von seiner Wohnung aus immer wieder zu einem gleich bleibenden Treffpunkt fährt, um von dort von seinem Arbeitgeber zur Einsatzstelle befördert zu werden. Fahrten zu einem gleich bleibenden Treffpunkt mit anschließender Auswärtstätigkeit sind nach neuerer Verwaltungsauffassung keine Fahrten zur regelmäßigen Arbeitsstätte, sondern als Reisekosten steuerfrei erstattungsfähig.

- Die Fahrkartenerstattung in Höhe von 60 EUR ist in voller Höhe steuer- und sozialversicherungsfrei.

16 Essengeldzuschuss

16.1 Essengeldzuschuss, Kantinenessen (Zuzahlung unter Sachbezugswert)

Sachverhalt

Der Arbeitgeber bietet seinen Mitarbeitern ein arbeitstägliches Mittagessen zu verbilligten Preisen zwischen 1,50 EUR und 3,00 EUR in der eigenen Kantine an. Im Monat Januar sind insgesamt 2.000 Essen in der Kantine verkauft worden. Für diese Essen haben die Arbeitnehmer insgesamt 4.500 EUR entrichtet.

Wie müssen die verbilligten Kantinenmahlzeiten lohnsteuerlich behandelt werden und welche sozialversicherungsrechtlichen Folgen ergeben sich?

Lösung

Die Gestellung von verbilligten Mahlzeiten für die Mitarbeiter ist steuerpflichtiger Arbeitslohn. Es handelt sich um einen sog. Sachbezug. Der Wert der arbeitstäglichen Mahlzeiten ist für lohnsteuerliche Zwecke mit dem amtlichen Sachbezugswert (2012: 2,87 EUR) anzusetzen.

Die evtl. anfallende Lohnsteuer kann für die Mahlzeiten pauschal mit 25 % erhoben werden. Dies führt gleichzeitig zur Sozialversicherungsfreiheit. Bemessungsgrundlage für die Pauschalierung ist der Unterschiedsbetrag zwischen dem amtlichen Sachbezugswert und dem niedrigeren Entgelt, das die Mitarbeiter für die Mahlzeit entrichten.

Weil in der Kantine des Arbeitgebers unterschiedliche Mahlzeiten zu unterschiedlichen Preisen verbilligt an die Arbeitnehmer abgegeben werden, kann der Pauschalbesteuerung zur Vereinfachung ein Durchschnittswert zugrunde gelegt werden. Dabei reicht es aus, wenn die Durchschnittsberechnung für den jeweiligen Lohnzahlungszeitraum, also hier für den gesamten Monat Januar, durchgeführt wird.

Berechnung des zu versteuernden Vorteils

Sachbezugswert je Mahlzeit (2012)	2,87 EUR
Durchschnittspreis je Essen (4.500 EUR : 2.000 Essen)	2,25 EUR
Geldwerter Vorteil je Essen	0,62 EUR
Pauschal zu versteuern gesamt (0,62 EUR × 2.000 Essen)	1.240,00 EUR
Pauschalsteuer (1.240 EUR × 25 %)	310,00 EUR
Zzgl. pauschaler Solidaritätszuschlag (5,5 %) und pauschale Kirchensteuer nach Bundesland	

Die pauschale Lohnsteuer für die Kantinenmahlzeiten von 310 EUR mtl. trägt vereinbarungsgemäß der Arbeitgeber.

Praxis-Tipp

Ist die Ermittlung des Durchschnittswertes wegen der Menge der zu erfassenden Daten besonders aufwändig, kann diese auf einen repräsentativen Zeitraum beschränkt werden.

Verfügt die Firma über eine Vielzahl von Kantinen, kann die Ermittlung des Durchschnittswerts auch auf eine repräsentative Auswahl der Kantinen beschränkt werden.

16.2 Essengeldzuschuss, Kantinenessen (verpachtete Kantine)

Sachverhalt

Ein Unternehmen hat die Kantine an einen externen Caterer verpachtet. Die Räumlichkeiten werden der Fremdfirma mietfrei überlassen. Sie bietet dafür den Mitarbeitern täglich drei verschiedene Essen zu verbilligten Preisen von 2 EUR, 3 EUR und 4 EUR an.

Im Monat März sind insgesamt 3.000 Essen in der Kantine verkauft worden:

- 1.200-mal das Menü für 2 EUR,
- 1.000-mal das Menü für 3 EUR und
- 800-mal das das Menü für 4 EUR.

Wie müssen die verbilligten Kantinenmahlzeiten lohnsteuerlich behandelt werden und welche sozialversicherungsrechtlichen Folgen ergeben sich?

Lösung

Die Gestellung von verbilligten Mahlzeiten für die Mitarbeiter ist steuerpflichtiger Arbeitslohn. Es handelt sich um einen Sachbezug. Der Wert der Kantinenmahlzeiten ist für lohnsteuerliche Zwecke mit dem amtlichen Sachbezugswert (2012: 2,87 EUR) anzusetzen. Dies gilt auch in diesem Fall, obwohl die Kantine nicht vom Arbeitgeber betrieben wird. Durch die mietfreie Überlassung von Räumen trägt er zur Verbilligung der Mahlzeiten bei.

Weil in der Kantine unterschiedliche Mahlzeiten zu unterschiedlichen Preisen an die Arbeitnehmer abgegeben werden, kann der steuerlichen Ermittlung zur Vereinfachung ein Durchschnittswert zugrunde gelegt werden. Dabei reicht es aus, wenn die Durchschnittsberechnung für den jeweiligen Lohnzahlungszeitraum, also hier für den Monat März, durchgeführt wird. Andernfalls müssen für jeden Mitarbeiter die von ihm eingenommen Mahlzeiten bzw, das dafür entrichtete Entgelt einzeln erhoben werden, was gerade bei einer größeren Firma kaum durchführbar ist.

Ermittlung des Durchschnittspreises je Essen

1.200 Essen zum Preis von 2 EUR	2.400 EUR
1.000 Essen zum Preis von 3 EUR	3.000 EUR
800 Essen zum Preis von 4 EUR	3.200 EUR
Gesamteinnahmen der Kantine	8.600 EUR
Durchschnittspreis je Essen (8.600 EUR : 3.000 Essen)	2,87 EUR

Der Durchschnittspreis je Essen entspricht dem steuerlichen Sachbezugswert je Mahlzeit von 2,87 EUR (2012). Es verleibt somit kein geldwerter Vorteil. Obwohl zumindest für das preiswerteste Essen der Sachbezugswert unterschritten wird, fallen aufgrund der Durchschnittsbetrachtung keine lohnsteuer- oder sozialversicherungspflichtigen Vorteile an.

Die mietfreie Überlassung der Kantine und die dadurch mögliche Verbilligung des Essens haben hier also keinerlei Abgabenbelastung zur Folge.

16.3 Essengeldzuschuss, Essensmarken

Sachverhalt

Der Arbeitgeber hat keine eigene Kantine. Er hat mit dem Pächter der Nachbarkantine eine Vereinbarung getroffen, nach der jeder Mitarbeiter täglich einen Essensgutschein für ein Mittagessen in der dortigen Kantine im Wert von 2 EUR erhält. Der Durchschnittspreis der dort angebotenen Essen - Menü 1 zum Preis von 3,50 EUR bzw. Menü 2 zum Preis von 4,50 EUR – liegt bei 4 EUR. Die Essensauswahl bleibt den Mitarbeitern überlassen. Sie müssen bei Einlösung der Essensgutscheine eine entsprechende Zuzahlung leisten.

Es werden tatsächlich Mahlzeiten abgegeben, nur eine Essenmarke täglich in Zahlung genommen und die Ausgabe der Essenmarken erfolgt nicht an Mitarbeiter, die eine Dienstreise durchführen oder eine Auswärtstätigkeit ausüben. Die Gestellung der Essensmarken erfolgt zusätzlich zum Arbeitslohn. Daraus resultierende Abgaben sollen vom Arbeitgeber übernommen werden.

Wie müssen die Essensmarken lohnsteuerlich behandelt werden und welche sozialversicherungsrechtlichen Folgen ergeben sich?

Lösung

Die Gestellung von Essensmarken für die Mitarbeiter ist steuerpflichtiger Arbeitslohn. Es handelt sich um einen Sachbezug. Der Wert der Mahlzeiten ist mit dem amtlichen Sachbezugswert (2012: 2,87 EUR) anzusetzen, weil alle formalen Voraussetzungen (vgl. zweiter Absatz der Sachverhaltsdarstellung) erfüllt sind. Darüber hinaus liegt der Verrechnungswert der Essenmarken hier sogar unter dem amtlichen Sachbezugswert einer Mittagsmahlzeit.

Berechnung des zu versteuernden Vorteils je Arbeitnehmer

Durchschnittlicher Wert der Mahlzeit	4,00 EUR
Abzgl. Wert der Essensmarke:	- 2,00 EUR
Durchschnittliche Zuzahlung der Arbeitnehmer	2,00 EUR
Anzusetzender Sachbezugswert (2012)	2,87 EUR
Abzgl. durchschnittliche Zuzahlung der Arbeitnehmer	- 2,00 EUR
Verbleibender Sachbezug pro Tag	0,87 EUR
Sachbezug Monat (durchschnittlich 20 Arbeitstage x 0,87 EUR)	17,40 EUR
Pausachalsteuer je Arbeitnehmer monatlich (17,40 EUR x 25 %)	4,35 EUR

Die pauschale Lohnsteuer in Höhe von 4,35 EUR je Arbeitnehmer trägt vereinbarungsgemäß der Arbeitgeber. Zusätzlich werden auf den Betrag noch pauschale Kirchensteuer (Satz abhängig vom Bundesland) sowie 5,5 % Solidaritätszuschlag erhoben.

Praxis-Tipp

Wenn die Mitarbeiter einen Essenspreis entrichten, der mindestens dem amtlichen Sachbezugswert entspricht, liegt kein Arbeitsentgelt vor.

Hinweis

Der Arbeitgeber muss die Abrechnungen des Kantinenpächters, aus denen sich ergeben muss, wie viele Essenmarken mit welchen Verrechnungswerten eingelöst worden sind, aufbewahren.

16.4 Essengeldzuschuss, Barlohnumwandlung für Essensmarken

Sachverhalt

Ein Unternehmen hat keine eigene Kantine. Allerdings befindet sich in unmittelbarer Nähe zur Firma eine Gaststätte, in der viele der Mitarbeiter zu Mittag essen. Zur weiteren Umsatzsteigerung hat der Gastwirt angeboten, die Mitarbeiter zu einem Pauschalpreis von 5,50 EUR je Mittagessen zu verköstigen. Seitdem können die Mitarbeiter auf Wunsch Essenmarken für die Gaststätte erhalten. Nehmen die Arbeitnehmer die Essensmarken in Anspruch, wird der Bruttolohn um 100 EUR im Monat gekürzt.

Nun soll die Lohnabrechnung für einen Mitarbeiter durchgeführt werden, der im letzten Monat (20 Arbeitstage) erstmalig das Essensmarken-Programm in Anspruch genommen hat. Bisher hatte der Mitarbeiter einen lohnsteuer- und sozialversicherungspflichtigen Bruttolohn von 3.500 EUR. Gemäß seinem geänderten Arbeitsvertrag verzichtet er auf 100 EUR Barlohn zugunsten der Essensmarken. Wie hoch ist der neue, maßgebende Bruttolohn?

Lösung

Wird ein Arbeitsvertrag dahingehend geändert, dass der Arbeitnehmer anstelle von Barlohn Essensmarken erhält, so vermindert sich dadurch der Barlohn in entsprechender Höhe. Die vorgenommene Gehaltsumwandlung wird steuerlich voll anerkannt, sodass sich der steuerlich zu berücksichtigende Barlohn auf 3.400 EUR verringert.

Zusätzlich sind jedoch die Essensmarken als Sachbezug zu versteuern. Im vorliegenden Fall darf dafür der amtliche Sachbezugswert von 2,87 EUR (2012) statt des tatsächlichen Werts von 5,50 EUR je Essensmarke angesetzt werden. Die Differenz zum tatsächlichen Wert beträgt hier 2,63 EUR. Ab einer Differenz von mehr als 3,10 EUR müsste der tatsächliche Wert angesetzt werden, so dass die Gehaltsumwandlung keine steuerlichen Vorteile mehr hätte.

Hier sind jedoch nur 20 Mahlzeiten mit dem Sachbezugswert von 2,87 EUR und damit insgesamt 57,40 EUR als Sachbezug anzusetzen.

Insgesamt beträgt der neue lohnsteuer- und sozialversicherungspflichtige Arbeitslohn 3.457,40 EUR.

Eine Pauschalbesteuerung ist für die Essensmarken hier nicht möglich, weil sie als Lohnbestandteile vereinbart sind.

Praxis-Tipp

Ohne Änderung des Arbeitsvertrags führt der Austausch von Barlohn durch Essensmarken nicht zu einer Herabsetzung des steuer- und beitragspflichtigen Barlohns. In diesem Fall ist der Betrag, um den sich der ausgezahlte Barlohn verringert, als Entgelt für die Essensmarken anzusehen und von deren Wert abzuziehen. Dies würde im vorliegenden Fall (20 Essensmarken im Gesamtwert von 110 EUR abzüglich Zuzahlung von 100 EUR, verbleiben 10 EUR) sogar zu einer Erhöhung des steuer- und sozialversicherungspflichtigen Arbeitslohns auf 3.510 EUR führen.

17 Fahrten zwischen Wohnung und Arbeitsstätte

17.1 Fahrten zwischen Wohnung und Arbeitsstätte, Kilometergeld

Sachverhalt

Nach der firmeninternen Regelung erhält ein Mitarbeiter einen zusätzlich zum Arbeitslohn zu zahlenden Fahrtkostenzuschuss von 0,30 EUR je Entfernungskilometer für die Fahrten zwischen Wohnung und Arbeitsstätte. Der Arbeitgeber hat dem Mitarbeiter zugesagt, evtl. Lohnsteuer- und Sozialversicherungsbeiträge, die auf den Zuschuss entfallen, zu übernehmen. Der Mitarbeiter wohnt 60 Kilometer von der Arbeitsstätte entfernt und fährt an 220 Tagen mit seinem Privatwagen ins Büro.

Wie müssen die Zuschüsse für die Fahrten zwischen Wohnung und Arbeitsstätte lohnsteuerlich behandelt werden und welche sozialversicherungsrechtlichen Folgen ergeben sich?

Lösung

Der Ersatz der Kosten für die Fahrten zwischen Wohnung und Arbeitsstätte mit dem eigenen Pkw stellt grds. steuerpflichtigen Arbeitslohn dar. Die Lohnsteuer für zusätzlich zum ohnehin geschuldeten Arbeitslohn geleistete Zuschüsse zu den Aufwendungen des Arbeitnehmers für Fahrten zwischen Wohnung und Arbeitsstätte (sog. Barzuschüsse) kann mit 15 % pauschal erhoben werden. Diese Pauschalversteuerung führt auch zur Sozialversicherungsfreiheit.

Die Pauschalversteuerung ist aber nur bis zu dem Betrag zulässig, den der Mitarbeiter als Werbungskosten geltend machen könnte, wenn die Bezüge nicht pauschal besteuert würden, also die Entfernungspauschale von 0,30 EUR.

Es ergibt sich folgende Berechnung

Entfernungspauschale (220 Arbeitstage × 60 Kilometer × 0,30 EUR)	2.960 EUR
Fahrtkostenzuschüsse durch den Arbeitgeber (220 Arbeitstage × 60 Kilometer × 0,30 EUR)	2.960 EUR
Differenz	0 EUR

Die Lohnsteuer für den Fahrtkostenzuschuss kann mit 15 % erhoben werden, da der dafür zulässige Betrag nicht überschritten wird. Es fallen keine Beträge zur Sozialversicherung an.

Der pauschal besteuerte Arbeitslohn ist in der Lohnsteuerbescheinigung einzutragen und wird auf die als Werbungskosten abzugsfähigen Ausgaben des Mitarbeiters angerechnet.

Die pauschale Lohnsteuer zuzüglich Solidaritätszuschlag und ggf. Kirchensteuer trägt vereinbarungsgemäß der Arbeitgeber.

17.2 Fahrten zwischen Wohnung und Arbeitsstätte, pauschaler Fahrtkostenzuschuss

Sachverhalt

Nach der firmeninternen Regelung erhält ein Arbeitnehmer einen zusätzlich zum Arbeitslohn zu zahlenden Fahrtkostenzuschuss von 50 EUR monatlich für die Fahrten zwischen Wohnung und Arbeitsstätte. Der Arbeitgeber hat dem Mitarbeiter zugesagt, evtl. Lohnsteuer- und Sozialversicherungsbeiträge, die auf den Zuschuss entfallen, zu übernehmen.

Der Arbeitnehmer wohnt 20 Kilometer von der Arbeitsstätte entfernt und fährt an 220 Tagen mit seinem Pkw ins Büro.

Wie müssen die Zuschüsse für die Fahrten zwischen Wohnung und Arbeitsstätte lohnsteuerlich behandelt werden und welche sozialversicherungsrechtlichen Folgen ergeben sich?

Lösung

Der Ersatz der Kosten für die Fahrten zwischen Wohnung und Arbeitsstätte mit dem eigenen Pkw stellt grds. steuerpflichtigen Arbeitslohn dar. Die Lohnsteuer für zusätzlich zum ohnehin geschuldeten Arbeitslohn geleistete Zuschüsse zu den Aufwendungen des Arbeitnehmers für Fahrten zwischen Wohnung und Arbeitsstätte (sog. Barzuschüsse) kann mit 15 % pauschal erhoben werden. Diese Pauschalversteuerung führt auch zur Sozialversicherungsfreiheit.

Die Pauschalversteuerung ist aber nur bis zu dem Betrag zulässig, den der Mitarbeiter als Werbungskosten geltend machen könnte, wenn die Bezüge nicht pauschal besteuert würden, also die Entfernungspauschale von 0,30 EUR.

Es ergibt sich folgende Berechnung

Pauschalierungsfähig insgesamt (220 Tage × 20 Kilometer × 0,30 EUR)	1.320 EUR
Zuschüsse vom Arbeitgeber	600 EUR

Der Fahrtkostenzuschuss von monatlich 50 EUR kann pauschal mit 15 % versteuert werden und bleibt beitragsfrei zur Sozialversicherung

Die pauschale Lohnsteuer von 50 EUR × 15 % = 7,50 EUR im Monat bzw. 90 EUR im Jahr trägt vereinbarungsgemäß der Arbeitgeber.

Der pauschal besteuerte Arbeitslohn ist in der Lohnsteuerbescheinigung einzutragen und wird auf die als Werbungskosten abzugsfähigen Ausgaben des Mitarbeiters angerechnet.

Im Beispielsfall verbleiben dem Arbeitnehmer im Rahmen seiner Einkommensteuererklärung noch abzugsfähige Kosten von 720 EUR für die Fahrten zwischen Wohnung und Arbeitsstätte. Falls der Arbeitnehmer keine anderen Werbungskosten nachweisen kann, wäre bei ihm der Arbeitnehmer-Pauschbetrag von 1.000 EUR anzusetzen.

17.3 Fahrten zwischen Wohnung und Arbeitsstätte, Bahnfahrkarte (Fahrtkostenerstattung)

Sachverhalt

Eine Arbeitnehmerin wohnt 30 Kilometer von der Arbeitsstätte entfernt und fährt an 220 Tagen mit der S-Bahn ins Büro. Nach der firmeninternen Regelung erhält die Arbeitnehmerin die Monatskarte, die sie zum Preis von 80 EUR monatlich selbst erwirbt, in voller Höhe erstattet.

Wie muss die Fahrkartenerstattung lohnsteuerlich behandelt werden und welche sozialversicherungsrechtlichen Folgen ergeben sich?

Lösung

Die Erstattung von Fahrtkosten für öffentliche Verkehrsmittel für die Fahrten zwischen Wohnung und Arbeitsstätte stellt steuerpflichtigen Arbeitslohn dar.

Grds. kann dieser Arbeitslohn jedoch mit 15 % pauschal versteuert werden. Diese Pauschalversteuerung führt auch zur Sozialversicherungsfreiheit.

Die Pauschalierung ist bei öffentlichen Verkehrsmitteln immer bis zur Höhe der tatsächlichen Kosten möglich.

- Die Fahrkartenzuschüsse betragen für das gesamte Jahr
  12 Monate × 80 EUR = 960 EUR

Sie können in voller Höhe pauschal mit 15 % besteuert werden und bleiben auch sozialversicherungsfrei.

Die Zuschüsse werden bei der Einkommensteuererklärung der Mitarbeiterin auf die verkehrsmittelunabhängige Entfernungspauschale angerechnet.

Es ergibt sich folgende Berechnung	
220 Arbeitstage × 30 Kilometer × 0,30 EUR	1.980 EUR
Abzüglich pauschalversteuerte Zuschüsse	- 960 EUR
Verbleibende Werbungkosten	1.020 EUR

Hinweis

Bei der Benutzung öffentlicher Verkehrsmittel kann alternativ auch die Zurverfügungstellung eines Job-Tickets geprüft werden (ggf. mit Zuzahlung der Mitarbeiterin).

17.4 Fahrten zwischen Wohnung und Arbeitsstätte, Job-Ticket

Sachverhalt

Ein Arbeitgeber mit 400 Mitarbeitern möchte den Arbeitnehmern ein Job-Ticket zur Verfügung stellen. Die Mitarbeiter wohnen in einem Umkreis von maximal 20 Kilometer Entfernung zum Betrieb. Beim örtlichen Verkehrsverbund kostet eine Fahrkarte für derartige Strecken derzeit regulär 55 EUR.

Bei Abnahme von mehr als 200 Job-Tickets erhält der Arbeitgeber die Karten zu einem monatlichen Preis von 45 EUR. Die Arbeitnehmer erhalten bisher keine als steuerfrei behandelten Sachleistungen.

Wie können die Job-Tickets für die Wege zwischen Wohnung und Arbeitsstätte möglichst steuergünstig behandelt werden und welche sozialversicherungsrechtlichen Folgen ergeben sich?

Lösung

Die Gestellung von Fahrkarten für öffentliche Verkehrsmittel für die Fahrten zwischen Wohnung und Arbeitsstätte ist steuerpflichtiger Arbeitslohn. Ein geldwerter Vorteil ist jedoch insoweit nicht anzunehmen, als der Arbeitgeber seinen Arbeitnehmern ein sog. Job-Ticket für Fahrten zwischen Wohnung und Arbeitsstätte mit öffentlichen Verkehrsmitteln zu dem mit dem Verkehrsträger vereinbarten ermäßigten Preis überlässt (die Tarifermäßigung des Verkehrsträgers von 10 EUR für das Job-Ticket gegenüber dem üblichen Endpreis ist also kein geldwerter Vorteil).

Grds. kann der Arbeitslohn aus der Gestellung des Job-Tickets mit 15 % pauschal versteuert werden. Diese Pauschalversteuerung führt auch zur Sozialversicherungsfreiheit. Sie ist bei öffentlichen Verkehrsmitteln bis zur Höhe der tatsächlichen Kosten möglich.

Als Alternative kommt – insbesondere weil noch keine anderen, steuerfreien Sachbezüge gewährt werden – die Anwendung der 44-EUR-Freigrenze in Betracht (sog. Sachbezugsfreigrenze). Sie ist hier nicht überschritten. Der zu entrichtende Preis von 45 EUR wird bei Sachbezügen pauschal um 4 % gekürzt.

Es ergibt sich folgende Berechnung

Vom Arbeitgeber an das Verkehrsunternehmen entrichteter Preis	45,00 EUR
Abschlag 4 %	1,80 EUR
Vorteil des Arbeitnehmers	43,20 EUR

Die Job-Tickets bleiben steuer- und sozialversicherungsfrei. Der zuvor ermittelte, steuerfrei belassene Vorteil ist in der Lohnsteuerbescheinigung einzutragen und würde auf die beim Mitarbeiter evtl. abzugsfähigen Kosten angerechnet.

Praxis-Tipp

Bei Job-Tickets, die für einen längeren Zeitraum gelten, fließt der Vorteil insgesamt bei Überlassung des Job-Tickets zu und übersteigt regelmäßig die Sachbezugsfreigrenze. Jahresfahrscheine sind deshalb lohnsteuerpflichtig.

Hinweis

Bei Mitarbeitern eines Verkehrsträgers kann der Vorteil aus der Nutzung der öffentlichen Verkehrsmittel im Rahmen des Rabattfreibetrags von 1.080 EUR jährlich steuerfrei bleiben. Dabei ist der Preis anzusetzen, den ein dritter Arbeitgeber an den Verkehrsträger zu entrichten hat. Zu dieser Steuerbefreiung siehe auch das Lexikon-Stichwort „Sachbezug".

17.5 Fahrten zwischen Wohnung und Arbeitsstätte, Bahnfahrkarte (Arbeitgeber stellt Fahrkarte)

Sachverhalt

Gemäß seinem Arbeitsvertrag erhält ein leitender Mitarbeiter eine Fahrkarte der Deutschen Bundesbahn für die Fahrten zwischen Wohnung und Arbeitsstätte zur Verfügung gestellt. Der Mitarbeiter fährt an 200 Arbeitstagen im Jahr jeweils 80 Kilometer mit der Bahn. Die Fahrkarte für die erste Klasse kostet jährlich 3.600 EUR.

Welche lohnsteuer- und sozialversicherungsrechtlichen Folgen ergeben sich?

Lösung

Die Gestellung von Fahrkarten für öffentliche Verkehrsmittel für die Fahrten zwischen Wohnung und Arbeitsstätte stellt steuerpflichtigen Arbeitslohn dar.

Grds. kann der Arbeitlohn aus der Gestellung der Fahrkarte jedoch mit 15 % pauschal versteuert werden. Diese Pauschalversteuerung führt auch zur Sozialversicherungsfreiheit.

Die Pauschalierung ist bei öffentlichen Verkehrsmitteln bis zur Höhe der tatsächlichen Kosten möglich. Die Gestellung der Fahrarte kann deshalb in voller Höhe mit 15 % pauschal besteuert werden. Dies führt auch zur Sozialversicherungsfreiheit der Fahrkarte.

Bei der Einkommensteuererklärung ist die Fahrkarte auf die abzugsfähige Entfernungspauschale anzurechnen.

- Bei 200 Arbeitstagen jährlich ergibt sich eine Entfernungspauschale von:
  200 Arbeitstage × 80 Kilometer × 0,30 EUR = 4.800 EUR
- Bei der Benutzung öffentlicher Verkehrsmittel ist die Entfernungspauschale auf 4.500 EUR gedeckelt, es ist eine Entfernungspauschale von 4.500 EUR anzusetzen.
- Unter Berücksichtigung der pauschalbesteuerten Fahrkarte im Wert von 3.600 EUR verbleiben noch abzugsfähige Werbungkosten von 900 EUR.

Praxis-Tipp

Ein Fahrtkostenbarzuschuss an den Mitarbeiter, damit dieser sich die Fahrkarte selbst kauft, wäre ebenfalls maximal bis zum Betrag von 3.600 EUR pauschalierbar.

17.6 Fahrten zwischen Wohnung und Arbeitsstätte, Firmenwagen (ohne Pauschalierung)

Sachverhalt

Einem Vertriebsmitarbeiter wird vom Arbeitgeber ein Firmenwagen mit einem Listenpreis von 30.000 EUR für die Privatnutzung sowie für die Fahrten zwischen Wohnung und Arbeitsstätte zur Verfügung gestellt.

Der Mitarbeiter wohnt 15 Kilometer vom Unternehmen entfernt und kommt an 200 Tagen jährlich in die Firma. Die Privatnutzung des Firmenwagens wird bereits seit Jahren nach der 1-%-Regelung versteuert. Eine Pauschalversteuerung geldwerter Vorteile lehnt die Firma ab.

Wie muss die Nutzung des Firmenwagens für die Fahrten zwischen Wohnung und Arbeitsstätte behandelt werden und welche sozialversicherungsrechtlichen Folgen ergeben sich?

Lösung

Die Gestellung eines Firmenwagens für diese Fahrten stellt grds. steuerpflichtigen Arbeitslohn dar. Bei Anwendung der 1-%-Regelung für die Privatnutzung ist diese Nutzungsmöglichkeit zusätzlich monatlich mit 0,03 % des inländischen Listenpreises des Fahrzeugs für jeden Kilometer der Entfernung zwischen Wohnung und Arbeitsstätte zu bewerten und dem Arbeitslohn zuzurechnen:

Geldwerter Vorteil für die Fahrten zwischen Wohnung und Arbeitsstätte:

0,03 % von 30.000 EUR × 15 Kilometer × 12 Monate = 1.620 EUR

- Da eine Pauschalbesteuerung nicht gewünscht wird, sind die vollen 1.620 EUR individuell zu versteuern und unterliegen der Sozialversicherung.

Bei seiner Einkommensteuererklärung kann der Mitarbeiter die Aufwendungen für die Fahrten zwischen Wohnung und Arbeitsstätte in Höhe der Entfernungspauschale von 0,30 EUR je Entfernungskilometer geltend machen.

Praxis-Tipp

Bei Anwendung der Fahrtenbuchmethode sind statt der 0,03-%-Regelung die anteiligen Aufwendungen als geldwerter Vorteil anzusetzen, die auf die Fahrten zwischen Wohnung und Arbeitsstätte entfallen.

Hinweis

Neuerdings ist statt der 0,03 % auch eine tageweise Versteuerung des Firmenwagens mit 0,002 % möglich. Dies ist jedoch nur bei weniger als 180 Arbeitstagen im Betrieb vorteilhaft und kommt deshalb hier nicht in Betracht.

17.7 Fahrten zwischen Wohnung und Arbeitsstätte, Firmenwagen (mit Pauschalierung)

Sachverhalt

Der Arbeitgeber stellt einem leitenden Mitarbeiter einen Firmenwagen mit einem Listenpreis von 40.000 EUR für die Privatnutzung sowie für die Fahrten zwischen Wohnung und Arbeitsstätte zur Verfügung. Der Mitarbeiter wohnt 35 Kilometer vom Betrieb entfernt und kommt an 200 Tagen in die Firma. Die Privatnutzung des Firmenwagens wird bereits seit Jahren nach der 1-%-Regelung versteuert.

Wie muss die Nutzung des Firmenwagens für die Fahrten zwischen Wohnung und Arbeitsstätte behandelt werden und welche sozialversicherungsrechtlichen Folgen ergeben sich?

Lösung

Die Gestellung eines Firmenwagens für diese Fahrten stellt grds. steuerpflichtigen Arbeitslohn dar. Bei Anwendung der 1-%-Regelung für die Privatnutzung ist diese Nutzungsmöglichkeit zusätzlich monatlich mit 0,03 % des inländischen Listenpreises des Fahrzeugs für jeden Kilometer der Entfernung zwischen Wohnung und Arbeitsstätte zu bewerten und dem Arbeitslohn zuzurechnen.

Der für den Vorteil aus der Gestellung des Firmenwagens für Fahrten zwischen Wohnung und Arbeitsstätte anzusetzende Arbeitslohn kann mit 15 % pauschaliert werden. Dieser pauschalierte Arbeitslohn ist zudem sozialversicherungsfrei. Allerdings ist die Pauschalierung nur bis zur Höhe der Entfernungspauschale möglich.

Es ergibt sich folgende Berechnung

Geldwerter Vorteil Fahrten Wohnung – Arbeitsstätte (0,03 % von 40.000 EUR × 35 Kilometer × 12 Monate)	5.040 EUR
Ohne Einzelnachweis sind bei der Pauschalversteuerung mit 15 % 180 Arbeitstage zu berücksichtigen (180 Arbeitstage × 35 Kilometer × 0,30 EUR)	1.890 EUR
Differenz, über Lohnsteuerkarte zu versteuern	3.150 EUR

Auf diesen Arbeitslohn sind auch Sozialversicherungsbeiträge zu zahlen.

Der pauschal besteuerte Anteil von 1.890 EUR ist in der Lohnsteuerbescheinigung einzutragen und wird auf die Abzugmöglichkeiten des Mitarbeiters angerechnet.

Die pauschale Lohnsteuer von 1.890 EUR × 15 % = 283,50 EUR trägt grds. der Arbeitgeber. Er kann aber diesen Betrag auch im Innenverhältnis auf den Mitarbeiter abwälzen.

Praxis-Tipp

Auf die Pauschalierung kann verzichtet werden. Der Mitarbeiter kann dann entsprechende Kosten in seiner Einkommensteuererklärung geltend machen. Allerdings unterliegt der Arbeitslohn dann auch der vollen Sozialversicherungspflicht. Die Vereinfachung auf Seiten des Arbeitgebers führt deshalb regelmäßig zu Nachteilen für den Mitarbeiter.

Hinweis

Neuerdings ist statt der 0,03 % auch eine tageweise Versteuerung des Firmenwagens mit 0,002 % möglich. Dies ist jedoch nur bei weniger als 180 Arbeitstagen im Betrieb vorteilhaft und kommt deshalb hier nicht in Betracht. Bei der tageweisen Einzelbewertung wäre dann aber auch die Lohnsteuerpauschalierung nur für die vom Arbeitnehmer erklärte Tage zulässig.

17.8 Fahrten zwischen Wohnung und Arbeitsstätte, Familienheimfahrten

Sachverhalt

Ein Arbeitnehmer wird für drei Jahre an die Filiale seines Arbeitgebers nach München abgeordnet. Seine Familie wohnt weiterhin in Düsseldorf. Der Mitarbeiter hat sich in München ein Apartment gemietet und führt einen doppelten Haushalt. Gemäß der anlässlich der Abordnung getroffenen Vereinbarungen erhält der Mitarbeiter die steuerlich berücksichtigungsfähigen Kosten für maximal eine Familienheimfahrt wöchentlich ersetzt.

Im betroffenen Jahr fährt der Mitarbeiter an 44 Wochenenden die Strecke von 630 Kilometer zu seiner Familie nach Düsseldorf und am Sonntagabend wieder zurück nach München.

Wie müssen die Erstattungen lohnsteuer- und sozialversicherungsrechtlich behandelt werden?

Lösung

Im Rahmen der beruflich bedingten doppelten Haushaltsführung können dem Mitarbeiter die Aufwendungen für eine Familienheimfahrt wöchentlich in Höhe der Entfernungspauschale von 0,30 EUR je Entfernungskilometer steuerfrei ersetzt werden.

- Für den Arbeitnehmer ergibt sich folgende Berechnung:

  44 Fahrten × 630 Kilometer × 0,30 EUR = 8.316 EUR

Eine Begrenzung oder einen Höchstbetrag gibt es für Familienheimfahrten nicht. Damit kann der volle Betrag von 8.316 EUR steuerfrei erstattet werden. Auch Sozialversicherungsbeiträge fallen nicht an.

Die Erstattung ist allerdings in Zeile 21 der Lohnsteuerbescheinigung einzutragen. Der Arbeitnehmer kann für die Fahrten keine Kosten mehr im Rahmen seiner Einkommensteuererklärung geltend machen.

18 Freibetrag

18.1 Freibetrag, (elektronischen) Lohnsteuerkarte

Sachverhalt

Ein Arbeitnehmer mit einem Bruttolohn von 1.885,50 EUR monatlich legt eine Lohnsteuerbescheinigung vor, auf der ein Freibetrag in Höhe von 1.200 EUR jährlich bzw. 100 EUR monatlich eingetragen ist.

Wie ist die Eintragung des Freibetrags zustande gekommen und wie wirkt sich dieser bei der Entgeltabrechnung aus?

Lösung

Lohnsteuerfreibeträge, die auf einer Lohnsteuerbescheinigung oder ab 1.1.2013 auf der elektronischen Lohnsteuerkarte eingetragen wurden, sind immer persönliche Freibeträge des Arbeitnehmers. Der Arbeitnehmer muss den Freibetrag selbst beim Finanzamt beantragen. Der Arbeitgeber muss sich nicht um die Gründe für die Eintragung kümmern.

Berücksichtigung bei der Lohnabrechnung	
Bruttolohn	1.885,50 EUR
Abzgl. Steuerfreibetrag	- 100,00 EUR
Steuerpflichtiger Bruttolohn	1.785,50 EUR
Sozialversicherungspflichtiges Entgelt (die 100 EUR sind kein Sozialversicherungsfreibetrag)	1.885,50 EUR

Die Lohnsteuer, der Solidaritätszuschlag und die Kirchensteuer werden bei einem Betrag von 1.785,50 EUR aus der Lohnsteuertabelle abgelesen. Der Steuerfreibetrag wirkt sich monatlich steuermindernd für den Arbeitnehmer aus.

Hinweis

Persönliche Freibeträge können sein:

- Schwerbehindertenfreibetrag,
- Freibetrag für erhöhte Werbungskosten,
- Freibetrag für Verluste aus anderen Einkunftsarten (z. B. Vermietung und Verpachtung).

Die Eintragung eines Freibetrags auf der (elektronischen) Lohnsteuerkarte zieht außer bei einem Schwerbehindertenfreibetrag immer die Pflicht zur Abgabe einer Einkommensteuererklärung des Arbeitnehmers nach sich.

Praxis-Tipp

Bei der Jahresübernahme der Lohnkonten in das Folgejahr sind die Freibeträge jeweils entsprechend der Eintragung auf der Lohnsteuerkarte neu in den Stammdaten einzutragen. Eine automatische Übernahme erfolgte ausnahmsweise von 2010 zu 2011 und nochmals bis 31.12.2012. Ab voraussichtlich 1.11.2012 werden die Lohnsteuerabzugsmerkmale durch den Arbeitgeber mit Hilfe der ID-Nummer über das "ELSTAM"-Programm erstmals für das Jahr 2013 abgerufen.

18.2 Freibetrag, Kinderfreibetrag auf der (elektronischen) Lohnsteuerkarte (fehlender)

Sachverhalt

Ein Arbeitnehmer legt eine Lohnsteuerkarte von 2010 mit Lohnsteuerklasse V vor.

Er erklärt, dass er seit 2011 von seiner Ehefrau getrennt lebt und die Eintragung nicht mehr zutreffend sei. Ihm stünde im Jahr 2012 die Steuerklasse I und 0,5 Kinderfreibeträge zu.

Darf nach den Merkmalen des Jahres 2010 abgerechnet werden?

Lösung

Grundsätzlich hat der Arbeitgeber die Versteuerung des Arbeitslohns nach den Merkmalen auf der Lohnsteuerkarte von 2010 vorzunehmen. Er darf also nicht eigenmächtig nach anderen Merkmalen als denen auf der Lohnsteuerkarte abrechnen, auch wenn er von deren Richtigkeit überzeugt ist. Der Arbeitnehmer selbst ist verpflichtet, seine Lohnsteuerabzugsmerkmale entsprechend beim Wohnsitzfinanzamt ändern zu lassen. Er kann den Antrag persönlich oder schriftlich stellen.

Der Arbeitnehmer erhält vom Wohnsitzfinanzamt einen schriftlichen Bescheid über die ab 1.1.2012 gültigen Lohnsteuerabzugsmerkmale. Diesen Bescheid muss er seinem Arbeitgeber vorlegen.Erst wenn die korrigierten Lohnsteuerabzugsmerkmale mit den geänderten Eintragungen beim Arbeitgeber vorliegen, darf die Versteuerung nach den neuen Merkmalen vorgenommen werden.

Hinweis

Erhält der Arbeitgeber geänderte Abzugsmerkmale, muss er auf das Änderungsdatum achten. Gilt die Änderung ab 1.1., so können ggf. zurückliegende Monate korrigiert und neu berechnet werden. Ansonsten gelten die Änderungen erst ab dem auf der Bescheinigung vermerkten Monat. Ausnahme: Auch bei der Übernahme der Stammdaten von 2011 in 2012 dürfen alle Eintragungen der Lohnsteuerkarte übernommen werden. Arbeitnehmer sind allerdings verpflichtet, Änderungen, die sich im Jahr 2011 ergeben haben, z.B. durch Scheidung, Wegfall der Steuerklasse II bzw. Wegfall von Kinderfreibeträgen, beim Finanzamt auf der Steuerkarte von 2010 für 2011 bzw. 2012 eintragen zu lassen bzw. durch eine Bescheinigung bestätigen zu lassen.

18.3 Freibetrag, nachträgliche Eintragung

Sachverhalt

Ein Arbeitnehmer beantragt im Oktober 2012 beim Finanzamt einen Lohnsteuerfreibetrag in Höhe von 2.800 EUR. Der Arbeitnehmer kann sich dazu die Lohnsteuerkarte von 2010 zurückgeben lassen und diese ändern lassen oder einen schriftlichen Bescheid vom Finanzamt vorlegen.

Was ist dabei zu beachten?

Lösung

Erhält der Arbeitgeber die geänderte Lohnsteuerkarte zurück, darf er entsprechend der darauf enthaltenen Eintragungen den Freibetrag berücksichtigen.

Die Eintragung des Jahresfreibetrags von 2.800 EUR erfolgte vom Finanzamt ab November. Dies bedeutet, dass der Freibetrag auf die letzten verbleibenden Monate aufgeteilt wird, d.h. monatlich 1.400 EUR.

Für die Sozialversicherungsbeiträge wird der Freibetrag nicht berücksichtigt.

Hinweis

Die Eintragung eines Freibetrags auf der (elektronischen) Lohnsteuerkarte zieht außer bei einem Schwerbehindertenfreibetrag immer die Pflicht zur Abgabe einer Einkommensteuererklärung des Arbeitnehmers nach sich.

Praxis-Tipp

Auch bei der Übernahme der Stammdaten von 2011 in das Jahr 2012 dürfen alle Eintragungen der Lohnsteuerkarte übernommen werden. Arbeitnehmer sind allerdings verpflichtet, Änderungen, die sich im Jahr 2011 ergeben haben, z.B. durch Scheidung, Wegfall der Steuerklasse II bzw. Wegfall von Kinderfreibeträgen, beim Finanzamt auf der Steuerkarte von 2010 für 2012 eintragen zu lassen.

18.4 Freibetrag, Übungsleiter (neben Hauptbeschäftigung)

Sachverhalt

Ein Leiter einer gemeinnützigen Einrichtung, die Freizeitangebote wie Sportgemeinschaften und künstlerische Arbeitsgemeinschaften für Kinder anbietet, ist auf die Mitarbeit von freiwilligen Helfern angewiesen. Diese Helfer arbeiten üblicherweise neben einer Hauptbeschäftigung einige Stunden nachmittags oder am Wochenende.

Wie können diese Mitarbeiter für ihre Tätigkeit entlohnt werden?

Lösung

Für Personen, die nebenberuflich als Übungsleiter, Ausbilder, Erzieher oder Betreuer tätig sind, kommt die Anwendung des Übungsleiterfreibetrags nach § 3 Nr. 26 EStG in Höhe von 2.100 EUR jährlich in Frage.

Es können monatlich 175 EUR steuerfrei an die entsprechenden Personen ausbezahlt werden.

Dieser Freibetrag ist ein Jahresbetrag. Wenn der Arbeitseinsatz in den einzelnen Monaten unterschiedlich hoch ist und nach Stunden abgerechnet wird, ist das kein Problem. Sofern die 2.100 EUR im Jahr nicht überschritten werden, bleibt die Zuwendung steuerfrei.

Sofern der Freibetrag von 2.100 EUR doch überschritten wird, ist nur der übersteigende Teil steuer- und sozialversicherungspflichtig. Ggf. kommt für den übersteigenden Teil die Abrechnung als Minijob in Frage.

Hinweis

Auch für Rentner, Studenten, Arbeitslose, Schüler und Hausfrauen/Hausmänner kommt die o.g. Regelung zur Anwendung.

18.5 Freibetrag, Übungsleiterpauschale

Sachverhalt

Ein Arbeitnehmer ist hauptberuflich Angestellter. In seiner Freizeit trainiert er die Jugendmannschaft eines Sportvereins. Dafür erhält er 175 EUR monatlich.

Lösung

Die 175 EUR bleiben lohnsteuer- und sozialversicherungsfrei.

Übungsleiterpauschale	175 EUR
- Abzüge	0 EUR
Auszahlbetrag	175 EUR

Arbeitgeberbelastung: nur Unfallumlage

Hinweis

Der sog. "Übungsleiterfreibetrag" beinhaltet alle nebenberuflichen Tätigkeiten als Übungsleiter, Ausbilder, Erzieher, Betreuer oder vergleichbare Tätigkeiten, aus nebenberuflichen künstlerischen Tätigkeiten oder aus der nebenberuflichen

Pflege alter, kranker oder behinderter Menschen im Dienst oder Auftrag einer inländischen juristischen Person des öffentlichen Rechts bzw. Einrichtung zur Förderung gemeinnütziger, mildtätiger und kirchlicher Zwecke. Diese steuerfreien Einnahmen gehören nicht zum Arbeitsentgelt nach § 14 Abs. 1 S. 3 SGB IV und sind somit beitragsfrei.

18.6 Freibetrag, Übungsleiter (Minijobber)

Sachverhalt

Ein Arbeitnehmer ist hauptberuflich Angestellter. In seiner Freizeit betreut er in einer Behinderteneinrichtung eine künstlerische Arbeitsgemeinschaft. Er bekommt dafür 575 EUR monatlich.

Lösung

175 EUR bleiben gemäß § 3 Nr. 26 EStG steuer- und sozialversicherungsfrei. 400 EUR können als Minijob abgerechnet werden.

Steuerfreie Aufwandsentschädigung	175 EUR
Entgelt für geringfügig Beschäftigte	400 EUR
- Abzüge	- 0 EUR
Auszahlbetrag	575 EUR
Arbeitgeberbelastung auf Minijob:	
Rentenversicherung (15 %)	60 EUR
Krankenversicherung (13 %)	52 EUR
Pauschalsteuer (2 %)	8 EUR
Gesamtbelastung (30 %)	60 EUR
	+ ggf. Umlagen

Hinweis

Der sog. "Übungsleiterfreibetrag" beinhaltet alle nebenberuflichen Tätigkeiten als Übungsleiter, Ausbilder, Erzieher Betreuer oder vergleichbaren Tätigkeiten, aus nebenberuflichen künstlerischen Tätigkeiten oder aus der nebenberuflichen Pflege alter, kranker oder behinderter Menschen im Dienst oder Auftrag einer inländischen juristischen Person des öffentlichen Rechts bzw. Einrichtung zur Förderung gemeinnütziger, mildtätiger und kirchlicher Zwecke. Diese steuerfreien Einnahmen gehören nicht zum Arbeitsentgelt nach § 14 Abs. 1 S. 3 SGB IV und sind somit beitragsfrei.

18.7 Freibetrag, Übungsleiter (arbeitsuchend)

Sachverhalt

Ein bei der Agentur für Arbeit gemeldeter Arbeitsuchender betreut in seiner Freizeit die Sportgruppe in einem Seniorenheim. Er bekommt dafür 340 EUR monatlich.

Lösung

175 EUR bleiben gemäß § 3 Nr. 26 EStG steuer- und sozialversicherungsfrei. 165 EUR können als Minijob abgerechnet werden.

Steuerfreie Aufwandsentschädigung	175,00 EUR
Entgelt für geringfügig Beschäftigte	165,00 EUR
- Abzüge	0,00 EUR
Auszahlbetrag	340,00 EUR

Arbeitgeberbelastung auf Minijob:	
Rentenversicherung (15 %)	24,75 EUR
Krankenversicherung (13 %)	21,45 EUR
Pauschalsteuer (2 %)	3,30 EUR
Gesamtbelastung (30 %)	49,50 EUR
	+ ggf. Umlagen

Hinweis

Der sog. "Übungsleiterfreibetrag" beinhaltet alle nebenberuflichen Tätigkeiten als Übungsleiter, Ausbilder, Erzieher Betreuer oder vergleichbaren Tätigkeiten, aus nebenberuflichen künstlerischen Tätigkeiten oder aus der nebenberuflichen Pflege alter, kranker oder behinderter Menschen im Dienst oder Auftrag einer inländischen juristischen Person des öffentlichen Rechts bzw. Einrichtung zur Förderung gemeinnütziger, mildtätiger und kirchlicher Zwecke. Diese steuerfreien Einnahmen gehören nicht zum Arbeitsentgelt nach § 14 Abs. 1 S. 3 SGB IV und sind somit beitragsfrei.

Auch bei arbeitslos gemeldeten Personen gilt die Tätigkeit als nebenberuflich.

19 Freiwillige soziale Aufwendungen

19.1 Freiwillige soziale Aufwendungen, Kantinenmahlzeiten (über 2,87 EUR)

Sachverhalt

In der Kantine des Arbeitgebers werden im Februar 2012 insgesamt 2.300 Mittagsmahlzeiten kostenpflichtig ausgegeben.

Es wurde ein einheitlicher Preis festgelegt. Der Arbeitnehmer zahlt pro Mahlzeit 2,90 EUR.

Wie ist der geldwerte Vorteil zu versteuern?

Lösung

In diesem Fall ist kein geldwerter Vorteil zu versteuern, da der Preis der Mahlzeit den Sachbezugswert in Höhe von 2,87 EUR nicht unterschreitet.

19.2 Freiwillige soziale Aufwendungen, Kantinenmahlzeiten (zu 2,87 EUR)

Sachverhalt

In der Kantine des Arbeitgebers werden im Februar 2012 insgesamt 2.300 Mittagsmahlzeiten kostenpflichtig ausgegeben.

Es wurde ein einheitlicher Preis festgelegt. Der Arbeitnehmer zahlt pro Mahlzeit 2,87 EUR.

Wie ist der geldwerte Vorteil zu versteuern?

Lösung

In diesem Fall ist kein geldwerter Vorteil zu versteuern, da der Preis der Mahlzeit dem Sachbezugswert in Höhe von 2,87 EUR genau entspricht und damit diesen nicht unterschreitet.

19.3 Freiwillige soziale Aufwendungen, Kantinenmahlzeiten (unter 2,87 EUR)

Sachverhalt

In der Kantine des Arbeitgebers werden im Monat Februar 2012 insgesamt 2.300 Mittagsmahlzeiten kostenpflichtig ausgegeben.

Es wurde ein einheitlicher Preis festgelegt. Der Arbeitnehmer zahlt pro Mahlzeit 2 EUR.

Wie ist der geldwerte Vorteil zu versteuern?

Lösung

Da dieser Preis den Sachbezugswert von 2,87 EUR unterschreitet, ist ein geldwerter Vorteil pro Mahlzeit in Höhe von 0,87 EUR zu versteuern.

- Geldwerter Vorteil insgesamt: 2.300 Portionen x 0,87 EUR = 2.001 EUR.

Die Versteuerung kann als geldwerter Vorteil über die Entgeltabrechnung nach den Merkmalen der Lohnsteuerkarte oder erfolgen oder wie hier nach § 40 Abs. 2 Satz 1 Nr. 1 EStG mit 25 % pauschaler Lohnsteuer.

Die Belastung für den Arbeitgeber beträgt in diesem Fall:

Geldwerter Vorteil	2.001,00 EUR
Pauschale Lohnsteuer (25 %)	500,25 EUR
Zzgl. pauschaler Solidaritätszuschlag (5,5 %)	+ 27,51 EUR
Zzgl. pauschaler Kirchensteuer nach Bundesland (angenommen 5 %)	+ 25,01 EUR
Pauschalsteuer gesamt	552,77 EUR

Der Sachbezugswert unterliegt mit 19 % der Umsatzsteuer:

2.001 EUR / 119 % × 19 % = 319,49 EUR Umsatzsteuer

2.001 EUR / 1,19 = 1.681,51 EUR (verrechneter Sachbezug netto)

19.4 Freiwillige soziale Aufwendungen, Kosten für Kindergarten

Sachverhalt

Eine Arbeitnehmerin nimmt nach Ablauf der Elternzeit eine Teilzeitbeschäftigung auf, Gehalt monatlich 1.000 EUR. Der Arbeitgeber übernimmt die Kosten in Höhe von 180 EUR für die Unterbringung des Kindes in einem städtischen Kindergarten in voller Höhe.

Wie ist dieser Zuschuss für die Kosten des Kindergartens zu behandeln?

Lösung

Übernimmt der Arbeitgeber die Kosten für die Unterbringung (Betreuung, Unterkunft und Verpflegung) von nicht schulpflichtigen Kindern seiner Arbeitnehmerin, bleibt dieser gewährte Vorteil nach § 3 Nr. 33 EStG steuerfrei und damit auch sozialversicherungsfrei.

Es ist unerheblich, ob es sich dabei um eine betriebliche, städtische oder private Kindereinrichtung handelt. Auch die Unterbringung bei Tagesmüttern ist möglich.

Hinweis

Der Originalbeleg über die Unterbringung soll von der Arbeitnehmerin dem Arbeitgeber vorgelegt werden, dieser bewahrt den Beleg in den Lohnunterlagen auf. Damit wird gewährleistet, dass nur ein Elternteil den steuer- und sozialversicherungsfreien Zuschuss in Anspruch nehmen kann.

19.5 Freiwillige soziale Aufwendungen, Kinderbetreuung (Mutter/Haushaltshilfe)

Sachverhalt

Eine Arbeitnehmerin, die in Teilzeit beschäftigt ist, lässt ihr nicht schulpflichtiges Kind tageweise von ihrer Mutter bzw. ihrer Haushaltshilfe betreuen. Die Fahrtkosten zum Wohnort ihrer Mutter bzw. die anteiligen Kosten für die Haushaltshilfe möchte der Arbeitgeber steuerfrei erstatten.

Kann der Arbeitgeber die Fahrtkosten steuer- und sozialversicherungsfrei erstatten?

Lösung

Diese Leistungen werden nicht vom § 3 Nr. 33 EStG erfasst und stellen daher steuer- und sozialversicherungspflichtigen Arbeitslohn dar.

20 Geringfügig entlohnte Beschäftigung

20.1 Geringfügig entlohnte Beschäftigung, Trainertätigkeit

Sachverhalt

Ein Mitglied eines gemeinnützigen Sportvereins trainiert die Beachvolleyballmannschaft des Vereins. Für seine Trainertätigkeit erhält er pro Monat 550 EUR. Der Trainer ist hauptberuflich sozialversicherungspflichtig beschäftigt, andere Nebenjobs übt er nicht aus. Er ist in der gesetzlichen Krankenversicherung pflichtversichert.

Handelt es sich bei der Trainertätigkeit um eine geringfügig entlohnte Beschäftigung und wie wird diese angemeldet?

Lösung

Die Vergütung für die Trainertätigkeit kann als geringfügige Beschäftigung abgerechnet werden.

Vom Verein wird der Mitarbeiter wie folgt angemeldet:

- Personengruppe 109 (geringfügig entlohnte Beschäftigte)
- Beitragsgruppe lautet 6 (Pauschalbeitrag zur Krankenversicherung für geringfügig Beschäftigte)
- 5 (Pauschalbeitrag zur Rentenversicherung für geringfügig Beschäftigte),
- 0 (kein Beitrag zur Arbeitslosenversicherung),
- 0 (kein Beitrag zur Pflegeversicherung)
- Die Besteuerung erfolgt über den einheitlichen Pauschalsteuersatz von 2 %; Der Arbeitnehmer muss keine Lohnsteuerkarte vorlegen. Der Betrag wird direkt mit den Pauschalbeiträgen zur Kranken- und Pflegeversicherung an die Minijob-Zentrale in Essen abgeführt wird.

Entscheidend für die Beurteilung, ob eine geringfügig entlohnte Beschäftigung vorliegt, ist das regelmäßige Arbeitsentgelt. Der Trainer erhält von seinem

Verein zwar auf das Jahr gesehen 6.600 EUR (12 x 550 EUR). Da die Tätigkeit als Trainer nebenberuflich für einen gemeinnützigen Verein ausgeübt wird, steht dem Trainer steuerlich der so genannte Übungsleiterfreibetrag von 2.100 EUR pro Jahr (§ 3 Nr. 26 EStG) zu. Bis zu diesem Betrag bleiben Einnahmen aus nebenberuflichen Tätigkeiten als Trainer oder Übungsleiter steuerfrei. Gleichzeitig gelten sie aufgrund dieser Steuerfreistellung sozialversicherungsrechtlich nicht als Arbeitsentgelt (§ 1 SvEV).

Damit vermindert sich das Arbeitsentgelt auch sozialversicherungsrechtlich von den tatsächlich ausbezahlten 6.600 EUR auf 4.500 EUR (6.600 EUR – 2.100 EUR). Da eine ganzjährige Beschäftigung vorliegt, wird das Jahresarbeitsentgelt von 4.500 EUR monatlich mit 1/12 angesetzt. Dies ergibt einen Betrag von monatlich 375 EUR. Damit beträgt das regelmäßige Arbeitsentgelt nicht mehr als 400 EUR, die Beschäftigung gilt somit als sozialversicherungsfreie geringfügig entlohnte Beschäftigung.

Hinweis

Das Beispiel zeigt, dass es für die Frage, ob eine geringfügige Beschäftigung vorliegt, nicht auf das tatsächlich monatlich gezahlte Entgelt ankommt, sondern auf das regelmäßige Arbeitsentgelt. Steuerfreie Lohnbestandteile gelten sozialversicherungsrechtlich nicht als Arbeitsentgelt, sodass derartige steuerfreie Bezüge (z.B. Übungsleiterfreibetrag, Rabattfreibetrag, steuerfreie Zuschläge für Sonntags-, Feiertags- oder Nachtarbeit) nicht auf die 400 EUR-Grenze angerechnet werden, sofern die steuerlichen Voraussetzungen erfüllt sind.

20.2 Geringfügig entlohnte Beschäftigung, unvorhersehbarer Einsatz

Sachverhalt

Ein Pflegedienst hat neben 16 Mitarbeitern, die sozialversicherungspflichtig beschäftigt sind, zwei Aushilfen angestellt. Laut Arbeitsvertrag erhalten diese einen Stundenlohn von 10 EUR. Nach den Erfahrungen der vergangenen Jahre liegt der Arbeitsaufwand der beiden Aushilfen zwischen 25 und 35 Stunden pro Monat. Daher sind die Aushilfen als geringfügig entlohnte Beschäftigte bei der Minijob-Zentrale gemeldet.

Im Oktober erkranken 3 der hauptamtlichen Arbeitnehmer und fallen unvorhergesehen aus. Da auch einige der zu betreuenden Patienten erkrankt sind, ergibt sich gleichzeitig ein erhöhter Pflegebedarf. Die Aushilfen arbeiten daher im Oktober 96 bzw. 112 Stunden. Dementsprechend beträgt der Monatslohn 960 EUR bzw. 1.120 EUR. Ab November liegt die Arbeitsbelastung der Aushilfen wieder im üblichen Rahmen (25 bis 35 Stunden pro Monat).

Werden die Aushilfen durch die erhöhte Arbeitszeit sozialversicherungspflichtig?

Lösung

Die Beschäftigung der Aushilfen wird auch weiterhin als geringfügig entlohnt angesehen. Ein nicht vorhersehbares Überschreiten der Arbeitsentgeltsgrenze von nicht mehr als 2 Monaten oder 50 Arbeitstagen innerhalb eines Zeitjahres ist unschädlich. Aus Nachweisgründen empfiehlt sich den Lohnunterlagen der beiden Aushilfen einen schriftlichen Nachweis bezüglich der Krankheitsvertretung (z.B. Kopien der Arbeitsunfähigkeitsbescheinigungen) beizufügen.

An der Entgeltabrechnung ändert sich auch im Monat Oktober nichts. Die Arbeitslöhne der beiden Aushilfen von 960 EUR bzw. 1.120 EUR werden wie Arbeitsentgelt normaler Minijobs abgerechnet. Der Arbeitgeber führt auch weiterhin pauschale Beiträge zur Rentenversicherung (15 %) und zur Krankenversicherung (13 %) sowie die einheitliche Pauschalsteuer in Höhe von 2 % an die Minijob-Zentrale (Deutsche Rentenversicherung Knappschaft-Bahn-See) ab.

Hinweis

Bei der Jahresentgeltmeldung liegt das gemeldete Jahresarbeitsentgelt über dem "Grenzbetrag" von 4.800 EUR jährlich. Trotzdem bleibt es bei der geringfügigen Beschäftigung. Bei evtl. Nachfragen des Lohnsteuerprüfers sollte darauf hingewiesen werden, dass sich die einheitliche Pauschalsteuer von 2 % ausschließlich an der sozialversicherungsrechtlichen Eingruppierung der Beschäftigten orientiert. Eine eigenständige, monatliche Höchstgrenze von 400 EUR für das Steuerrecht gibt es seit der Angleichung der steuerrechtlichen Regelung an die der Sozialversicherung nicht mehr (§ 40a Abs. 2 EStG, eindeutiger Verweis auf die sozialversicherungsrechtliche Beurteilung).

Praxis-Tipp

Derartige unvorhersehbare Überschreitungen der 400-EUR-Grenze sind unproblematisch, wenn sie sich auf Ausnahmefälle beschränken. Schwierigkeiten ergeben sich immer dann, wenn sich Überschreitungen jährlich wiederholen. Die Prüfer der Sozialversicherungsträger verweisen in derartigen Fällen darauf, dass der Personalbestand insgesamt zu niedrig ist und damit mit einem krankheitsbedingten Mehreinsatz der Aushilfskräfte gerechnet werden muss. Insoweit ist die Überschreitung dann nicht mehr unvorhersehbar. Sie muss am Jahresanfang bei der sozialversicherungsrechtlichen Beurteilung der Aushilfsbeschäftigungen mitberücksichtigt werden. Kommt es zu Überschreitungen der 400-EUR-Grenze bei Aushilfskräften, sollten der Arbeitgeber den Anlass der notwendigen Mehrarbeit in den Personalunterlagen notieren und anhand geeigneter Belege (z.B. Arbeitsunfähigkeitsbescheinigungen) nachweisen können.

20.3 Geringfügig entlohnte Beschäftigung, Pauschalbeiträge

Sachverhalt

Eine Studentin wird befristet für ein Jahr als Aushilfe eingestellt. Der Stundenlohn beträgt 9,50 EUR und die Arbeitszeit 30 Stunden pro Monat. Es ergibt sich ein Monatslohn von 285 EUR. Im November erhält die Aushilfskraft Weihnachtsgeld in Höhe von 100 EUR. Die Mitarbeiterin legt eine Immatrikulationsbescheinigung der örtlichen Universität vor. Die Aushilfe hat keine weiteren Beschäftigungen. Sie ist über ihre Eltern privat krankenversichert.

Handelt es sich um eine kurzfristige oder eine geringfügige Beschäftigung?

Lösung

Die Studentin muss als geringfügige entlohnte Beschäftigte bei der Deutschen Rentenversicherung Knappschaft-Bahn-See (Minijobzentrale) angemeldet werden. Dorthin führt der Arbeitgeber pauschale Beiträge zur Rentenversicherung (15 %) ab. Die Versteuerung des Arbeitslohns kann über die einheitliche Pauschalsteuer von 2 % erfolgen. Im Beispielsfall ist die Beschäftigung auf Lohnsteuerkarte sinnvoll, da die Studentin keine weitere Beschäftigung ausübt und damit eine Lohnsteuerkarte mit der Steuerklasse I vorlegen kann. Bei dem geringfügigen Arbeitslohn fällt bei Lohnsteuerklasse I noch keine Lohnsteuer an, sodass die Arbeitnehmerin den Lohn in voller Höhe ausbezahlt bekommt.

Auch bei der Beschäftigung von Studenten muss geprüft werden, ob eine kurzfristige oder eine geringfügige entlohnte Beschäftigung vorliegt. Im vorliegenden Fall ist eine geringfügig entlohnte Beschäftigung gegeben, da das regelmäßige Arbeitsentgelt 400 EUR nicht übersteigt. Bei einem Monatslohn von 285 EUR ergibt sich ein Jahresbetrag von 3.420 EUR. Hinzu kommt ein Weihnachtsgeld in Höhe von 100 EUR, sodass das Jahresarbeitsentgelt 3.520 EUR beträgt, umgerechnet monatlich 293,33 EUR. Damit ist die Beschäftigung geringfügig, der Studentenstatus der Beschäftigten ändert daran nichts.

Für geringfügige Beschäftigungen fallen pauschale Beiträge zur Rentenversicherung an, dies gilt auch für Studenten. Pauschalbeiträge zur gesetzlichen Krankenversicherung fallen im Beispiel nicht an, da die Studentin über ihre Eltern privat krankenversichert ist.

Praxis-Tipp

Bei der Beschäftigung von Studenten ist es aus Sicht des Arbeitgebers in der Regel sinnvoller, die Grenzen der geringfügigen Beschäftigung zu überschreiten. Die Lohnnebenkosten bei der geringfügigen Beschäftigung, können bis knapp über 30 % betragen (15 % pauschale Rentenversicherung, 13 % pauschale Krankenversicherung, 2 % einheitliche Pauschalsteuer). Studenten, deren regelmäßiges Arbeitsentgelt über 400 EUR liegt, sind zwar vom Prinzip her sozialversicherungspflichtig beschäftigt, sind aber in der Kranken-, Pflege- und Arbeitslosenversicherung versicherungsfrei (sog. Werkstudentenprivileg).

20.4 Geringfügig entlohnte Beschäftigung, kurzfristige neben geringfügiger Beschäftigung

Sachverhalt

Eine Arbeitnehmerin übt folgende Aushilfstätigkeiten aus:

- 4.4.-31.5., 6 Tage in der Woche für 700 EUR monatlich in einem Einzelhandelsgeschäft (gesamte Arbeitszeit: 58 Kalendertage).
- 1.7.-31.7., 3 Vormittage in der Woche in einer Bäckerei für 320 EUR monatlich.

- Die Aushilfe ist bei ihrem Mann in der gesetzlichen Krankenversicherung mitversichert.

  Sie ist nicht arbeitslos gemeldet, nicht in Elternzeit und kann eine Lohnsteuerkarte mit der Lohnsteuerklasse V vorlegen.

Wie sind die Beschäftigungen lohnsteuer- und sozialversicherungsrechtlich zu behandeln?

Lösung

Beschäftigung vom 4.4.-31.5.

Es handelt es sich um eine kurzfristige Beschäftigung, die in der Sozialversicherung abgabenfrei ist. Die zeitliche Begrenzung auf max. 2 Monate (bei 6-Tage-Woche) ist eingehalten. Da die Mitarbeiterin im Lebensmittelladen sechs Tage pro Woche beschäftigt ist, gilt die Zweimonatsfrist.

- Der Arbeitgeber muss die Mitarbeiterin bei der Minijob-Zentrale (Deutschen Rentenversicherung Knappschaft-Bahn-See) als kurzfristig Beschäftigte anmelden:

  Personengruppenschlüssel 110,

  Beitragsgruppenschlüssel 0000.
- Die Besteuerung erfolgt nach den Daten der Lohnsteuerkarte, Steuerklasse V.

  Eine Lohnsteuerpauschalierung für eine kurzfristige Beschäftigung mit 25 % (§ 40a Abs. 1 EStG) ist nicht möglich, da das Arbeitsverhältnis 18 zusammenhängende Arbeitstage übersteigt.

Beschäftigung vom 1.7.-31.7.

Es handelt sich aufgrund der geringen Lohnhöhe (monatlich 320 EUR) um eine geringfügige Beschäftigung, obwohl sie ebenfalls zeitlich begrenzt ist.

- Der Arbeitgeber muss die Mitarbeiterin bei der Minijob-Zentrale als geringfügig Beschäftigte anmelden:

  Personengruppenschlüssel 109.

  Der Beitragsgruppenschlüssel lautet 6500.
- Der Arbeitgeber muss pauschale Rentenversicherungsbeiträgen (15 %) und pauschale Krankenversicherungsbeiträge (13 %) abführen, zzgl. Umlagen und Pauschalsteuer (2 %).

Es erfolgt keine Zusammenrechnung mit der kurzfristigen Beschäftigung.

Praxis-Tipp

Bei Arbeitnehmern mit einer geringfügig entlohnten Beschäftigung ist die Besteuerung mit der einheitlichen Pauschalsteuer von 2 % in der Regel die verwaltungsärmere Alternative. Sofern der Arbeitgeber die zusätzliche Belastung mit 2 % vermeiden will, ist auch eine Abwälzung der 2-prozentigen Pauschalsteuer auf den Arbeitnehmer steuerlich zulässig.

20.5 Geringfügig entlohnte Beschäftigung, Beamte

Sachverhalt

Ein Beamter ist privat krankenversichert und hat folgende Nebenjobs:

- seit 2005 als Hausmeister, für 250 EUR monatlich und
- seit Anfang 2011 als Pförtner für 200 EUR monatlich.

Wie sind die Beschäftigungen lohnsteuer- und sozialversicherungsrechtlich zu behandeln?

Lösung

Im Gegensatz zu Arbeitnehmern, die sozialversicherungspflichtig beschäftigt sind, erfolgt bei Beamten in keinem Fall eine Zusammenrechnung der geringfügig entlohnten Beschäftigungen mit der Beamtentätigkeit.

Der Arbeitslöhne aus den Beschäftigungen als Hausmeister (250 EUR) und als Pförtner (200 EUR) werden zusammengerechnet.

Beide Beschäftigungen sind nicht mehr geringfügig, da das Arbeitsentgelt zusammen monatlich 400 EUR übersteigt. Da das zusammengerechnete Arbeitsentgelt 450 EUR beträgt, liegen beide Beschäftigungen in der Gleitzone. Die Beschäftigungen werden nicht bei der Minijob-Zentrale angemeldet, sondern bei einer Krankenkasse. Zuständig ist die Krankenkasse, bei welcher der Beamte evtl. schon einmal versichert war, ansonsten suchen Arbeitgeber und Arbeitnehmer eine gemeinsame Krankenkasse aus.

- Da der Beamte in seiner Hauptbeschäftigung privat krankenversichert ist, bleibt er in beiden Nebenbeschäftigungen versicherungsfrei in der Kranken- und Pflegeversicherung. Es müssen Beiträge zur Renten- und Arbeitslosenversicherung abgeführt.

- Angemeldet werden die Beschäftigungen wie folgt:
  Personengruppenschlüssel 101 (sozialversicherungspflichtige Beschäftigung)
  Beitragsgruppenschlüssel 0110.
- Die Besteuerung der beiden Beschäftigungen erfolgt entweder durch Vorlage von zwei Lohnsteuerkarten mit der Steuerklasse VI oder mit 20 % pauschaler Lohnsteuer.

Will der Arbeitgeber die pauschale Lohnsteuer von 20 % nicht übernehmen, kann sie auf den Arbeitnehmer abgewälzt werden. In diesem Fall muss geprüft werden, ob die Lohnsteuerpauschalierung mit 20 % (zuzüglich 5,5 % Solidaritätszuschlag und ggf. Kirchensteuer) günstiger ist als eine Besteuerung über die Lohnsteuerkarte.

Die steuerlich günstige einheitliche Pauschalsteuer von 2 % ist auf die beiden Nebenbeschäftigungen des Beamten nicht anwendbar, weil sozialversicherungsrechtlich keine geringfügig entlohnte Beschäftigung vorliegt.

20.6 Geringfügig entlohnte Beschäftigung, zwei Nebenbeschäftigungen

Sachverhalt

Ein Arbeitnehmer, ist beim Arbeitgeber A sozialversicherungspflichtig beschäftigt zu einem Monatslohn von 4.500 EUR. Er ist wegen Überschreitens der Arbeitsentgeltgrenze freiwillig krankenversichert in der gesetzlichen Krankenversicherung.

Ab 1.1.2012 nimmt er bei Arbeitgeber B eine Beschäftigung für monatlich 200 EUR auf.

Ab 1.2.2012 eine weitere Beschäftigung bei Firma C für monatlich 150 EUR.

Wie sind die beiden Beschäftigungen lohnsteuer- und sozialversicherungsrechtlich zu behandeln?

Lösung

Die Frage, ob eine „versicherungsfreie" geringfügige Beschäftigung vorliegt, ist für die Renten- und Arbeitslosenversicherung einerseits und die Kranken- und Pflegeversicherung andererseits getrennt zu prüfen.

Renten- und Arbeitslosenversicherung

Der Arbeitnehmer ist beim Arbeitgeber A für die Renten- und Arbeitslosenversicherung versicherungspflichtig beschäftigt.

Neben dieser (sozialversicherungspflichtigen) Hauptbeschäftigung darf er eine geringfügige Beschäftigung ausüben, die nicht mit der Hauptbeschäftigung zusammengerechnet wird. Das ist die Beschäftigung bei Arbeitgeber B, die zum 1.1.2012 aufgenommen wurde. Da der Arbeitslohn bei Arbeitgeber B nur 200 EUR beträgt, liegt eine geringfügige Beschäftigung vor. Arbeitgeber B muss pauschale Beiträge zur Rentenversicherung in Höhe von 15 % abführen.

Die später aufgenommene Beschäftigung bei Arbeitgeber C wird mit der Hauptbeschäftigung bei Arbeitgeber A zusammengerechnet und ist daher nicht geringfügig, sondern "normal" sozialversicherungspflichtig in der Rentenversicherung. Für die Arbeitslosenversicherung greift jedoch eine Ausnahme: Nebenjobs neben einer sozialversicherungspflichtigen Hauptbeschäftigung werden in der Arbeitslosenversicherung nicht versicherungspflichtig, wenn das Arbeitsentgelt aus den Nebenjobs jeweils 400 EUR nicht überschreitet.

Kranken- und Pflegeversicherung

In der Hauptbeschäftigung bei Arbeitgeber A ist der Arbeitnehmer wegen der Höhe seines Arbeitslohns in der Krankenversicherung nicht mehr versicherungspflichtig. Allerdings ist er freiwillig in der gesetzlichen Krankenversicherung weiterversichert. Eine Zusammenrechnung der Nebenjobs mit der Beschäftigung bei Arbeitgeber A im Bereich der Kranken- und Pflegeversicherung scheidet von vornherein aus, da bei Arbeitgeber A keine Versicherungspflicht in der Kranken- und Pflegeversicherung besteht. Für die beiden Nebenjobs bei Arbeitgeber B und C muss für die Kranken- und Pflegeversicherung geprüft werden, ob das gemeinsame Arbeitsentgelt insgesamt 400 EUR nicht übersteigt. Da dies nicht der Fall ist, erfüllen die beiden Beschäftigungen insgesamt für die Kranken- und Pflegeversicherung die Voraussetzungen einer geringfügig entlohnten Beschäftigung. Da der Mitarbeiter freiwillige in der gesetzlichen Krankenversicherung versichert ist, fallen für die beiden Nebenjobs (zusammen noch geringfügige Beschäftigung) Pauschalbeiträge zur gesetzlichen Krankenversicherung an.

Meldungen

- Arbeitgeber A

  Personengruppenschlüssel 101

  Beitragsgruppenschlüssel 0111

  Bei Firmenzahlern (der Arbeitgeber führt die freiwilligen Krankenversicherungsbeiträge an die gesetzliche Krankenkasse ab), lautet der Beitragsgruppenschlüssel 9111.

- Arbeitgeber B

  Personengruppenschlüssel 109, geringfügige Beschäftigung

  Beitragsgruppenschlüssel 6500

- Arbeitgeber C

  Für die Rentenversicherung erfolgt eine Zusammenrechnung mit der sozialversicherungspflichtigen Hauptbeschäftigung, sodass aus der Nebentätigkeit Beiträge zur Rentenversicherung abgeführt werden müssen. Der Arbeitnehmer wird bei der zuständigen Krankenkasse wie folgt angemeldet:

  Personengruppenschlüssel 101

  der Beitragsgruppenschlüssel 0100

  Für die Krankenversicherung gilt die Besonderheit, dass hier eine geringfügige Beschäftigung vorliegt. Der Arbeitnehmer muss also gleichzeitig – und zwar nur bezüglich der Krankenversicherung – bei der Minijob-Zentrale angemeldet werden:

  Personengruppenschlüssel 101

  Beitragsgruppenschlüssel 6000

Besteuerung

Für die einheitliche Pauschalsteuer von 2 % ist allein maßgebend, ob pauschale Beiträge zur gesetzlichen Rentenversicherung im Rahmen der geringfügigen Beschäftigung abgeführt werden. Dies ist beim Arbeitgeber B der Fall, so dass gleichzeitig die einheitliche Pauschalsteuer mit 2 % an die Minijob-Zentrale (Deutsche Rentenversicherung Knappschaft-Bahn-See) abgeführt werden kann.

Für die Beschäftigung beim Arbeitgeber C werden keine pauschalen Beiträge an die gesetzliche Rentenversicherung abgeführt, so dass automatisch die einheitliche Pauschalsteuer von 2 % ausscheidet.

Daher muss diese Beschäftigung nach den Daten einer weiteren Lohnsteuerkarte mit der Steuerklasse VI abgerechnet werden, möglich ist aber auch eine pauschale Besteuerung mit 20 %. Voraussetzung für diese 20 % ist lediglich, dass der monatliche Arbeitslohn nicht mehr als 400 EUR beträgt. Diese Voraussetzung ist erfüllt, so dass statt Steuerklasse VI auch eine Pauschalbesteuerung mit 20 % möglich ist. Auch hier ist eine Abwälzung der pauschalen Lohnsteuer auf den Arbeitnehmer möglich, so dass es zu keiner zusätzlichen Arbeitgeberbelastung bei der Beschäftigung C kommt.

20.7 Geringfügig entlohnte Beschäftigung, Option zur vollen Rentenversicherungspflicht

Sachverhalt

Eine Reinigungskraft ist seit mehreren Jahren in geringfügig entlohntem Umfang für monatlich 160 EUR beschäftigt Sie erhält weder Urlaubs- noch Weihnachtsgeld. Die Arbeitnehmerin übt daneben keine weiteren Beschäftigungen aus.

Um sich die Riester-Zulage zu sichern, hat sie im Rahmen der geringfügigen Beschäftigung zur Rentenversicherungspflicht optiert. Sie stockt aus eigenen Mitteln den Rentenversicherungsbeitrag auf den aktuellen Satz auf.

Wie hoch ist der Aufstockungsbetrag zur Rentenversicherung, den die Mitarbeiterin selbst tragen muss?

Lösung

Monatlicher Aufstockungsbetrag	
Beitragssatz zur Rentenversicherung 2012	19,6 %
Pauschaler Beitragssatz zur Rentenversicherung (übernimmt Arbeitgeber)	15 %
Differenz	4,6 %
Monatslohn	160,00 EUR
Aufstockungsbetrag von der Mitarbeiterin zu tragen (4,6 % v. 160 EUR)	7,36 EUR

Hinweis

Eine Option zur Versicherungspflicht ist nur bei der Rentenversicherung möglich. In der Regel wird die Prüfung des Mindestbetrags zur Rentenversicherung vom Entgeltabrechnungsprogramm vorgenommen. Voraussetzung ist jedoch, dass die Abmeldung zeitlich richtig eingegeben wird, und nur die anteiligen Sozialversicherungstage vom Programm eingerechnet werden.

Praxis-Tipp

Bei der Option zur Rentenversicherung bei geringfügig Beschäftigten bleibt der Personengruppenschlüssel 109 unverändert, der Beitragsgruppenschlüssel lautet jedoch 5100 bzw. 0100, wenn kein Bezug zur gesetzlichen Krankenversicherung besteht.

20.8 Geringfügig entlohnte Beschäftigung, mehrere Beschäftigungsverhältnisse

Sachverhalt

Eine allein erziehende Mutter arbeitet halbtags bei Arbeitgeber A für 750 EUR im Monat. Sie erhält kein Urlaubs- und kein Weihnachtsgeld.

Daneben erstellt sie in Heimarbeit Schreibarbeiten für Arbeitgeber B und erhält dafür einen festen Monatslohn von 300 EUR, ebenfalls kein Urlaubs- und kein Weihnachtsgeld.

Im Sommer arbeitet sie befristet vom 1.8.-15.9. samstags und sonntags als Aushilfe bei Arbeitgeber C in einer Gaststätte. Sie arbeitet 16 Stunden pro Wochenende für pauschal 140 EUR.

Wie sind die Beschäftigungen lohnsteuer- und sozialversicherungsrechtlich zu behandeln?

Lösung

Beschäftigung bei Arbeitgeber A

Die Beschäftigung ist beitragspflichtig in allen Zweigen der Sozialversicherung. Es gelten die Regelungen für die Gleitzone mit ermäßigten Arbeitnehmerbeiträgen zur Sozialversicherung, da das Arbeitsentgelts regelmäßig weniger als 800 EUR beträgt

Die Arbeitnehmerin muss die Lohnsteuerkarte (Steuerklasse II) vorlegen.

Beschäftigung bei Arbeitgeber B

Es handelt sich um eine geringfügig entlohnte Beschäftigung. Sie ist auf Dauer angelegt und das regelmäßige Arbeitsentgelt beträgt nicht mehr als 400 EUR. Neben einer sozialversicherungspflichtigen Hauptbeschäftigung ist eine geringfügig entlohnte Beschäftigung zulässig. Als sozialversicherungspflichtige Hauptbeschäftigung gilt auch eine Beschäftigung in der Gleitzone. Es kommt nicht zu einer Zusammenrechnung mit der Tätigkeit bei Arbeitgeber A.

Die Mitarbeiterin wird mit dem Personengruppenschlüssel 109 und dem Beitragsgruppenschlüssel 6500 angemeldet.

Arbeitgeber B muss für die Beschäftigung pauschale Beiträge zur Rentenversicherung (15 %) und zur Krankenversicherung (13 %) sowie Pauschalsteuer (2 %) an die Minijob-Zentrale bei der Deutschen Rentenversicherung Knappschaft-Bahn-See abführen.

Eine Abwälzung der einheitlichen Pauschalsteuer auf die Arbeitnehmerin ist zulässig.

Beschäftigung bei Arbeitgeber C

Diese Beschäftigung erfüllt die Voraussetzungen einer kurzfristigen Beschäftigung. Sie wird nicht berufsmäßig ausgeübt und ist von vornherein auf weniger als 50 Arbeitstage begrenzt. Es gilt die 50-Arbeitstage-Grenze, da die Arbeitnehmerin weniger als 5 Arbeitstage pro Woche tätig ist. Vom 1.8.-15.9. ergeben sich 12 Arbeitstage (6 Wochenenden). Die kurzfristige Beschäftigung wird weder mit der sozialversicherungspflichtigen Hauptbeschäftigung bei Arbeitgeber A noch mit der geringfügigen Beschäftigung bei Arbeitgeber B zusammengerechnet. Die Aushilfstätigkeit wird bei der Minijob-Zentrale mit dem Personengruppenschlüssel 110 und dem Beitragsgruppenschlüssel 0000 angemeldet.

Die Beschäftigung kann nach Lohnsteuerkarte (Steuerklasse VI) besteuert werden oder es kommt auch eine Pauschalbesteuerung mit 25 % in Betracht, da die Aushilfsbeschäftigung gleichzeitig die Voraussetzungen einer steuerlichen kurzfristigen Beschäftigung (maximal 18 zusammenhängende Arbeitstage) erfüllt. Die pauschale Lohnsteuer kann auf die Arbeitnehmerin abgewälzt werden.

Praxis-Tipp

Mit dem Jahresarbeitslohn aus der Beschäftigung beim Arbeitgeber A (9.000 EUR) und dem Aushilfslohn in der Gaststätte (840 EUR) fällt in der Lohnsteuerklasse II noch keine Lohnstuer an. Unter Umständen ist es daher sinnvoll, die Aushilfsbeschäftigung in der Gaststätte über die Lohnsteuerkarte abzuwickeln. Die über die Lohnsteuerkarte mit der Steuerklasse VI einbehaltene Lohnsteuer kann im Rahmen der Einkommensteuererklärung vom Finanzamt (anteilig) erstattet werden. Zudem kann sich die Arbeitnehmerin wegen ihres geringen Lohns beim Arbeitgeber A auf der Lohnsteuerkarte mit der Steuerklasse VI einen Freibetrag eintragen lassen, auf der Lohnsteuerkarte mit der Steuerklasse II wird hingegen ein entsprechender Hinzurechnungsbetrag eingetragen. Damit kann der Lohnsteuerabzug auf die Lohnsteuerkarte mit der Steuerklasse VI deutlich verringert werden.

20.9 Geringfügig entlohnte Beschäftigung, zwei Beschäftigungen (unter 400 EUR)

Sachverhalt

Eine familienversicherte Bedienung übt zwei geringfügige Beschäftigungen mit je 150 EUR monatlich aus.

Wie sind die Beschäftigungen sozialversicherungsrechtlich zu behandeln?

Lösung

Die Entgelte beider Beschäftigungen sind zusammenzurechnen. Die Zusammenrechnung ergibt ein Gesamtentgelt in Höhe von 300 EUR monatlich. Der Grenzwert von 400 EUR pro Monat wird nicht überschritten. Beide Beschäftigungen sind geringfügig und für die Bedienung sozialversicherungsfrei.

20.10 Geringfügig entlohnte Beschäftigung, zwei geringfügige Beschäftigungen (über 400 EUR)

Sachverhalt

Eine familienversicherte Bedienung übt gleichzeitig zwei geringfügig entlohnte Beschäftigungen bei unterschiedlichen Arbeitgebern mit einem Arbeitsentgelt von je 150 EUR im Monat aus. Weitere Beschäftigungen bestehen nicht.

Wie sind die Beschäftigungen lohnsteuer- und sozialversicherungsrechtlich zu behandeln?

Lösung

Die Entgelte der beiden Beschäftigungen müssen zusammengerechnet werden. Daraus ergibt sich ein Gesamtbetrag von 500 EUR pro Monat. Die Geringfügigkeitsgrenze von 400 EUR pro Monat für Minijobs wird überschritten. Es handelt sich nicht um geringfügige Beschäftigungen. Dadurch entsteht reguläre Sozialversicherungspflicht in beiden Beschäftigungen (§ 8 Abs. 2 SGB IV). Die Pauschalierung der Lohnsteuer mit 2 % ist nicht möglich. Die Versteuerung kann nach den Merkmalen der Lohnsteuerkarte oder nach § 40a Abs. 2a EStG mit 20 % pauschaler Lohnsteuer zzgl. Solidaritätszuschlag und ggf. pauschaler Kirchensteuer erfolgen.

20.11 Geringfügig entlohnte Beschäftigung, gesetzlich krankenversichert

Sachverhalt

Eine geringfügig beschäftigte Arbeitnehmerin ist gesetzlich krankenversichert und erhält für ihre Tätigkeit 300 EUR monatlich. Darüber hinaus hat sie keine weiteren Beschäftigungen.

Wie ist die Beschäftigung lohnsteuer- und sozialversicherungsrechtlich zu behandeln?

Lösung

Der Höchstbetrag von 400 EUR monatlich wird nicht überschritten, es werden pauschale Beiträge zur Sozialversicherung (13 % Krankenversicherung und

15 % Rentenversicherung) fällig. Darüber hinaus ist die einheitliche Pauschalsteuer von 2 % abzuführen.

20.12 Geringfügig entlohnte Beschäftigung, privat krankenversichert

Sachverhalt

Eine Aushilfe erhält für ihre Tätigkeit ein monatliches Entgelt von 400 EUR. Die Tätigkeit wird neben einer Haupttätigkeit ausgeübt. Die Aushilfe ist privat krankenversichert.

Wie sind die Beschäftigungen lohnsteuer- und sozialversicherungsrechtlich zu behandeln?

Lösung

Der Höchstbetrag von 400 EUR monatlich wird nicht überschritten. Da die Aushilfe in der Hauptbeschäftigung privat krankenversichert ist, sind keine pauschalen Beiträge zur Krankenversicherung fällig. Es müssen lediglich 15 % pauschale Beiträge zur Rentenversicherung und 2 % Pauschalsteuer abgeführt werden.

20.13 Geringfügig entlohnte Beschäftigung, Hauptbeschäftigung und zwei geringfügig entlohnte

Sachverhalt

Ein Arbeitnehmer übt eine lohnsteuer- und sozialversicherungspflichtige Hauptbeschäftigung aus. Daneben ist er zusätzlich bei einem weiteren Arbeitgeber für 250 EUR monatlich beschäftigt. Ab 1.6. wird er zusätzlich in einem dritten Unternehmen für 100 EUR monatlich tätig.

Wie sind die Beschäftigungen lohnsteuer- und sozialversicherungsrechtlich zu behandeln?

Lösung

Nur eine der beiden Nebenbeschäftigungen kann als geringfügig entlohnte Beschäftigung sozialversicherungsfrei behandelt werden. Die Sozialversicherungsfreiheit besteht für die zeitlich zuerst begonnene Tätigkeit.

Die später aufgenommene Nebentätigkeit ist mit der Hauptbeschäftigung zusammenzurechnen und wird – mit Ausnahme der Arbeitslosenversicherung – in voller Höhe sozialversicherungspflichtig.

Da für die zweite Nebenbeschäftigung keine pauschalen Beiträge zur Sozialversicherung abgeführt werden, kommt auch keine Pauschalsteuer in Höhe von 2 % in Frage. Die Versteuerung kann entweder nach den Merkmalen der Lohnsteuerkarte (Steuerklasse VI) oder mit 20 % pauschaler Lohnsteuer zzgl Solidaritätszuschlag und ggf. pauschaler Kirchensteuer nach § 40 a Abs. 2a EStG erfolgen.

20.14 Geringfügig entlohnte Beschäftigung, Weihnachtsgeld

Sachverhalt

Eine seit 1.1. angestellte Aushilfe erhält neben dem monatlichen Arbeitsentgelt von 400 EUR im Dezember ein Weihnachtsgeld in Höhe von 240 EUR.

Entsteht durch die Zahlung des Weihnachtsgelds ein sozialversicherungspflichtiges Beschäftigungsverhältnis?

Lösung

Das Weihnachtsgeld ist bei der Beurteilung der Beschäftigung zu berücksichtigen.

Arbeitsentgelt jährlich (400 EUR x 12 Monate + 240 EUR)	5.040 EUR
Durchschnittliches monatliches Arbeitsengelt (5.040 EUR : 12 Monate)	420 EUR

Durch die Zahlung des Weihnachtsgelds im Dezember 2011 wird die Geringfügigkeitsgrenze von 4.800 EUR pro Jahr überschritten. Es entsteht Sozialversicherungspflicht rückwirkend ab Beginn der Beschäftigung.

Da keine geringfügig entlohnte Beschäftigung i.S.v. § 8 SGB IV vorliegt, ist auch die Pauschalierung gem. § 40a Abs. 2 EStG in Höhe von 2 % nicht mehr möglich. Die Besteuerung hat nach den Merkmalen der Lohnsteuerkarte zu erfolgen. Wird keine erste Lohnsteuerkarte vorgelegt, ist die Besteuerung nach Lohnsteuerklasse VI vorzunehmen.

21 Geschäftswagen, 1-%-Regelung

21.1 Geschäftswagen mit 1-%-Regelung, Kfz mit Sonderausstattung

Sachverhalt

Ein Arbeitnehmer erhält einen Geschäftswagen, den er sowohl privat als auch für Fahrten zwischen Wohnung und Arbeitsstätte (Entfernung 22 km) nutzen darf.

Die Bewertung soll nach der 1-%-Regelung erfolgen.

Angaben zum Firmenwagen:

- Hauspreis des Händlers: 30.000 EUR
- Inländischer Listenpreis (brutto): 32.675 EUR
- Sonderausstattung:
  Navigationssystem (fest installiert): 1.512 EUR
  Diebstahlsicherung: 522 EUR
  Freisprechanlage: 150 EUR

Wie hoch ist der monatliche geldwerte Vorteil?

Lösung

Als Bemessungsgrundlage für den geldwerten Vorteil wird der inländische Listenpreis zuzüglich des Preises für die Sonderausstattung zugrunde gelegt. Der Preis für die Freisprechanlage wird allerdings nicht hinzugezogen (R 8.1 Abs. 9 Nr. 1 LStR):

Listenpreis	32.675,00 EUR
Navigationssystem	+ 1.512,00 EUR
Diebstahlsicherung	+ 522,00 EUR
Summe	34.709,00 EUR

Abzurunden auf volle 100 EUR	34.700,00 EUR
Davon 1 %	347,00 EUR
Zzgl. Fahrten Wohnung – Arbeitsstätte (0,03 % von 34.700 EUR × 22 Kilometer)	+ 229,02 EUR
Geldwerter Vorteil insgesamt	576,02 EUR

21.2 Geschäftswagen mit 1-%-Regelung, Kfz mit Sonderausstattung

Sachverhalt

Ein Arbeitnehmer erhält einen Geschäftswagen, den er sowohl privat als auch für Fahrten zwischen Wohnung und Arbeitsstätte (Entfernung 22 km) nutzen darf. Die Bewertung soll nach der 1-%-Regelung erfolgen.

Angaben zum Firmenwagen:

- Hauspreis des Händlers: 30.000 EUR
- Inländischer Listenpreis (brutto): 32.675 EUR
- Sonderausstattung:
  - Diebstahlsicherung: 522 EUR
  - Freisprechanlage: 150 EUR

Nachträglich lässt der Arbeitgeber eine Standheizung im Wert von 1.512 EUR einbauen.

Wie hoch ist der monatliche geldwerte Vorteil?

Lösung

Als Bemessungsgrundlage für den geldwerten Vorteil wird der inländische Listenpreis zuzüglich des Preises für die Diebstahlsicherung zugrunde gelegt. Der Preis für die Freisprechanlage wird allerdings nicht hinzugezogen (R 8.1 Abs. 9 Nr. 1 LStR):

Listenpreis	32.675,00 EUR
Diebstahlsicherung	+ 522,00 EUR
Summe	33.197,00 EUR

Abzurunden auf volle 100 EUR	33.100,00 EUR
Davon 1 %	331,00 EUR
Zzgl. Fahrten Wohnung – Arbeitsstätte (0,03 % von 33.100 EUR × 22 Kilometer)	+ 218,46 EUR
Geldwerter Vorteil insgesamt	549,46 EUR

Die nachträglich eingebaute Sonderausstattung erhöht nicht den geldwerten Vorteil.

Hinweis

Nach neuer Rechtsprechung erhöht die nachträglich eingebaute Sonderausstattung nicht den geldwerten Vorteil (BFH, Urteil v. 13.10.2010, VI R 12/09). Eine Sonderausstattung im Sinne des EStG liegt nur vor, wenn das Fahrzeug bereits werksseitig im Zeitpunkt der Erstzulassung damit ausgestattet ist.

21.3 Geschäftswagen mit 1-%-Regelung, Pauschalierung (15 Fahrten pro Monat)

Sachverhalt

Ein Arbeitnehmer erhält einen Geschäftswagen, den er auch privat nutzen darf. Ebenso darf der Arbeitnehmer den Geschäftswagen auch für Fahrten zwischen Wohnung und der 22 Kilometer entfernten Arbeitsstätte nutzen.

Der inländische Brutto-Listenpreis für das Fahrzeug beträgt 32.675 EUR.

Die Bewertung soll nach der 1-%-Regelung erfolgen. Die Fahrten zwischen Wohnung und Arbeitsstätte sollen pauschal versteuert werden.

Wie wird der geldwerte Vorteil pauschal versteuert?

Lösung

Listenpreis	32.675,00 EUR
Abzurunden auf volle 100 EUR	32.600,00 EUR
Davon 1 %	326,00 EUR
Zzgl. Fahrten Wohnung – Arbeitsstätte (0,002 % von 32.600 EUR × 22 Kilometer x 6 Arbeitstage)	+ 86,06 EUR

Geldwerter Vorteil insgesamt	412,06 EUR
Pauschal mit 15 % versteuert (22 km × 0,30 EUR × 6 Arbeitstage)	39,60 EUR
Pauschale Lohnsteuer (15 % von 39,60 EUR)	5,94 EUR
Pauschaler Solidaritätszuschlag (5,5 % von 5,94 EUR)	0,32 EUR
Pauschale Kirchensteuer, angenommen (5 % von 5,94 EUR)	0,29 EUR
Geldwerter Vorteil insgesamt	412,06 EUR
Davon pauschal besteuert	- 39,60 EUR
Nach Lohnsteuertabelle zu versteuern	372,46 EUR

21.4 Geschäftswagen mit 1-%-Regelung, Pauschalierung (weniger als 15 Fahrten pro Monat)

Sachverhalt

Ein Arbeitnehmer erhält einen Geschäftswagen, den er auch privat nutzen darf. Ebenso darf er ihn für Fahrten zwischen seiner Wohnung und der 22 Kilometer entfernten Arbeitsstätte nutzen.

Der inländische Brutto-Listenpreis für das Fahrzeug beträgt 32.675 EUR. Die Bewertung soll nach der 1-%-Regelung erfolgen. Die Fahrten zwischen Wohnung und Arbeitsstätte sollen pauschal versteuert werden. Der Arbeitnehmer führt ein Arbeitstagebuch (kein Fahrtenbuch i.S. der R 8.1 LStR), aus dem hervorgeht, dass er im August am 3.8., 5.8., 10.8., 12.8., 15.8. und 31.8., also an 6 Arbeitstagen, jeweils morgens von zu Hause aus direkt die regelmäßige Arbeitsstelle anfährt.

Aufgrund der detaillierten Aufzeichnungen darf die Versteuerung abweichend von der 0,03 %-Methode mit 0,002 % je Entfernungskilometer pro angegebenem Arbeitstag erfolgen.

Wie wird der geldwerte Vorteil pauschal versteuert?

Lösung

Listenpreis	32.675,00 EUR
Abzurunden auf volle 100 EUR	32.600,00 EUR
Davon 1 %	326,00 EUR
Zzgl. Fahrten Wohnung – Arbeitsstätte (0,002 % von 32.600 EUR × 22 Kilometer)	+ 215,16 EUR
Geldwerter Vorteil insgesamt	541,16 EUR
Pauschal mit 15 % versteuert (22 km × 0,30 EUR × 15 Arbeitstage)	99,00 EUR
Pauschale Lohnsteuer (15 % von 99 EUR)	14,85 EUR
Pauschaler Solidaritätszuschlag (5,5 % von 14,85 EUR)	0,82 EUR
Pauschale Kirchensteuer, angenommen (5 % von 14,85 EUR)	0,74 EUR
Geldwerter Vorteil insgesamt	541,16 EUR
Davon pauschal besteuert	- 99,00 EUR
Nach Lohnsteuertabelle zu versteuern	442,16 EUR

22 Geschäftswagen, Fahrtenbuch

22.1 Geschäftswagen mit Fahrtenbuch, Außendienstmitarbeiter (keine Fahrten Wohnung-Arbeitsstätte)

Sachverhalt

Ein Außendienstmitarbeiter erhält erstmalig zum 10.1.2011 einen Firmenwagen, den er für seine umfangreichen Dienstfahrten benötigt. Da er regelmäßig von seiner Wohnung aus die Dienstfahrten antritt, entfällt die Versteuerung der Fahrten zwischen Wohnung und Arbeitsstätte.

Die Privatnutzung soll anhand eines Fahrtenbuchs nachgewiesen werden.

Gemäß Buchhaltung entstanden für 2011 Gesamtaufwendungen von 13.190,29 EUR brutto.

Wie wird der geldwerte Vorteil errechnet und versteuert?

Lösung

Bei der Fahrtenbuchmethode darf monatlich 1/12 des Privatanteils des Vorjahrs angesetzt werden.

Da zum Beginn der Nutzung noch keine Vorjahreswerte vorliegen, ist es zulässig, zunächst monatlich für jeden privat gefahrenen Kilometer 0,001 % des Listenpreises anzusetzen und diesen vorläufigen Wert nach Jahresende dem konkreten Wert anzupassen und die Differenz nachzuversteuern.

Listenpreis	62.400,00 EUR
Privat gefahrene Kilometer 2011 lt. Fahrtenbuch: 2.310 km	
Bereits im Jahr 2011 versteuert (2.310 km x 62.400 EUR x 0,001 %)	1.441,44 EUR
Gesamtkilometer 2011 laut Fahrtenbuch: 18.775 km	
Zu versteuern (13.190,29 EUR : 18.775 km x 2.310 km)	1.622,88 EUR
Nachzuversteuern: (1.622,88 EUR – 1.441,44 EUR)	181,44 EUR

Im Jahr 2012 beträgt der monatliche geldwerte Vorteil 1/12 von 1.622,88 EUR = 135,24 EUR. Dieser Wert ist nach Jahresende 2012 wiederum anzupassen.

22.2 Geschäftswagen mit Fahrtenbuch, Mitarbeiter beantragt Fahrtenbuchregelung bei seiner Einkommensteuererklärung

Sachverhalt

Ein Mitarbeiter mit Steuerklasse I und einem Bruttolohn von 5.000 EUR monatlich erhält ab 8.1.2011 einen neuen Dienstwagen, Bruttolistenpreis 42.320 EUR inkl. USt, den er sowohl für Fahrten zur Arbeit (10 km) als auch für private Fahrten nutzen darf.

Bei der Besteuerung nach der 1-%- und 0,03-%-Regelung ergeben sich folgende monatlichen Beträge:

Privatnutzung (1 % aus 42.300 EUR)	423,00 EUR
Fahrten zur Arbeit (0,03 % aus 42.300 EUR x 10 km)	+ 126,90 EUR
Geldwerter Vorteil monatlich	549,90 EUR
Jährlich (549,90 EUR x 12 Monate)	6.598,80 EUR

Da dem Mitarbeiter die Besteuerung nach der 1-%- und 0,03-%-Regelung zu teuer ist, will er ein Fahrtenbuch führen und die Privatfahrten durch Einzelnachweis versteuern. Der Arbeitgeber ist skeptisch, ob der Mitarbeiter ein ordnungsgemäßes Fahrtenbuch führt, außerdem lehnt er die Berechnung als zu aufwändig ab.

Wie hoch ist die Differenz zwischen dem zu versteuernden geldwerten Vorteil nach der 1-%- und 0,03-%-Regelung und dem nach der Fahrtenbuchmethode?

Lösung

Der Arbeitgeber versteuert den geldwerten Vorteil nach der Pauschalmethode (1-%- und 0,03-%-Regelung). Dies vermindert das Haftungsrisiko erheblich, da diese Regelung gesetzlich vorrangig ist. Mängel im Fahrtenbuch gehen bei dieser Lösung ausschließlich zu Lasten des Mitarbeiters.

Der Arbeitgeber bescheinigt dem Arbeitnehmer nach Ablauf des Jahrs die insgesamt aus dem Betrieb des Fahrzeugs angefallenen Kosten. Die Werte aus der Finanzbuchhaltung müssen bei Arbeitgebern mit Vorsteuerabzug um die gesetzliche Umsatzsteuer erhöht werden (Bruttowerte).

Abrechnung nach Fahrtenbuch

Der Arbeitgeber bescheinigt auf das Jahresende 2012 folgende Werte:

- Kaufpreis brutto 36.000 EUR
- Gesamtkosten betragen 10.398 EUR brutto

Der Mitarbeiter kann anhand seines Fahrtenbuchs folgende Fahrleistungen nachweisen:

- Gesamtfahrleistung: 25.000 km
- Privatfahrten: 6.000 km
- Fahrten zwischen Wohnung und Arbeitsstätte: 4.000 km (10 km einfache Entfernung)

Gesamtkosten brutto	10.398,00 EUR
Kosten pro km (10.398 EUR : 25.000 km)	0,416 EUR
Geldwerter Vorteil Privatfahrten (6.000 km) zzgl. Fahrten Wohnung – Arbeitsstätte (4.000 km) gesamt 2010 (10.000 km x 0,416 EUR)	4.160,00 EUR
Bisher vom Arbeitgeber versteuert	6.598,80 EUR
Zuviel versteuert	2.438,80 EUR

Im Rahmen der Einkommensteuerveranlagung des Mitarbeiters wird der vom Arbeitgeber gemeldete Bruttoarbeitslohn vom Finanzamt um 2.438,80 EUR gekürzt. Der Arbeitnehmer-Pauschbetrag von 1.000 EUR wird daneben gewährt.

Als Werbungskosten kann der Mitarbeiter geltend machen:

- 230 Tage x 10 km x 0,30 EUR = 690 EUR.

Da der Arbeitnehmer-Pauschbetrag von 920 EUR höher ist, wird dieser gewährt.

Der Arbeitnehmer kann über seine Einkommensteuererklärung nur eine Korrektur des steuerpflichtigen Arbeitslohns erreichen. Die Korrektur des sozialversicherungspflichtigen Bruttoentgelts wäre nur über einen Antrag des Arbeitgebers an die jeweilige Krankenkasse mit einer entsprechenden Nachweisführung möglich.

23 Jahresarbeitsentgeltgrenze

23.1 Jahresarbeitsentgeltgrenze (maßgebende), erstmalige Arbeitsaufnahme nach dem 31.12.2002

Sachverhalt

Ein Arbeitnehmer nimmt am 1.2.2012 erstmals eine Beschäftigung auf.

Gilt für den Arbeitnehmer die allgemeine oder die besondere Jahresarbeitsentgeltgrenze?

Lösung

Für den Arbeitnehmer gilt die allgemeine Jahresarbeitsentgeltgrenze, er war am Stichtag 31.12.2002 noch nicht als Arbeitnehmer tätig.

23.2 Jahresarbeitsentgeltgrenze (maßgebende), erstmalige Arbeitsaufnahme und Übergrenzer vor/am Stichtag 31.12.2002

Sachverhalt

Ein Arbeitnehmer ist erstmals seit 1.12.2000 abhängig beschäftigt. Am gesetzlichen Stichtag 31.12.2002 hat sein regelmäßiges Jahresarbeitsentgelt die Jahresarbeitsentgeltgrenze 2002 in Höhe von 40.500 EUR überschritten. Er ist bereits seit 2000 privat krankenversichert.

Gilt für den Arbeitnehmer die allgemeine oder die besondere Jahresarbeitsentgeltgrenze?

Lösung

Für den Arbeitnehmer gilt die besondere Jahresarbeitsentgeltgrenze, da er

- am gesetzlichen Stichtag 31.12.2002 wegen Überschreitens der damals geltenden Jahresarbeitsentgeltgrenze (40.500 EUR) versicherungsfrei war, und
- bei einem privaten Krankenversicherungsunternehmen in einer substitutiven (der gesetzlichen Krankenversicherung im Umfang entsprechenden, nicht in einer Zusatzversicherung) versichert war.

23.3 Jahresarbeitsentgeltgrenze (maßgebende), erstmalige Arbeitsaufnahme aber kein Übergrenzer vor/am Stichtag 31.12.2002

Sachverhalt

Ein Arbeitnehmer ist erstmals seit 1.1.2000 abhängig beschäftigt. Aufgrund seines regelmäßigen Jahresarbeitsentgeltes war er am 31.12.2002 krankenversicherungspflichtig.

Gilt für den Arbeitnehmer die allgemeine oder die besondere Jahresarbeitsentgeltgrenze?

Lösung

Für den Arbeitnehmer gilt die allgemeine Jahresarbeitsentgeltgrenze, da er am gesetzlichen Stichtag 31.12.2002 nicht die erforderlichen Voraussetzungen für eine Anwendung der besonderen Jahresarbeitsentgeltgrenze (private Krankenversicherung, Entgelt oberhalb der damaligen Jahresarbeitsentgeltgrenze) erfüllt hat.

23.4 Jahresarbeitsentgeltgrenze, Urlaubsgeld

Sachverhalt

Ein Arbeitnehmer in einem Großunternehmen erhält jährlich im Juli ein volles Monatsentgelt als Urlaubsgeld. Dies ist im Haustarifvertrag des Unternehmens festgelegt.

Handelt es sich um eine regelmäßige Einnahme?

Lösung

Der Arbeitnehmer erzielt hier eine regelmäßige Einnahme. Das Urlaubsgeld wird regelmäßig, d.h. mit hinreichender Sicherheit einmal jährlich gezahlt, da es im Haustarifvertrag verankert ist. Das Urlaubsgeld wird bei der Berechnung der Jahresarbeitsentgeltgrenze berücksichtigt.

23.5 Jahresarbeitsentgeltgrenze, Überstundenvergütung (tatsächliche Überstunden)

Sachverhalt

Ein Arbeitnehmer erhält neben seinem normalen Entgelt praktisch jeden Monat eine zusätzliche Überstundenvergütung. Diese Vergütung wird für die tatsächlich geleisteten Überstunden gezahlt. In Monaten ohne Überstunden erhält er keine Überstundenvergütung.

Handelt es sich um eine regelmäßige Einnahme?

Lösung

Der Arbeitnehmer erhält hinsichtlich der Überstundenvergütung keine regelmäßige Einnahme. Selbst wenn über längere Zeit monatlich Überstunden anfielen, kann nicht dauerhaft davon ausgegangen werden, dass dies mit hinreichender Sicherheit auch in Zukunft so sein wird. Die Überstundenvergütungen werden nicht auf das regelmäßige Jahresarbeitsentgelt angerechnet.

23.6 Jahresarbeitsentgeltgrenze, Überstundenvergütung (dauernd pauschal)

Sachverhalt

Ein Arbeitnehmer erhält neben dem Monatsentgelt eine Überstundenvergütung. In seinem Betrieb wird ein monatlich gleicher Betrag gezahlt, unabhängig von der tatsächlich im Monat erzielten Anzahl von Überstunden. Hierdurch sind sämtliche geleisteten Überstunden abgegolten – völlig unabhängig davon, ob und in welchem Ausmaß sie tatsächlich anfielen.

Handelt es sich um eine regelmäßige Einnahme?

Lösung

Der Arbeitnehmer erhält bezüglich der Überstundenvergütung eine regelmäßige Einnahme. Da sie unabhängig vom tatsächlichen Anfall von Überstunden monatlich gezahlt wird, liegt hier eine Regelmäßigkeit vor. Die Überstundenvergütungen werden auf das regelmäßige Jahresarbeitsentgelt angerechnet.

23.7 Jahresarbeitsentgeltgrenze, Jubiläumszuwendung

Sachverhalt

Ein Arbeitnehmer ist seit seiner Ausbildung bei seinem Arbeitgeber beschäftigt. Vor knapp 10 Jahren feierte er bereits 40 Jahre Betriebszugehörigkeit. Im kommenden Jahr feiert er sein 50. Betriebsjubiläum. Sein Arbeitgeber lässt ihm dann erneut ein volles Monatsgehalt als Jubiläumszuwendung extra zukommen. Dies ist im Haustarifvertrag so geregelt.

Handelt es sich um eine regelmäßige Einnahme?

Lösung

Der Arbeitnehmer erhält durch die Jubiläumszuwendung keine regelmäßige Einnahme. Ob der Arbeitnehmer den Stichtag für das (nächste) Jubiläum tatsächlich erleben wird ist nicht gewiss. Daher kann nicht mit hinreichender Sicherheit davon ausgegangen werden, dass ihm die Leistung tatsächlich zufließen wird. Die Zuwendung wird nicht auf das regelmäßige Jahresarbeitsentgelt angerechnet.

23.8 Jahresarbeitsentgeltgrenze, Geburtsbeihilfe

Sachverhalt

Eine Arbeitnehmerin bekommt laut geltendem Tarifvertrag vom Arbeitgeber eine Geburtsbeihilfe anlässlich der Entbindung ihres Kindes ausgezahlt.

Handelt es sich um eine regelmäßige Einnahme?

Lösung

Die Arbeitnehmerin bekommt durch die Geburtsbeihilfe keine regelmäßige Einnahme. Naturgemäß kann eine Zahlung wegen einer Kindesgeburt nicht ohne weiteres nochmals erwartet werden. Somit kann eine solche Zahlung niemals regelmäßig sein.

23.9 Jahresarbeitsentgeltgrenze, Bereitschaftsdienstzulage

Sachverhalt

Ein Arbeitnehmer ist für die Beaufsichtigung der Schaltwarte einer technischen Großanlage zuständig. Bei ihm fällt daher regelmäßig, d.h. in jedem Monat, unter anderem ein Bereitschaftsdienst an. Dies ist für diese Tätigkeit typisch und arbeitsvertraglich entsprechend verankert.

Handelt es sich um eine regelmäßige Einnahme?

Lösung

Der Arbeitnehmer erzielt regelmäßige Einnahmen durch den regelmäßig zu leistenden Bereitschaftsdienst, an welchen er arbeitsvertraglich gebunden ist. Die Bereitschaftsdienstzulage wird auf das regelmäßige Jahresarbeitsentgelt angerechnet.

23.10 Jahresarbeitsentgeltgrenze, Heiratsbeihilfe

Sachverhalt

Eine Arbeitnehmerin erhält vom Arbeitgeber anlässlich ihrer Eheschließung das tarifvertraglich festgelegte Sonderentgelt als Heiratsbeihilfe.

Handelt es sich um eine regelmäßige Einnahme?

Lösung

Die Arbeitnehmerin hat keine regelmäßige Einnahme, da der Vorgang einer Eheschließung grundsätzlich einen im Leben einmaligen Vorgang darstellt. Die Zahlung kann daher nicht nochmals ohne weiteres erwartet werden.

23.11 Jahresarbeitsentgeltgrenze, Werkswohnung

Sachverhalt

Eine Arbeitnehmerin erhält von ihrem Arbeitgeber eine stark verbilligte Werkswohnung. Daraus erwächst ihr ein monatlicher finanzieller Vorteil.

Handelt es sich um eine regelmäßige Einnahme?

Lösung

Die Arbeitnehmerin hat eine regelmäßige Einnahme. Sie hat die Wohnung bis auf weiteres angemietet und einen entsprechenden Mietvertrag. Der finanzielle Vorteil wird auf das regelmäßige Jahresarbeitsentgelt angerechnet.

23.12 Jahresarbeitsentgeltgrenze, Jahreswagen

Sachverhalt

Eine Arbeitnehmerin ist Werksangehörige eines großen Automobilherstellers. Zweimal im Jahr hat sie das Recht, ein Auto mit Personalrabatt zu erwerben.

Handelt es sich um eine regelmäßige Einnahme?

Lösung

Die Arbeitnehmerin hat keine regelmäßige Einnahme. Niemand vermag sicher zu sagen, ob sie das Recht, ein Auto mit Personalrabatt zu erwerben, tatsächlich jedes Mal nutzen möchte bzw. nutzen wird.

23.13 Jahresarbeitsentgeltgrenze, Vermögenswirksame Leistungen

Sachverhalt

Eine Arbeitnehmerin erhält laut Tarifvertrag vom Arbeitgeber vermögenswirksame Leistungen in bestimmter Höhe monatlich ausgezahlt. Sie hat dafür einen entsprechenden Bausparvertrag abgeschlossen.

Handelt es sich um eine regelmäßige Einnahme?

Lösung

Die Arbeitnehmerin erhält regelmäßige Einnahmen durch die vom Arbeitgeber monatlich gezahlten vermögenswirksamen Leistungen. Die vermögenswirksamen Leistungen werden auf das regelmäßige Jahresarbeitsentgelt angerechnet.

23.14 Jahresarbeitsentgeltgrenze, Erfolgsbeteiligung

Sachverhalt

Eine Arbeitnehmerin ist Angestellte eines börsennotierten Großkonzerns. In guten Geschäftsjahren, was seit Jahren der Fall ist, zahlt ihr das Unternehmen im Dezember zusätzlich zum Gehalt und zum Weihnachtsgeld eine Erfolgsbeteiligung aus. Deren Höhe ist abhängig vom Geschäftsverlauf, sie kann also in manchen Jahren auch völlig entfallen.

Handelt es sich um eine regelmäßige Einnahme?

Lösung

Die Arbeitnehmerin erzielt durch die Erfolgsbeteiligung keine regelmäßige Einnahme. Ob diese Zahlung im Dezember tatsächlich wieder gezahlt wird ist zunächst jährlich unsicher.

23.15 Jahresarbeitsentgeltgrenze, feste Bezüge und laufende und einmalige Einnahmen

Sachverhalt

Am 1.1.2011 nimmt ein Arbeitnehmer seine Beschäftigung auf.

Er hat folgende Einnahmen:

- Monatslohn 2.500 EUR
- Pauschale Überstundenvergütung 200 EUR monatlich
- Steuer- und beitragsfreie Nachtarbeitszuschläge 50 EUR monatlich
- Weihnachtsgeld 2.000 EUR jeweils im November
- Urlaubsgeld 1.000 EUR jeweils im Juni

Unterliegt der Arbeitnehmer der Krankenversicherungspflicht?

Lösung

Berechnungsstufen regelmäßiges Jahresarbeitsentgelt

Jahreseinnahmen (aller Einnahmen aus der Beschäftigung für eine fiktives Jahr)

- Bezüge, die kein Arbeitsentgelt im Sinne der Sozialversicherung sind

- unregelmäßige Bezüge

- Zuschläge, die mit Rücksicht auf den Familienstand gezahlt werden

= Regelmäßiges Jahresarbeitsentgelt

Berechnung regelmäßiges Jahresarbeitsentgelt

Arbeitslohn (2.500 EUR × 12 Monate)	30.000 EUR
Pauschale Überstundenvergütung (200 EUR × 12 Monate)	+ 2.400 EUR
Nachtzuschläge (50 EUR × 12 Monte)	+ 600 EUR
Weihnachtsgeld	+ 2.000 EUR
Urlaubsgeld	+ 1.000 EUR
Jahreseinnahmen gesamt	36.000 EUR
Abzgl. Nachtzuschläge (50 EUR × 12 Monte)	- 600 EUR
Regelmäßiges Jahresarbeitsentgelt	35.400 EUR

Die Überstundenvergütung erfolgt regelmäßig pauschal.

Das regelmäßige Jahresarbeitsentgelt des Arbeitnehmers überschreitet die allgemeine Jahresarbeitsentgeltgrenze (2012: 50.850 EUR) nicht. Der Arbeitnehmer unterliegt der Krankenversicherungspflicht.

23.16 Jahresarbeitsentgeltgrenze, feste Bezüge und unregelmäßige Einnahmen und Bezüge

Sachverhalt

Am 1.1.2012 nimmt ein Arbeitnehmer seine Beschäftigung auf.

Er hat folgende Einnahmen:

- Monatslohn 3.800 EUR, einschließlich 150 EUR Kinderzuschlag
- Firmenwagen, auch zur privaten Nutzung, geldwerter Vorteil monatlich 250 EUR
- Weihnachtsgeld 3.000 EUR (jeweils im November)
- Urlaubsgeld, mindestens 1.000 EUR, es steigert sich als nicht garantierte Gewinnbeteiligung auf bis zu 2.000 EUR (jeweils im Juni)

Unterliegt der Arbeitnehmer der Krankenversicherungspflicht?

Berechnung regelmäßiges Jahresarbeitsentgelt	
Arbeitslohn (3.800 EUR × 12 Monate)	45.600 EUR
Geldwerter Vorteil Firmenwagen (250 EUR × 12 Monate)	+ 3.000 EUR
Weihnachtsgeld	+ 3.000 EUR
Urlaubsgeld	+ 2.000 EUR
Jahreseinnahmen gesamt	53.600 EUR
Abzgl. Nachtzuschläge (50 EUR × 12 Monte)	- 600 EUR
Abzgl. unregelmäßiges Urlaubsgeld (Gewinnbeteiligung)	- 1.000 EUR
Abzgl. Kinderzuschlag (150 EUR x 12 Monate)	1.800 EUR
Regelmäßiges Jahresarbeitsentgelt	50.200 EUR

Lösung

Das regelmäßige Jahresarbeitsentgelt des Arbeitnehmers überschreitet die allgemeine Jahresarbeitsentgeltgrenze (2012: 50.850 EUR) nicht. Der Arbeitnehmer unterliegt der Krankenversicherungspflicht.

23.17 Jahresarbeitsentgeltgrenze, schwankende Bezüge (Stundenlohn)

Sachverhalt

Am 1.1.2012 nimmt ein Arbeitnehmer als Mitarbeiter in der Produktion seine Beschäftigung auf. Es handelt sich um die erste Beschäftigung des Arbeitnehmers im Inland. Die Arbeitszeit beträgt 38 Stunden in der Woche.

Er hat folgende Einnahmen:

- Stundenlohn: 25 EUR
- Überstunden: 27 EUR je Std. (in der Vergangenheit ca. 2 Stunden/Woche)
- Steuer- und beitragsfreie Nachtarbeitszuschläge: monatlich 50 EUR
- Weihnachtsgeld: ein durchschnittlicher Monatslohns ohne Überstunden (jeweils im November)
- Urlaubsgeld: 1.000 EUR (jeweils im Juni)

Unterliegt der Arbeitnehmer der Krankenversicherungspflicht?

Lösung

Umrechnung Stundenlohn in durchschnittlichen Monatslohn	
(Grundregel: 13 Wochen entsprechen stets 3 Monaten)	
Arbeitsentgelt (25 EUR x 38 Std. x 13 Wochen : 3 Monate)	4.116,67 EUR
Überstunden (27 EUR × 2 Std. x 13 Wochen : 3 Monate)	234,00 EUR
Monatlich gesamt	4.116, 67 EUR

Berechnung regelmäßiges Jahresarbeitsentgelt

Arbeitslohn (4.116, 67 EUR × 12 Monate)	49.400,04 EUR
Überstunden (234 EUR × 12 Monate)	+ 2.808,00 EUR
Nachtzuschläge (50 EUR × 12 Monte)	+ 600,00 EUR
Weihnachtsgeld	+ 4.116,67 EUR
Urlaubsgeld	+ 1.000,00 EUR
Jahreseinnahmen gesamt	57.924,71 EUR
Abzgl. Nachtzuschläge	- 600,00 EUR
Abzgl. Überstundenvergütung	- 2.808,00 EUR
Regelmäßiges Jahresarbeitsentgelt	54.516,71 EUR

Das regelmäßige Jahresarbeitsentgelt des Arbeitnehmers überschreitet die allgemeine Jahresarbeitsentgeltgrenze (2012: 50.850 EUR). Er unterliegt nicht der Krankenversicherungspflicht, sondern ist ab Beschäftigungsbeginn krankenversicherungsfrei. Wegen der erstmaligen Beschäftigungsaufnahme im Inland besteht ein einmaliges Wahlrecht, einer gesetzlichen Krankenkasse freiwillig beizutreten (Beitrittsfrist 3 Monate, hier bis 1.4.2011). Nutzt der Arbeitnehmer diese Frist nicht, bleibt ihm nur, eine private Krankenversicherung abzuschließen. Schließt er keine private Krankenversicherung ab, kommt kraft Gesetzes eine "Auffangversicherung" (auch gesetzliche Rückkehrerversicherung bzw. gesetzliche Versicherungspflicht für zuletzt Nichtversicherte genannt) zustande. Dabei erfolgt die Entscheidung zwischen gesetzlicher und privater Krankenversicherung danach, wo der Beschäftigte zuletzt versichert war.

23.18 Jahresarbeitsentgeltgrenze, schwankende Bezüge (vorausschauende Betrachtung)

Sachverhalt

Am 1.1.2011 nimmt ein Arbeitnehmer als Vertreter im Außendienst seine Beschäftigung auf. Es handelt sich um die erste Beschäftigung des Arbeitnehmers im Inland.

Er hat folgende Einnahmen:

- Monatliches Fixum: 1.500 EUR
- Provision: 2.100 EUR monatlich (Vorgänger erzielte im gleichen Bezirk und vergleichbarer Produktpalette den Betrag über mehrere Jahre hinweg)
- Firmenwagen (auch zur privaten Nutzung): 250 EUR monatlicher steuerpflichtiger geldwerter Vorteil
- Weihnachtsgeld: monatliches Fixums zzgl. durchschnittliche monatliche Provision (im November)
- Urlaubsgeld: 1.500 EUR (im Juni)

Unterliegt der Arbeitnehmer der Krankenversicherungspflicht?

Lösung

Bei schwankenden Bezügen (z. B. Akkord, Provisionsbasis) und vorausschauender Betrachtung ist eine Schätzung anhand der Einkünfte des Vorgängers oder eines gleichartigen Arbeitnehmers vorzunehmen.

Hier ist die Provision aufgrund der Angaben des Vorgängers als hinreichend sichere Einnahme zu betrachten.

Berechnung regelmäßiges Jahresarbeitsentgelt	
Fixum (1.500 EUR × 12 Monate)	18.000 EUR
Provision (2.100 EUR × 12 Monate)	+ 25.200 EUR
Geldwerter Vorteil Firmenwagen (2.100 EUR × Monate)	+ 3.000 EUR
Weihnachtsgeld	+ 3.600 EUR
Urlaubsgeld	+ 1.500 EUR
Regelmäßiges Jahresarbeitsentgelt	51.300 EUR

Das regelmäßige Jahresarbeitsentgelt des Arbeitnehmers überschreitet die allgemeine Jahresarbeitsentgeltgrenze (2012: 50.850 EUR). Er unterliegt somit nicht der Krankenversicherungspflicht sondern ist ab Beschäftigungsbeginn krankenversicherungsfrei.

Achtung

Soweit das regelmäßige Jahresarbeitsentgelt im Wege der Schätzung ermittelt wurde, ist eine neue Beurteilung unverzüglich zu dem Zeitpunkt vorzunehmen, zu dem sich die erste Schätzung als unzutreffend erweist. Falls sich daraus eine abweichende versicherungsrechtliche Beurteilung ergibt, so entfaltet diese jedoch nur für die Zukunft entsprechende Auswirkungen. Die Konsequenzen aufgrund der ersten Beurteilung bleiben für den zurückliegenden Zeitraum unangetastet.

23.19 Jahresarbeitsentgeltgrenze, Zeitpunkt der Ermittlung

Sachverhalt

Eine Arbeitnehmerin nimmt zum 1.1.2012 eine Beschäftigung auf.

Bereits zu Beschäftigungsbeginn wurde ihr eine Entgelterhöhung zum 1.7.2012 vertraglich zugesichert.

Am 1.11.2012 wird ein Verzicht auf das im Dezember 2012 zustehende Weihnachtsgeld schriftlich fixiert.

Wann muss die Jahresarbeitsentgeltgrenze durch die Veränderungen neu geprüft werden?

Lösung

Zur Feststellung der Kranken- und Pflegeversicherungspflicht ist jeweils zu Beginn eines Beschäftigungsverhältnisses und darüber hinaus bei jeder Entgeltänderung die Jahresarbeitsentgeltgrenze zu prüfen. Deshalb ist bei der Arbeitnehmerin zum 1.1.2012 die Jahresarbeitsentgelt-Berechung mit dem in diesem Zeitpunkt feststehenden Entgelt (noch ohne die vorab vereinbarte Erhöhung) zu berechnen.

- Zum 1.7.2012 ist eine Neuberechnung des regelmäßigen Jahresarbeitsentgelts vorzunehmen. Zukünftige Änderungen des laufenden Entgelts sind stets erst zu dem Zeitpunkt zu berücksichtigen, in dem das erhöhte Entgelt zusteht. Dies gilt auch dann, wenn die Vereinbarung weit vorher getroffen wurde.

- Am 1.11.2012 ist durch den Verzicht auf das Weihnachtsgeld eine weitere Neuberechnung des regelmäßigen Jahresarbeitsentgelts vorzunehmen.

Die unterjährigen Berechnungen dienen der perspektivischen Betrachtung, ob jeweils künftig die Jahresarbeitsentgeltgrenze noch überschritten wird (vorausschauende Betrachtung).

Die unterjährigen Berechnungen dienen der perspektivischen Betrachtung, ob jeweils die Jahresarbeitsentgeltgrenze überschritten wird (vorausschauende Betrachtung). Ist das bei Beschäftigungsbeginn der Fall, besteht vom Beschäftigungsbeginn an Krankenversicherungsfreiheit. Wird die Grenze bei Beschäftigungsbeginn nicht überschritten, besteht zunächst Krankenversicherungspflicht.

Überschreitet das regelmäßige Jahresarbeitsentgelt die Grenze im Laufe des Jahres 2012 (dabei ist die letzte Berechnung maßgebend – hier am 1.11.2012) und am 1.1.2013 die Grenze für 2013, tritt am 1.1.2013 Krankenversicherungsfreiheit ein.

23.20 Jahresarbeitsentgeltgrenze, Beschäftigungsaufnahme (Prüfungszeitpunkt)

Sachverhalt

Ein Arbeitnehmer beginnt am 1.7.2012 eine neue Beschäftigung. Sein regelmäßiges Jahresarbeitsentgelt übersteigt von Anfang an die maßgebende Grenze, ebenso wie in den Jahren 2009, 2010, 2011 und 2012 (bis 30.6.) bei seinem vorigen Arbeitgeber.

Besteht in der neuen Beschäftigung Versicherungspflicht zur Kranken- und Pflegeversicherung?

Lösung

Kranken- und Pflegeversicherungsfreiheit besteht vom Beginn der Beschäftigung an. Dabei kommt es seit 31.12.2010 nicht mehr darauf an, ob bereits früher die Jahresarbeitsentgeltgrenze überschritten wurde.

23.21 Jahresarbeitsentgeltgrenze, bevorstehende Gehaltserhöhung (Prüfungszeitpunkt)

Sachverhalt

Ein Arbeitnehmer erhält zum 1.11.2011 eine Gehaltserhöhung. Sein regelmäßiges Jahresarbeitsentgelt übersteigt nun sowohl die Jahresarbeitsentgeltgrenze für 2011 als auch für 2012.

Besteht Versicherungspflicht zur Kranken- und Pflegeversicherung?

Lösung

Kranken- und Pflegeversicherungsfreiheit besteht ab 1.1.2012.

Die Krankenversicherung endet jedoch im laufenden Beschäftigungsverhältnis nicht automatisch. Sie wird vielmehr als freiwillige Krankenversicherung fortgeführt, wenn der Beschäftigte die Voraussetzungen der freiwilligen Krankenversicherung (Vorversicherungszeit mindestens ein Jahr) erfüllt. Die Krankenkasse muss ihn darauf aufmerksam machen, dass die Mitgliedschaft fortgeführt wird, wenn er nicht innerhalb von zwei Wochen nach diesem schriftlichen Hinweis seinen Austritt erklärt (z. B. um in eine private Krankenversicherung zu wechseln). Die Versicherung endet dann zum Ende der Versicherungspflicht (31.12.), ohne dass eine weitere Kündigungsfrist zu beachten ist.

23.22 Jahresarbeitsentgeltgrenze, rückwirkende Gehaltserhöhung

Sachverhalt

Ein Arbeitnehmer erhält am 15.2.2012 eine rückwirkende tarifliche Entgelterhöhung für die Zeit ab 1.12.2011. Durch die Entgelterhöhung wird die Jahresarbeitsentgeltgrenze des Jahres 2011 und des laufenden Jahres 2012 überschritten.

Ist der Arbeitnehmer nicht mehr versicherungspflichtig in der Kranken- und Pflegeversicherung?

Lösung

Da der Tarifvertrag im Jahr 2012 abgeschlossen wird, ist das Jahr 2012 für die weitere Betrachtung maßgebend. Bei rückwirkender Entgelterhöhung gilt für die Überschreitung der Jahresarbeitsentgeltgrenze das Kalenderjahr, in dem der Anspruch auf das erhöhte Entgelt entstanden ist. Maßgebend ist das Datum des Abschlusses der entsprechenden Vereinbarung.

Das regelmäßige Jahresarbeitsentgelt des Arbeitnehmers überschreitet die Grenze des Jahres 2012. Um am 1.1.2013 aus der Krankenversicherungspflicht ausscheiden zu können, muss am 1.1.2013 auch die Grenze von 2013 überschritten werden.

23.23 Jahresarbeitsentgeltgrenze, vorübergehende Entgeltminderung (Krankengeld, Verletztengeld, Übergangsgeld)

Sachverhalt

Ein Arbeitnehmer ist seit 1.11.2011 arbeitsunfähig. Er erhält ab 13.12. (nach Ende der Entgeltfortzahlung) Krankengeld von der Krankenkasse, bei welcher er freiwillig versichert ist. Ab 1.4.2012 nimmt der Beschäftigte an einer stufenweisen Wiedereingliederung teil. Er arbeitet nur 50 % seiner regelmäßigen Arbeitszeit und bekommt für mehrere Monate sein halbes Gehalt vom Arbeitgeber sowie (gekürztes) Krankengeld von der Krankenkasse.

Wie wirken sich Krankengeldbezug und Gehaltsminderung während der Wiedereingliederung auf die Kranken- und Pflegeversicherungspflicht aus?

Lösung

Die Krankengeldzeit ändert nichts am regelmäßigen Jahresarbeitsentgelt. Mit der stufenweisen Wiedereingliederung ins Erwerbsleben kommt es lediglich zu einer vorübergehenden und nicht zu einer regelmäßigen Entgeltminderung. Daher bleibt diese Minderung bei der Ermittlung des regelmäßigen Jahresarbeitsentgelts außer Betracht. Es ist also weder am 13.12.2011 noch am 1.4.2012 eine Neuberechnung des regelmäßigen Jahresarbeitsentgeltes vorzunehmen.

Der Arbeitnehmer bleibt durchgehend kranken- und pflegeversicherungsfrei.

23.24 Jahresarbeitsentgeltgrenze, Kurzarbeit

Sachverhalt

Ein Arbeitnehmer ist in einem Betriebsteil beschäftigt, der ab 1.3.2012 für 6 Monate Kurzarbeit durchführt. Er hat 50 % Arbeitsausfall, sein Entgelt halbiert sich, er erhält jedoch Kurzarbeitergeld.

Der Arbeitnehmer ist wegen Überschreitens der Jahresarbeitsentgeltgrenze versicherungsfrei und privat versichert.

Wie wirken sich die Entgeltminderung auf die Kranken- und Pflegeversicherungspflicht aus?

Lösung

Bei Kurzarbeit kommt es zu einer lediglich vorübergehenden Entgeltminderung, die bei der Ermittlung des regelmäßigen Jahresarbeitsentgelts außer Betracht bleibt. Es ist also am 1.3.2012 keine Neuberechnung des regelmäßigen Jahresarbeitsentgeltes vorzunehmen.

Die Jahresarbeitsentgeltgrenze bleibt auch im Jahr 2012 überschritten. Der Beschäftigte bleibt durchgehend kranken- und pflegeversicherungsfrei.

23.25 Jahresarbeitsentgeltgrenze, Arbeitszeitreduzierung (Befreiung von der Krankenversicherungspflicht)

Sachverhalt

Ein Arbeitnehmer ist 48 Jahre alt und bereits zehn Jahre wegen Überschreitens der Jahresarbeitsentgeltgrenze versicherungsfrei. Er verringert seine wöchentliche Arbeitszeit ab 1.2.2012 um 50 %, um seine kranke Frau zu pflegen. Das regelmäßige Jahresarbeitsentgelt sinkt unter die Jahresarbeitsentgeltgrenze von 2012. Da er seit Jahren privat krankenversichert ist, stellt er im April 2012 einen Befreiungsantrag bei einer Krankenkasse.

Tritt Kranken- und Pflegeversicherungspflicht ein?

Lösung

Grundsätzlich wird der Beschäftigte ab 1.2.2012 kranken- und pflegeversicherungspflichtig. Kranken- und Pflegeversicherungspflicht tritt nur deshalb nicht ein, weil der Arbeitnehmer von seinem Befreiungsrecht Gebrauch macht.

Dies ist möglich, weil die Unterschreitung zurückzuführen ist auf die

- Reduzierung der Arbeitszeit auf die Hälfte oder weniger als die Hälfte,
- der Arbeitnehmer seit mindestens fünf Jahren wegen Überschreitens der Jahresarbeitsentgeltgrenze versicherungsfrei war und
- den Antrag fristgerecht binnen drei Monaten nach Beginn der Versicherungspflicht bei der zuständigen Kasse (letzte gesetzliche Krankenkasse des Arbeitnehmers) gestellt hat.

23.26 Jahresarbeitsentgeltgrenze, holt Arbeitsentgelt ein

Sachverhalt

Ein Arbeitnehmer ist am 1.1.2012 54 Jahre alt und seit 15 Jahren privat krankenversichert. Sein regelmäßiges Jahresarbeitsentgelt (45.700 EUR) wird am 1.1.2012 durch die Erhöhung der Jahresarbeitsentgeltgrenze (2012: 45.900) vom Grenzwert "eingeholt".

Tritt für den Arbeitnehmer Kranken- und Pflegeversicherungspflicht ein?

Lösung

Grundsätzlich wird der Beschäftigte ab 1.1.2012 kranken- und pflegeversicherungspflichtig. Er könnte sich jedoch von der Versicherungspflicht auf Antrag befreien lassen. Stellt er keinen solchen Antrag, so wird er Mitglied einer gesetzlichen Krankenkasse.

Achtunf

Hätte der Arbeitnehmer am 1.1.2012, bei Unterschreitung der Jahresarbeitsentgeltgrenze das 55. Lebensjahr bereits vollendet, hätte dieses nicht mehr zum Eintritt von Kranken- und Pflegeversicherungspflichtgeführt, weil der Arbeitnehmer außerdem in den letzten fünf Jahren nicht gesetzlich krankenversichert war.

24 Krankengeldzuschuss

24.1 Krankengeldzuschuss, Auswirkungen

Sachverhalt

Ein Arbeitgeber zahlt seinen Arbeitnehmern einerseits finanzielle Leistungen, während diese gleichzeitig Sozialleistungen erhalten. Je nach Position des Arbeitnehmers im Betrieb (Vergütungsgruppe) erhalten die Mitarbeiter einzelne oder alle der folgenden Leistungen:

- Zuschuss zum Krankengeld, Verletztengeld, Übergangsgeld,
- Zuschuss zum Mutterschaftsgeld,
- Zuschuss zum Krankentagegeld privat Versicherter,
- weiter gewährte Sachbezüge (z. B. Kost, Wohnung und private Nutzung von Geschäftsfahrzeugen),
- weiter gewährte Firmen- und Belegschaftsrabatte,
- weitergezahlte vermögenswirksame Leistungen,
- weiter gewährte Kontoführungsgebühren,
- weiter gewährte Zinsersparnisse aus verbilligten Arbeitgeberdarlehen,
- weitergezahlte Telefonzuschüsse und
- weiter gewährte Beiträge und Zuwendungen zur betrieblichen Altersvorsorge.

Wie wirken sich diese Zahlungen beitragsrechtlich aus?

Lösung

Soweit eine der im Sachverhalt genannten laufend gezahlten arbeitgeberseitigen Leistungen auf eine der folgenden Sozialleistungen (in Klammern ist jeweils der zuständige Träger genannt) trifft, ist die arbeitgeberseitige Leistung unter den abschließend genannten Voraussetzungen beitragsfrei:

- Krankengeld und Krankengeld bei Erkrankung des Kindes (Krankenkassen),
- Verletztengeld und Verletztengeld bei Verletzung des Kindes (Unfallversicherungsträger),
- Übergangsgeld (Rentenversicherungsträger, Bundesagentur für Arbeit, Unfallversicherungsträger, Kriegsopferfürsorge),
- Versorgungskrankengeld (Träger der Kriegsopferversorgung),
- Mutterschaftsgeld (Krankenkassen, Bund),
- Krankentagegeld (private Krankenversicherungsunternehmen),
- Erziehungsgeld, Elterngeld (Bundesländer, auf Kosten des Bundes).

Voraussetzungen für die Beitragsfreiheit:

Alle arbeitgeberseitigen Leistungen, die für die Zeit des Bezugs der o.g. Sozialleistungen laufend gezahlt werden, unterliegen bis zur Freigrenze von 50 EUR nicht der Beitragspflicht. Alle darüber hinausgehenden Beträge werden hingegen in voller Höhe als beitragspflichtige Einnahmen berücksichtigt (kein Freibetrag).

24.2 Krankengeldzuschuss, Grenze der Beitragsfreiheit

Sachverhalt

Arbeitnehmer A und B sind infolge Krankheit arbeitsunfähig und beziehen seit 1.3. Krankengeld von einer gesetzlichen Krankenkasse.

Beide erzielten im letzten vor Beginn der Arbeitsunfähigkeit abgerechneten Entgeltabrechungszeitraum, Dezember (Bemessungszeitraum), ein laufendes Bruttoarbeitsentgelt von 3.000 EUR sowie 1.000 EUR Weihnachtsgeld; Nettolohn 2.100 EUR bzw.2.700 EUR mit Weihnachtsgeld. Diese Werte hat der Arbeitgeber in die Entgeltbescheinigungen für die Krankenkasse eingetragen.

Arbeitnehmer A erhält während der Arbeitsunfähigkeit seine vermögenswirksamen Leistungen in Höhe von 52 EUR monatlich weitergezahlt.

Arbeitnehmer B bewohnt mietfrei eine Werkswohnung, deren ortsüblicher Mietpreis mit 600 EUR monatlich beträgt.

Beide erhalten jeweils ein Nettokrankengeld in Höhe von 1.628,10 EUR monatlich.

Besteht für die Arbeitnehmer während des Krankengeldbezugs Beitragsfreiheit?

Lösung

Zur Feststellung des Sozialversicherungs-Freibetrags werden benötigt:

- Das zu vergleichende Nettoarbeitsentgelt (Vergleichs-Nettoarbeitsentgelt), es entspricht dem Nettoarbeitsentgelt, das der Arbeitgeber dem gesetzlichen Sozialleistungsträger (hier der Krankenkasse) in der Entgeltbescheinigung mitteilt. Einmalzahlungen im Bemessungszeitraum für die Sozialleistung bleiben außer Ansatz.
- Der höchstmögliche Sozialversicherungs-Freibetrag, er ergibt sich aus der Differenz zwischen dem Vergleichs-Nettoarbeitsentgelt und der Netto-Sozialleistung.

Berechnung des Freibetrags für Arbeitnehmer A und B

Nettoarbeitsentgelt Dezember	2.100 EUR
SV-Freibetrag monatlich (2.100 EUR – 1.628,10 EUR)	471,90 EUR
zzg. SV-Freigrenze	50 EUR
Freibetrag	521,90 EUR

Folgen Arbeitnehmer A

In der Zeit des Krankengeldbezugs ist auch die weitergewährte Zahlung des Arbeitgebers beitragsfrei.

Der Sozialversicherungs-Freibetrag von Arbeitnehmer A wird durch die Vermögenswirksamen Leistungen in Höhe von 52 EUR monatlich nicht überschritten; es liegt deshalb keine beitragspflichtige Einnahme vor.

Folgen Arbeitnehmer B

Die Brutto-Zahlung des Arbeitgebers in Höhe von 600 EUR monatlich (Sachbezug) übersteigt den maximal beitragsfreien Betrag von 521,90 EUR. Die 50 EUR SV-Freigrenze darf daher nicht angewendet werden.

Es bleibt nur der SV-Freibetrag von 471,90 EUR beitragsfrei. Es sind 128,10 EUR (600 EUR – 471,90 EUR) monatlich als beitragspflichtige Einnahme der Beitragsabrechnung zur Sozialversicherung zu unterwerfen.

24.3 Krankengeldzuschuss, Einmalzahlung während Bezug

Sachverhalt

Arbeitnehmer A und B sind sozialversicherungspflichtig beschäftigt. Beide beziehen seit dem 1.4. Krankengeld.

Arbeitnehmer A erhält daneben vermögenswirksame Leistungen in Höhe von 26 EUR monatlich, die als Zuschuss zum Krankengeld beitragsfrei sind.

Arbeitnehmer B nutzt während des Krankengeldbezugs seinen Dienstwagen weiterhin privat. Dieser Sachbezug übersteigt die Differenz zwischen Netto-Krankengeld und Vergleichs-Nettoentgelt um 100 EUR monatlich, die beitragspflichtiges Arbeitsentgelt darstellen. Die Freigrenze von 50 EUR bleibt wegen Überschreitens ohne Auswirkung.

Im Juli erhalten beide Arbeitnehmer jeweils 1.500 EUR Urlaubsgeld.

Wie wird die anteilige Beitragsbemessungsgrenze für die Beitragspflicht der Einmalzahlungen errechnet?

Lösung

Eine Behandlung von Einmalzahlungen als Krankengeldzuschuss scheidet aus. Dies – und dadurch eine evtl. Beitragsfreiheit – kommt lediglich für laufende Bezüge in Betracht, die neben einer Sozialleistung, z.B. Krankengeld, zur Auszahlung kommen. Die Einmalzahlungen sind dem Monat Juli zuzurechnen und sind grundsätzlich beitragspflichtig.

Für Arbeitnehmer A sind 90 SV-Tage zu berücksichtigen (Januar bis März, 3 × 30 SV-Tage). Ab 1. April besteht Beitragsfreiheit.

Für Arbeitnehmer B sind 210 SV-Tage anzurechnen (Januar bis Juli, 7 × 30 SV-Tage). Ab 1. April besteht weiter Beitragspflicht.

Für beide Arbeitnehmer gelten also unterschiedliche anteilige Jahres-Beitragsbemessungsgrenzen. Da bei Arbeitnehmer B in den Monaten April bis Juli nur jeweils 50 EUR laufendes beitragspflichtiges Entgelt anfallen, wird seine Einmalzahlung in weit höherem Maße der Beitragspflicht unterworfen.

25 Kurzfristige Beschäftigung

25.1 Kurzfristige Beschäftigung, Zeitraum von 2 Monaten oder 50 Arbeitstagen

Sachverhalt

Ein Arbeitgeber stellt in seinem Betrieb für saisonale Aushilfstätigkeiten von kurzfristiger Dauer mehrere Hausfrauen mit folgenden regelmäßigen wöchentlichen Arbeitszeiten ein:

- A: 6 Tage,
- B: 5 Tage,
- C: 4 Tage.

Welcher Zeitraum (2 Monate oder 50 Arbeitstage) ist bei den jeweiligen wöchentlichen Arbeitszeiten für die sozialversicherungsrechtliche Beurteilung zu Grunde zu legen?

Lösung

- A und B: Da in diesen Fällen die Beschäftigung an mindestens 5 Tagen in der Woche ausgeübt wird, ist bei der Feststellung, ob die Zeitdauer von 2 Monaten oder 50 Arbeitstagen überschritten wird, von der Zweimonatsfrist auszugehen.
- C: In diesem Fall ist hingegen auf den Zeitraum von 50 Arbeitstagen abzustellen, da die Beschäftigung an weniger als 5 Tagen in der Woche ausgeübt wird.

Hinweis

Bei einer Zusammenrechnung von mehreren Beschäftigungszeiten treten an die Stelle des Zweimonatszeitraums 60 Kalendertage. Das gilt nicht, wenn es sich bei den einzelnen Beschäftigungszeiten jeweils um volle Kalendermonate handelt. Sind bei einer Zusammenrechnung Zeiten, in denen die Beschäftigung regelmäßig an mindestens 5 Tagen in der Woche ausgeübt wurde, und

Beschäftigungszeiten mit einer Arbeitszeit an weniger als 5 Tagen in der Woche zu berücksichtigen, dann ist einheitlich von dem Zeitraum von 50 Arbeitstagen auszugehen.

25.2 Kurzfristige Beschäftigung, Arbeitsuchende

Sachverhalt

Ein junger Mann, bei der Agentur für Arbeit arbeitsuchend gemeldet, arbeitet ein Wochenende (Samstag und Sonntag für jeweils 50 EUR) als Aushilfe in einem Restaurant. Er war noch nicht kurzfristig beschäftigt im laufenden Jahr war. Die Beschäftigung meldet er ordnungsgemäß bei der Bundesagentur für Arbeit. Der Arbeitgeber geht von einer abgabenfreien kurzfristigen Beschäftigung aus.

Handelt es sich tatsächlich um eine kurzfristige Beschäftigung?

Lösung

Die Beschäftigung erfüllt trotz der Beschränkung auf 2 Tage nicht die Voraussetzungen einer kurzfristigen Beschäftigung. Neben der zeitlichen Beschränkung (2 Monate bzw. 50 Arbeitstage) ist eine Beschäftigung nur kurzfristig, wenn sie nicht berufsmäßig ausgeübt wird. Personen, die bei der Bundesagentur für Arbeit arbeitsuchend gemeldet sind, üben eine Beschäftigung immer berufsmäßig aus.

Die Beschäftigung ist sozialversicherungspflichtig, es müssen Beiträge zur Renten-, Kranken- und Pflegeversicherung abgeführt werden. Beiträge zur Arbeitslosenversicherung fallen keine an, weil die wöchentliche Arbeitszeit weniger als 15 Stunden beträgt.

Die Besteuerung kann entweder über eine Lohnsteuerkarte oder pauschal mit 25 % (steuerlich kurzfristige Beschäftigung) erfolgen. Steuerrechtlich liegt eine kurzfristige Beschäftigung vor, wenn der Arbeitnehmer bei dem Arbeitgeber gelegentlich, nicht regelmäßig wiederkehrend beschäftigt wird. Die Dauer der Beschäftigung darf 18 zusammenhängende Arbeitstage nicht übersteigen und der Tageslohn nicht über 62 EUR liegen. Der maximal zulässige Stundenlohn ist auf 12 EUR beschränkt. Die pauschale Lohnsteuer von 25 % zuzüglich 5,5 % Solidaritätszuschlag und ggf. Kirchensteuer kann auf den Mitarbeiter abgewälzt werden.

Im Lohnprogramm wird die Beschäftigung mit dem Personengruppenschlüssel 101, Beitragsgruppen 1/1/1/0 angelegt.

Hinweis

Da sozialversicherungsrechtlich eine kurzfristige Beschäftigung ausscheidet, muss geprüft werden, ob eine geringfügige Beschäftigung vorliegt. Diese ist gegeben, wenn das regelmäßige monatliche Arbeitsentgelt 400 EUR nicht übersteigt.

25.3 Kurzfristig Beschäftigung, über Jahreswechsel

Sachverhalt

Eine Hausfrau wird für 6 Tage in der Woche (jeweils 4 Stunden) für Reinigungsarbeiten eingestellt, der Monatslohn beträgt 450 EUR. Die Beschäftigung ist von vornherein befristet vom 15.11.2011-31.1.2012. Eine Wiederholungsabsicht besteht nicht. Die eingestellte Mitarbeiterin war in den Jahren 2010 und 2011 noch nicht kurzfristig beschäftigt, und wird auch im Jahr 2012 voraussichtlich keine weitere kurzfristige Beschäftigung aufnehmen.

Liegt hier eine sozialversicherungsfreie kurzfristige Beschäftigung vor?

Lösung

Die Beschäftigung erfolgt an 6 Tagen pro Woche, damit gilt für eine kurzfristige Beschäftigung die Zeitgrenze von 2 Monaten pro Kalenderjahr, die im Grunde bei der vorliegenden Beschäftigung sowohl für das Jahr 2011 als auch für das Folgejahr 2012 eingehalten wäre.

Dennoch liegt keine sozialversicherungsfreie kurzfristige Beschäftigung vor, denn

- bei einer Beschäftigung über den Jahreswechsel müssen die Beschäftigungszeiten zusammengerechnet werden.
- Die Voraussetzungen einer sozialversicherungsfreien kurzfristigen Beschäftigung sind nur gegeben, wenn die Beschäftigung von vornherein auf nicht mehr als 2 Monate oder 50 Arbeitstage (auch kalenderjahrüberschreitend) befristet ist und nicht berufsmäßig ausgeübt wird.

Die Beschäftigung der Reinigungskraft erfüllt auch nicht die Voraussetzungen für eine geringfügig entlohnte Beschäftigung, da der regelmäßig gezalten Arbeitslohnmehr als 400 EUR beträgt.

Der Arbeitgeber muss die Reinigungskraft daher als sozialversicherungspflichtig Beschäftigte bei der zuständigen Krankenkasse anmelden und die regulären Sozialversicherungsbeiträge abführen:

- Personengruppenschlüssel 101
- Beitragsgruppenschlüssel lautet 1111.
- Die Besteuerung muss nach Vorlage der Lohnsteuerkarte erfolgen (ggf. Lohnsteuerklasse VI).

Eine Lohnsteuerpauschalierung scheidet grundsätzlich aus, da der steuerlich relevante Zeitrahmen von 18 zusammenhängenden Arbeitstagen sowohl im Jahr 2011 als auch im Jahr 2012 überschritten ist. Die Anwendung der einheitlichen Pauschalsteuer von 2 % scheidet von vornherein aus, da sozialversicherungsrechtlich keine geringfügig entlohnte Beschäftigung vorliegt. Die Lohnsteuerpauschalierung mit 20 % für geringfügig entlohnte Beschäftigungen (Monatsgrenze 400 EUR) besteht wegen der Lohnhöhe von 450 EUR im Monat ebenfalls nicht.

25.4 Kurzfristige Beschäftigung, nachträgliche Verlängerung

Sachverhalt

Eine Hausfrau wird in der Zeit vom 1.8. bis 16.9.als befristete Urlaubsvertretung eingestellt. Die Aushilfe arbeitet 5 Tage pro Woche, der Monatslohn beträgt 1.000 EUR. Die Mitarbeiterin ist ansonsten nicht berufstätig und hat im maßgebenden Jahr noch keine kurzfristige Beschäftigung ausgeübt.

Am 14.8. teilt die durch die Aushilfe vertretene Mitarbeiterin mit, dass sie wegen Erkrankung die Arbeit erst am 3.9. (Montag) wieder aufnehmen kann. Der Arbeitgeber verlängert daraufhin das Arbeitsverhältnis der Aushilfe bis zum 31.9. (Fr.).

Am 28.8. meldet sich die erkrankte Mitarbeiterin um eine weitere Woche krank. Somit kann sie erst am 10.9. die Arbeit wieder aufnehmen. Die Aushilfe ist erneut bereit, das Arbeitsverhältnis bis zum Ende der Erkrankung der Vollzeitkraft und somit bis zum 7.9. (Freitag) zu verlängern.

Welchen Einfluss haben die beiden nachträglichen Verlängerungen des Beschäftigungsverhältnisses auf die lohnsteuer- und sozialversicherungsrechtliche Behandlung?

Lösung

Das ursprünglich abgeschlossene befristete Arbeitsverhältnis vom 1.7.-16.8. erfüllt die sozialversicherungsrechtlichen Voraussetzungen einer kurzfristigen Beschäftigung. Die Tätigkeit wird nicht berufsmäßig ausgeübt, sie ist von vornherein auf weniger als 2 Monate pro Kalenderjahr begrenzt. Da die Aushilfe an 5 Tagen pro Woche arbeitet, ist allein die Zweimonatsfrist maßgebend. Bei der Einstellung der Mitarbeiterin am 1.7. wird sie bei der Minijob-Zentrale der Deutschen Rentenversicherung Knappschaft-Bahn-See angemeldet, der Personengruppenschlüssel lautet 110, der Beitragsgruppenschlüssel 0000.

Die erste Verlängerung des Beschäftigungsverhältnisses bis zum 31.8. ändert an dieser Beurteilung nichts. Auch die Beschäftigungsdauer vom 1.7.-31.8. liegt noch innerhalb der Zweimonatsgrenze und bleibt damit als kurzfristige Beschäftigung weiterhin sozialversicherungsfrei. In der Praxis wird sich lediglich die Abmeldung bei der Deutschen Rentenversicherung Knappschaft-Bahn-See auf den 31.8. verschieben, eine Ummeldung ist nicht erforderlich.

Von erheblicher Bedeutung ist die weitere Verlängerung, die am 28.8. mit der Aushilfe vereinbart wird. Mit der Verlängerung der Beschäftigung bis zum 7.9. ist die Zweimonatsfrist für das Kalenderjahr überschritten. Damit liegt keine sozialversicherungsfreie kurzfristige Beschäftigung mehr vor. Der Wegfall der Voraussetzungen für eine kurzfristige Beschäftigung ergibt sich zum Zeitpunkt der Vereinbarung vom 28.8., sodass bereits ab diesem Tag die Beschäftigung sozialversicherungspflichtig wird. Eine geringfügig entlohnte Beschäftigung scheidet wegen der Lohnhöhe von regelmäßig mehr als 400 EUR monatlich aus.

Ab der erneuten Verlängerung am 28.8. ist die Beschäftigung sozialversicherungspflichtig. Für den Zeitraum vom 1.7.-27.8. bleibt es dagegen bei der Beurteilung als sozialversicherungsfreie kurzfristige Beschäftigung. Bis einschließlich 27.8. liegen die Voraussetzungen für eine sozialversicherungsfreie kurzfristige Beschäftigung vor. Zum 27.8. muss die Aushilfe vom Arbeitgeber bei der Deutschen Rentenversicherung Knappschaft-Bahn-See abgemeldet und zum 28.8. bei der zuständigen Krankenkasse als versicherungspflichtig Beschäftigte angemeldet werden. Der Personengruppenschlüssel lautet 101, der Beitragsgruppenschlüssel 1111.

Die Besteuerung der Aushilfstätigkeit muss in jedem Fall über die Lohnsteuerkarte erfolgen. Die Voraussetzungen für eine steuerliche kurzfristige Beschäftigung sind nicht erfüllt, da die Zeitgrenze von 18 zusammenhängenden Arbeitstagen deutlich überschritten wurde. Eine Lohnsteuerpauschalierung im Zusammenhang mit der geringfügigen Beschäftigung scheidet somit aus.

Praxis-Tipp

Der Arbeitgeber sollte darauf achten, dass er sowohl den Zeitpunkt als auch den Anlass für die Verlängerung des Arbeitsverhältnisses schriftlich niederlegt. Mit der Arbeitnehmerin sollten in jedem Fall vor Beginn des Arbeitsverhältnisses schriftliche Vereinbarungen getroffen werden. Der Abschluss eines schriftlichen Arbeitsvertrags ist bereits aus arbeitsrechtlichen Gründen notwendig, da die Vorschriften des Teilzeit- und Befristungsgesetzes beachtet werden müssen. Nach § 2 Nachweisgesetz (NachwG) sind spätestens nach einem Monat nach dem vereinbarten Beginn des Arbeitsverhältnisses, die wesentlichen Vertragsbedingungen schriftlich niederzulegen.

25.5 Kurzfristige Beschäftigung, Zeitgrenze überschritten

Sachverhalt

Eine Hausfrau übernimmt Krankheits- oder Urlaubsvertretungen für verschiedene Pflegedienste, die jeweils nur von kurzfristiger Dauer sind.

- Beim Pflegedienst C macht sie Urlaubsvertretung befristet vom 1.8.-2.9. (33 Kalendertage). Die Aushilfe hat hierbei eine 6-Tage-Woche. Die Vergütung beim Pflegedienst erfolgt nach geleisteten Arbeitsstunden, der Stundenlohn beträgt 11 EUR. Die Beteiligten gehen von monatlichen Arbeitszeiten zwischen 120 und 140 Stunden aus.

Sie hat nach eigenen Angaben im Kalenderjahr folgende Vorbeschäftigungszeiten:

- beim Pflegedienst A vom 2.1.-25.1. (24 Kalendertage),
- beim Pflegedienst B vom 31.3.-15.4. (16 Kalendertage).

Beschäftigt war sie hier jeweils 6 Tage in der Woche.

Wie ist die Tätigkeit beim Pflegedienst C lohnsteuer- und sozialversicherungsrechtlich zu behandeln?

Lösung

Die Aushilfsbeschäftigung beim Pflegedienst C erfüllt nicht die Voraussetzungen für eine sozialversicherungsfreie kurzfristige Beschäftigung. Die Arbeitnehmerin ist bei der zuständigen Krankenkasse als sozialversicherungspflichtige Beschäftigte anzumelden, der Personengruppenschlüssel lautet 101, der Beitragsgruppenschlüssel 1111.

Eine kurzfristige Beschäftigung beim Pflegedienst C scheidet aus, weil die maximale Beschäftigungsdauer aufgrund der Vorbeschäftigungszeiten für dieses Kalenderjahr überschritten wird. Bei Beginn der Beschäftigung beim Pflegedienst C steht fest, dass die Beschäftigungsdauer 33 Kalendertage erreichen wird. Zusammen mit den 24 Kalendertagen beim Pflegedienst A und den 16 Kalendertagen beim Pflegedienst B ergeben sich 73 Kalendertage. Da die Arbeitnehmerin an mindestens 5 Tagen pro Woche tätig ist, gilt die Zeitgrenze von 2 Monaten pro Kalenderjahr, das ergibt 60 Kalendertage. Auch eine geringfügig entlohnte Beschäftigung scheidet wegen der Lohnhöhe von deutlich mehr als 400 EUR pro Monat aus. Damit ist die Beschäftigung beim Pflegedienst C von vornherein als sozialversicherungspflichtige Beschäftigung anzusehen.

Die Besteuerung hat zwingend nach den Merkmalen der Lohnsteuerkarte zu erfolgen (ggf. Lohnsteuerklasse VI). Eine Pauschalbesteuerung ist nicht möglich, da die steuerlichen Voraussetzungen für eine kurzfristige Beschäftigung (nicht mehr als 18 zusammenhängende Arbeitstage, maximal 62 EUR Tageslohn) nicht erfüllt sind.

Hinweis

Der Arbeitgeber ist stets verpflichtet nach Vorbeschäftigungen im laufenden Kalenderjahr zu fragen. Die schriftliche Abfrage ist hierbei vom Arbeitgeber als Nachweis zu den Lohnunterlagen der Aushilfsbeschäftigten zu nehmen. Kommt der Arbeitgeber seiner Pflicht nicht im gesetzlich vorgeschriebenen Maß nach, können vom Arbeitgeber Sozialversicherungsbeiträge ab Beginn der Beschäftigung nachgefordert werden. Die anfallenden Sozialversicherungsbeiträge werden in diesem Fall in voller Höhe vom Arbeitgeber nacherhoben, da dieser Schuldner des Gesamtsozialversicherungsbeitrags ist.

25.6 Kurzfristige Beschäftigung, Vorbeschäftigungszeiten verschweigen

Sachverhalt

Vom 1.8.-30.9. wird eine Aushilfskraft als Urlaubsvertretung eingestellt. Die Mitarbeiterin arbeitet jeweils 5 Tage pro Woche, die Arbeitszeit beträgt 1,5 Stunden pro Tag, der Stundenlohn 10 EUR. Der Monatslohn liegt demzufolge zwischen 310 EUR und 330 EUR.

Die Aushilfskraft teilt dem Arbeitgeber auf einem Fragebogen mit, dass sie im laufenden Jahr keine Vorbeschäftigungen hatte. Der Arbeitgeber meldet die Aushilfe daraufhin als kurzfristig Beschäftigte mit dem Personengruppenschlüssel 110 und Beitragsgruppenschlüssel 0000 an.

Im Rahmen einer Sozialversicherungsprüfung stellt sich heraus, dass die Aushilfe entgegen den Aussagen im Fragebogen im maßgebenden Jahr bei einem anderen Arbeitgeber bereits an 58 Kalendertagen beschäftigt war und dabei ein Monatsentgelt von 720 EUR bezogen hat. Im Rahmen einer Prüfung verweigert der Sozialversicherungsprüfer die Anerkennung der kurzfristigen Beschäftigung.

Handelt es sich bei der Urlaubsvertretung vom 1.8.-30.9. um eine kurzfristige Beschäftigung?

Lösung

Die Beschäftigung der Aushilfe vom 1.8.-30.9. erfüllt nicht die Voraussetzungen einer sozialversicherungsfreien kurzfristigen Beschäftigung. Zusammen mit der Vorbeschäftigung von 58 Kalendertagen und der aktuellen Beschäftigung mit 59 Kalendertagen ist die Zweimonatsfrist (60 Kalendertage) deutlich überschritten. Da der Arbeitgeber jedoch seiner Pflicht nachgekommen ist, das Beschäftigungsverhältnis korrekt zu beurteilen (Nachfrage nach Vorbeschäftigungen und Dokumentation in einem Fragebogen), kann der Prüfer Sozialversicherungspflicht lediglich für die Zukunft und nicht rückwirkend feststellen.

Wegen der geringen Lohnhöhe von weniger als 400 EUR pro Monat erfüllt die Beschäftigung jedoch die Voraussetzungen einer geringfügig entlohnten Beschäftigung. Dadurch spielen Vorbeschäftigungszeiten im maßgebenden Jahr keine Rolle; es erfolgt auch keine Zusammenrechnung einer geringfügig entlohnten Beschäftigung mit der vorher ausgeübten kurzfristigen Beschäftigung.

Die Beschäftigung kann deshalb als geringfügig entlohnte Beschäftigung sozialversicherungsfrei bleiben. Der Arbeitgeber hat allerdings die pauschalen Sozialversicherungsbeiträge in Höhe von 15% zur Rentenversicherung und 13% pauschale Krankenversicherungsbeiträge sowie 2% einheitliche Pauschsteuer an die Deutschen Rentenversicherung Knappschaft-Bahn-See abzuführen.

25.7 Kurzfristige Beschäftigung, Pauschalbesteuerung

Sachverhalt

Ein Arbeitnehmer wird kurzfristig und ausschließlich für drei Wochen vom 2.1.-20.1.2012, nicht regelmäßig wiederkehrend, bei einer Spedition als Ladehilfe beschäftigt. Er arbeitet an 5 Tagen in der Woche jeweils 6 Stunden (wöchentlich 30 Stunden). Der Arbeitslohn beträgt wöchentlich 300 EUR, für die gesamte Beschäftigungszeit 900 EUR (3 Wochen x 300 EUR).

Kann diese Beschäftigung als kurzfristig behandelt werden?

Lösung

Eine Pauschalierung der Lohnsteuer mit 25 % ist im vorliegenden Fall möglich, da die Beschäftigungszeit vom 2.1.-20.1.2012 lediglich 15 Arbeitstage beträgt. Der Arbeitslohn übersteigt nicht 62 EUR je Arbeitstag (900 EUR : 15 = 60 EUR). Der Stundenlohn übersteigt nicht 12 EUR (30 Stunden x 3 Wochen = 90 Stunden insgesamt; 900 EUR : 90 Std. = 10 EUR/Std.).

Eine kurzfristige Beschäftigung im lohnsteuerlichen Sinn liegt nach § 40a Abs. 1 EStG dann vor, wenn der Arbeitnehmer nur eine gelegentliche (nicht regelmäßig wiederkehrende) Tätigkeit ausübt, die über 18 zusammenhängende Arbeitstage nicht hinausgeht. Neben der kurzfristigen Dauer der Beschäftigung von maximal 18 zusammenhängenden Arbeitstagen, darf der Tageslohn nicht über 62 EUR liegen. Zudem ist der Stundenlohn auf höchstens 12 EUR beschränkt

Hinweis

Die Pauschalsteuer in Höhe von 25 % für kurzfristige Beschäftigungen sowie die darauf entfallende pauschale Kirchensteuer und der Solidaritätszuschlag sind bei dem zuständigen Betriebsstättenfinanzamt mit einer Lohnsteuer-Anmeldung und nicht bei der Minijobzentrale anzumelden.

26 Lohnsteuer-Anmeldung

26.1 Lohnsteuer-Anmeldung, monatliche

Sachverhalt

Eine Firma führt die Lohnsteuer-Anmeldung für Januar durch. Insgesamt wurden den zehn Mitarbeitern für den Monat Januar Arbeitslöhne in Höhe von 30.000 EUR ausgezahlt.

Es wurde Lohnsteuer in Höhe von 10.000 EUR und Kirchensteuer in Höhe von 700 EUR einbehalten. Von der Kirchensteuer entfallen 300 EUR auf evangelische Mitarbeiter und 400 EUR auf römisch-katholische.

Zudem wurden 550 EUR Solidaritätszuschlag einbehalten.

Die Firma verfügt über kein elektronisches Lohnabrechnungsprogramm.

Wie muss die Lohnsteuer-Anmeldung erstellt werden?

Lösung

Obwohl die Firma kein elektronisches Lohnabrechnungsprogramm hat, ist sie verpflichtet, die Lohnsteuer-Anmeldung für die Firma monatlich zu erstellen und dem zuständigen Finanzamt elektronisch zu übermitteln. Die entsprechende Software stellt die Finanzverwaltung unter www.elster.de in der jeweils aktuellen Version kostenlos zur Verfügung.

Nach der Installation muss der Vordruck Lohnsteuer-Anmeldung geöffnet und ausgefüllt werden.

Dazu sind oben die

- Steuernummer der Firma sowie die Anschrift einzugeben.
- Auf der rechten Seite muss angekreuzt werden, dass es sich um die Anmeldung für den Monat Januar handelt.

Jeweils rechts neben den entsprechenden Kennziffern sind folgende Eintragungen vorzunehmen (ohne Tausenderpunkt und Währungsangaben; die Nachkommastellen müssen immer mit eingegeben werden):

- Kennziffer 86: Zahl der Arbeitnehmer: 10
- Kennziffer 42: Summe der einzubehaltenden Lohnsteuer: 10000,00
- Kennziffer 48: Verbleiben: 10000,00 (diese Kennziffer füllt das Programm automatisch aus)
- Kennziffer 49: Solidaritätszuschlag: 550,00
- Kennziffer 61: Evangelische Kirchensteuer: 300,00
- Kennziffer 62: Römisch-katholische Kirchensteuer: 400,00
- Kennziffer 83: Gesamtbetrag: 11250,00 (diese Kennziffer füllt das Programm automatisch aus)

Die Lohnsteuer-Anmeldung muss dem Finanzamt bis spätestens 10.2. übermittelt werden. Bis dahin ist auch der Betrag von 11.250 EUR an das Finanzamt zu zahlen.

Hinweis

Statt am Tag des Eingangs bei der Finanzbehörde gilt die Zahlung bei Scheckzahlung erst drei Tage danach als geleistet. Ein Verrechnungsscheck muss also schon drei Tage vor dem eigentlichen Fälligkeitszeitpunkt beim Finanzamt eintreffen.

26.2 Lohnsteuer-Anmeldung, pauschale Lohnsteuer

Sachverhalt

Ein Unternehmen erstellt die Lohnsteuer-Anmeldung an das Finanzamt.

Für Januar sind bei den 100 festen Mitarbeitern folgende Steuerabzüge vorgenommen worden:

- Lohnsteuer 94.000 EUR, darin sind 4.000 EUR pauschale Lohnsteuer enthalten,
- Kirchensteuer 6.280 EUR, davon entfallen 4.000 EUR auf evangelische Mitarbeiter und 2.000 EUR auf römisch-katholische und 280 EUR auf pauschal besteuerte Lohnbestandteile,
- einbehaltener Solidaritätszuschlag 5.170 EUR, davon entfallen 220 EUR auf pauschal besteuerte Lohnbestandteile.

Wegen des großen Arbeitsanfalls hat der Arbeitgeber im vergangenen Monat zusätzlich zehn Minijobber mit einem Gesamtverdienst von 3.500 EUR beschäftigt.

Wie muss anhand dieser Angaben die elektronische Lohnsteuer-Anmeldung erstellt werden?

Lösung

Die vorgenommenen Steuerabzüge müssen bis zum 10.2. angemeldet und an das für den Arbeitgeber zuständige Finanzamt abgeführt werden. Pauschale Lohnsteuer ist gesondert anzumelden.

Es sind folgende Eintragungen vorzunehmen (ohne Tausenderpunkt und Währungsangaben; die Nachkommastellen müssen immer mit eingegeben werden):

- Kennziffer 42: Summe der einzubehaltenden Lohnsteuer: 90000,00
- Kennziffer 41: Summe der pauschalen Lohnsteuer: 4000,00
- Kennziffer 49: Solidaritätszuschlag: 5170,00 (eine gesonderte Eintragung des auf die Pauschalsteuer entfallenden Solidaritätszuschlags ist nicht erforderlich)
- Kennziffer 47: Pauschale Kirchensteuer im vereinfachten Verfahren: 280,00 (die Aufteilung der pauschalen Kirchensteuer auf die erhebungsberechtigten Religionsgemeinschaften wird vom Finanzamt vorgenommen)
- Kennziffer 61: Evangelische Kirchensteuer: 4000,00
- Kennziffer 62: Römisch-katholische Kirchensteuer: 2000,00
- Kennziffer 86: Arbeitnehmerzahl der Firma: 110 (die Minijobber sind bei der Berechnung der Mitarbeiterzahl mitzurechnen.)

  Die auf die Entlohnung der Minijobber entfallende 2-%-ige Pauschalsteuer ist nicht in die anzumeldende und abzuführende Lohnsteuer einzubeziehen. Für die Minijobber werden Pauschalabgaben in Höhe von 30 % für Sozialversicherungsbeiträge und Steuern erhoben. Für den Januar sind insgesamt 1.050 EUR abzuführen. Dieser Betrag ist an die Minijob-Zentrale anzumelden und abzuführen. In der Lohnsteuer-Anmeldung tauchen diese Beträge nicht auf.

26.3 Lohnsteuer-Anmeldung, Korrektur

Sachverhalt

Die Lohnsteuer für April wurde für 50 Mitarbeiter einer Firma zum 10.5.2011 angemeldet und abgeführt. In der Meldung waren folgende Beträge enthalten:

- Summe der einzubehaltenden Lohnsteuer: 50.000 EUR
- Solidaritätszuschlag: 2.750 EUR
- Evangelische Kirchensteuer: 2.400 EUR
- Römisch-katholische Kirchensteuer: 2.100 EUR

Es wird nun festgestellt, dass die bisher abgeführten Steuerabzugsbeträge zu gering waren. Bei der Lohnsteuer-Anmeldung wurden der geldwerte Vorteile eines Mitarbeiters in Höhe von insgesamt 5.000 EUR übersehen. Die darauf entfallende Lohnsteuer, die zwar einbehalten, aber nicht abgeführt wurde, beträgt 1.500 EUR. Der Mitarbeiter gehört keiner Kirche an.

Wie wird eine entsprechende Korrektur vorgenommen?

Lösung

Für April muss eine berichtigte Lohnsteuer-Anmeldung abgegeben werden. Auch diese erfolgt elektronisch. Weil es sich um eine geänderte Anmeldung handelt, muss in der

- Kennziffer 10 „Berichtigte Anmeldung" eine 1 eingetragen werden. Dadurch kann das Finanzamt erkennen, dass es sich um eine Korrektur handelt.

Bei der Korrektur müssen Eintragungen auch in den Zeilen vorgenommen werden, in denen sich keine Änderungen ergeben.

Es sind deshalb folgende Eintragungen vorzunehmen (ohne Tausenderpunkt und Währungsangaben; die Nachkommastellen müssen immer mit eingeben werden):

- Kennziffer 86: Zahl der Arbeitnehmer: 50
- Kennziffer 42: Summe der einzubehaltenden Lohnsteuer: 51.500
- Kennziffer 49: Solidaritätszuschlag: 2.832,50 (der bisher abgeführte Zuschlag ist um 5,5 % des sonstigen Bezugs von 1.500 EUR um 82,50 EUR zu erhöhen)

- Kennziffer 61: Evangelische Kirchensteuer: 2.400
- Kennziffer 62: Römisch-katholische Kirchensteuer: 2.100

  Die Kirchensteuerwerte ändern sich nicht, weil der Mitarbeiter keiner Kirche angehört.

Der Grund für die Berichtigung muss dem Finanzamt gesondert formlos mitgeteilt werden. Gründe für eine Berichtigung können auch Zahlendreher oder das Vergessen einer Eingabe sein.

Hinweis

Eine Änderung der Lohnsteuer-Anmeldungen kommt nur solange in Betracht, wie das Steuerabzugsverfahren für den Mitarbeiter noch nicht abgeschlossen ist. Spätestens mit der Erstellung der elektronischen Lohnsteuerbescheinigung bleibt eine Korrektur ausschließlich dem Finanzamt vorbehalten. Um in diesen Fällen einer Haftung zu entgehen, muss der unzutreffende Lohnsteuerabzug unverzüglich dem Betriebsstättenfinanzamt mitgeteilt werden. Eine Steuernachforderung ist damit nur noch beim Mitarbeiter im Rahmen seiner Einkommensteuerveranlagung möglich.

27 Lohnsteuer-Ermäßigungsverfahren

27.1 Lohnsteuer-Ermäßigungsverfahren, Freibetrag (Eintragung unterjährig)

Sachverhalt

Ein Mitarbeiter hat Lohnsteuerklasse I und bezieht einen monatlichen Bruttolohn in Höhe von 2.500 EUR. Er möchte einen Freibetrag für den Lohnsteuerabzug beantragen, weil er gehört hat, dass dadurch die Lohnsteuerbelastung erheblich abgesenkt werden könnte. Am 22. Juni legt der Mitarbeiter einen Ausdruck seiner Lohnsteuerabzugsmerkmale vor, die nun tatsächlich einen Freibetrag enthalten. Das Finanzamt hat einen Jahresfreibetrag von 1.200 EUR ermittelt, der ab dem 01.07.2012 gelten soll..

Die Lohnabrechnung für den Monat Mai muss deshalb ohne Lohnsteuerkarte durchgeführt werden.

Nach welcher Lohnsteuerklasse ist der Mitarbeiter in den Monaten Juni und Juli zu besteuern und wie hoch ist in den einzelnen Monaten der verbleibende steuerpflichtige Arbeitslohn?

Lösung

- Der Lohnsteuerabzug darf in allen Monaten nach der Lohnsteuerklasse I vorgenommen werden.
- Für Juni ist noch der Bruttolohn in voller Höhe von 2.500 EUR zu versteuern , obwohl bereits eine Bescheinigung mit Freibetrag vorliegt.
- Für Juli kann erstmals der Freibetrag berücksichtigt werden, da das Finanzamt als Gültigkeitsbeginn den 1.7. eingetragen hat. Der Bruttolohn ist deshalb vor Ablesen der Lohnsteuer aus der Lohnsteuertabelle um 200 EUR zu kürzen. Ab Juli ist monatlich nur noch ein Arbeitslohn in Höhe von 2.300 EUR zu versteuern.

Praxis-Tipp

Für das Jahr 2012 ergibt sich die Besonderheit, dass wegen des geplanten Übergangs auf das elektronische Lohnsteuerabzugsverfahren keine neuen Lohnsteuerkarten mehr ausgestellt worden sind. Die Lohnsteuerkarte 2010 mit einem evtl. darauf eingetragenen Freibetrag gilt bis dahin weiter.

Hinweis

Der Jahresfreibetrag wird vom Finanzamt gleichmäßig auf den Zeitraum vom Beginn des auf die Antragstellung folgenden Kalendermonats bis zum Schluss des Kalenderjahrs verteilt. Maßgebend ist dabei der Tag des Eingangs des Antrags und nicht der Tag der Bearbeitung durch das Finanzamt.

27.2 Lohnsteuer-Ermäßigungsverfahren, Freibetrag (Kirchensteuer)

Sachverhalt

Ein Arbeitnehmer hat einen Arbeitsweg von 10 Kilometern, den er im Schnitt an 220 Tagen jährlich zurücklegt. Er ist Mitglied in der evangelischen Kirche und hat die Steuerklasse I. Im Jahr zahlt er insgesamt 1.200 EUR Kirchensteuern. Anfang des Jahres möchte er einen Freibetrag für den Lohnsteuerabzug bilden lassen, um seine Steuerbelastung zu senken.

Kann er einen Freibetrag beantragen und wie hoch wäre dieser?

Lösung

Aufwendungen für die Fahrten zur Arbeit können in Höhe der Entfernungspauschale von derzeit 0,30 EUR für die Wegstrecke von 10 Kilometern berücksichtigt werden:

- 220 Tage × 10 Kilometer × 0,30 EUR = 660 EUR

Diese Aufwendungen übersteigen nicht den ohnehin in die Lohnsteuertabellen eingearbeiteten Arbeitnehmerpauschbetrag in Höhe von 1.000 EUR.

Allerdings können auch sog. Sonderausgaben zur Eintragung eines Freibetrags führen. Dafür kommt insbesondere gezahlte Kirchensteuer in Betracht, die als Sonderausgabe in unbegrenzter Höhe eingetragen werden kann. Einzige Voraussetzung ist, dass der Sonderausgaben-Pauschbetrag von 36 EUR überschritten wird. Dies ist hier der Fall, weil die Kirchensteuer - bei in etwa gleich bleibendem Bruttolohn - mit 1.200 EUR angesetzt werden kann.

Überschritten ist auch die sog. Antragsgrenze von 600 EUR, bis zu der das Finanzamt generell keine Freibeträge bildet.

Der Mitarbeiter kann sich somit einen Freibetrag in Höhe von 1.200 EUR als Lohnsteuerabzugsmerkmal bilden lassen. Das Finanzamt wird dem Arbeitnehmer einen Ausdruck der geänderten Lohnsteuerabzugsmerkmale zur Vorlage beim Arbeitgeber aushändigen. Monatlich verringert sich dadurch der steuerpflichtige Arbeitslohn um 100 EUR. Durchschnittlich würde dies zu einer Lohnsteuerentlastung von etwa 30 EUR monatlich führen.

Praxis-Tipp

Für das Jahr 2012 ergibt sich die Besonderheit, dass wegen des geplanten Übergangs auf das elektronische Lohnsteuerabzugsverfahren keine neuen Lohnsteuerkarten mehr ausgestellt worden sind. Ein bereits im Jahr 2010 oder 2011 auf der Karte eingetragener Freibetrag gilt ohne erneuten Antrag weiter. Alternativ kann auch ein erstmaliger Freibetrag oder eine Änderung beantragt werden.

27.3 Lohnsteuer-Ermäßigungsverfahren, Freibetrag (Fahrtkosten bei Ehepaar)

Lösung

Ein Mitarbeiter hat einen Arbeitsweg von 20 Kilometern, den er im Schnitt an 220 Tagen jährlich zurücklegt. Seine Ehefrau ist ebenfalls berufstätig und legt - gemeinsam mit ihrem Mann - an 220 Tagen eine Strecke von 18 Kilometern zur Arbeit zurück. Beide sind konfessionslos. Der Mitarbeiter möchte Anfang des Jahrs einen Freibetrag für den Lohnsteuerabzug ermitteln lassen.

Ist das möglich und wie hoch wäre der Freibetrag?.

Lösung

Die steuerliche Abzugsfähigkeit von Fahrten zur Arbeit richtet sich nach den Regeln der Entfernungspauschale.

Bei dem Mitarbeiter wären demnach folgende Aufwendungen zu berücksichtigen:

- 220 Tage × 20 Kilometer × 0,30 EUR = 1.320 EUR
- Der Arbeitnehmerpauschbetrag von 1.000 EUR ist überschritten. Die Differenz von 320 EUR könnte grds. als Freibetrag eingetragen werden.

Allerdings ist hier die Antragsgrenze von 600 EUR noch nicht überschritten.

Auch bei der Ehefrau werden die Aufwendungen für die Fahrten zur Arbeit nochmals berücksichtigt, obwohl sie mit ihrem Ehemann eine Fahrgemeinschaft bildet:

- 220 Tage × 18 Kilometer × 0,30 EUR = 1.188 EUR

Bei der Ehefrau ist der Arbeitnehmer-Pauschbetrag um 188 EUR überschritten.

- Gemeinsam erreicht das Ehepaar eintragungsfähige Kosten in Höhe von 508 EUR.

Damit ist die Eintragung eines Freibetrags auf der Lohnsteuerkarte nicht möglich, obwohl die Antragsgrenze von 600 EUR bei Ehegatten nicht verdoppelt wird.

27.4 Lohnsteuer-Ermäßigungsverfahren, Hinzurechnungsbetrag (Auszubildende)

Sachverhalt

Ein Auszubildender beginnt am 1.9.2012 seine Ausbildung. Seine Lehrlingsvergütung beträgt im ersten Lehrjahr 600 EUR monatlich. An den Wochenenden legt er seit Jahren an zwei Samstagen im Monat in einer Diskothek Platten auf. Bei seiner Einstellung hat er die Nebentätigkeit angegeben und diese ist vom Arbeitgeber ausdrücklich genehmigt worden.

Die Diskothek zahlt ihm eine monatliche Vergütung von 200 EUR. Er hat dort – auf Wunsch des Betreibers – seine Lohnsteuerkarte 2010 mit der Steuerklasse I vorgelegt.

Für das Ausbildungsverhältnis hat er auf Hinweis eine zweite Lohnsteuerkarte beantragt. Weil für 2012 keine neuen Lohnsteuerkarten mehr ausgeteilt werden, hat ihm das Finanzamt eine sog. Ersatzbescheinigung ausgestellt, auf der die Lohnsteuerklasse VI bescheinigt wurde.

Bei der ersten Abrechnung hat der Auszubildende erstaunt festgestellt, dass von seiner Ausbildungsvergütung Steuern einbehalten worden sind.

Besteht eine Möglichkeit, die Lohnsteuer zu vermeiden, weil er doch am Jahresende wohl ohnehin alles zurückbekommt?

Lösung

Es gibt die Möglichkeit, beim Finanzamt einen sog. Hinzurechnungsbetrag zu beantragen. In Betracht kommt dies für Mitarbeiter mit mehr als einem Dienstverhältnis und geringem Jahresarbeitslohn aus dem ersten Dienstverhältnis. Diese können die teilweise Übertragung des Grundfreibetrags, der beim Lohnsteuerabzug gewährt wird, auf die Steuerklasse VI beantragen.

2012 bleibt in der Steuerklasse I ein Arbeitslohn von bis zu 10.871 EUR unbesteuert, das sind rd. 900 EUR monatlich.

Der Auszubildende erhält in der Diskothek jedoch nur eine Vergütung von 200 EUR. Deshalb kann beim Finanzamt ein Hinzurechnungsbetrag beantragt werden. Die Höhe der Hinzurechnung kann der Mitarbeiter bis zum Höchstbetrag frei bestimmen. Angebracht erscheint hier ein Hinzurechnungsbetrag von 600 EUR monatlich.

Durch den Hinzurechnungsbetrag für den Lohnsteuerabzug bleibt die Vergütung aus der Diskothek weiterhin unbesteuert. Zwar liest der Betreiber nunmehr die Lohnsteuer für einen Lohn von 200 EUR zuzüglich 600 EUR Hinzurechnung gleich 800 EUR monatlich ab, aber dafür fällt immer noch keine Lohnsteuer in der Steuerklasse I an..

Beim Ausbildungsdienstverhältnis mit der Steuerklasse VI wird nun im Gegenzug ein Freibetrag in Höhe von 600 EUR monatlich berücksichtigt. Dadurch bleibt auch die Ausbildungsvergütung – trotz der ungünstigen Steuerklasse – in voller Höhe steuerunbelastet. Nach Abzug des Freibetrags beträgt der steuerpflichtige Arbeitslohn des Auszubildenden 0 EUR.

Praxis-Tipp

Ein Hinzurechnungsbetrag kann insbesondere auch bei der Beschäftigung von Studenten oder Pensionären in Betracht kommen.

Hinweis

Die Beantragung eines Hinzurechnungsbetrags erfolgt mit einem sog. Lohnsteuerermäßigungsantrag, der beim Wohnsitz-Finanzamt des Mitarbeiters einzureichen ist. Weil es für 2012 keine neuen Lohnsteuerkarten mehr gibt und die elektronischen Lohnsteuerabzugsmerkmale noch nicht zur Anwendung kommen, erteilt das Finanzamt bei Beantragung eines Hinzurechnungsbetrags einen Ausdruck der geänderten Lohnsteuerabzugsmerkmale für die beiden Beschäftigungsverhältnisse.

28 Lohnsteuer-Jahresausgleich

28.1 Lohnsteuer-Jahresausgleich durch den Arbeitgeber, keine Steuernachforderung

Sachverhalt

Ein Mitarbeiter mit Steuerklasse I/0 erhält monatlich 3.000 EUR brutto.

Im April 2011 erhält er eine Erfolgsprämie in Höhe von 2.500 EUR, die als sonstiger Bezug ordnungsgemäß versteuert wird.

Zum 1.10.2011 erhöht sich sein Arbeitslohn auf 4.000 EUR im Monat.

Das Steuerbrutto des Arbeitnehmers beträgt damit im Kalenderjahr 2011 insgesamt 41.500 EUR.

Der Arbeitgeber hat insgesamt 30 Mitarbeiter, das Entgeltabrechnungsprogramm führt automatisch einen Lohnsteuer-Jahresausgleich durch den Arbeitgeber durch.

Ist der Lohnsteuer-Jahresausgleich durch den Arbeitgeber zulässig und wie sieht der Vergleich zwischen einbehaltenen Steuerbeträgen und tatsächlicher Jahreslohnsteuer aus?

Lösung

Der Lohnsteuer-Jahresausgleich durch den Arbeitgeber ist insgesamt zulässig, da der Arbeitgeber mehr als 10 Mitarbeiter hat (§ 42b Abs. 1 Satz 2 EStG).

Auch nach den Lohndaten des Arbeitnehmers ist ein Lohnsteuer-Jahresausgleich zulässig, da kein Steuerklassenwechsel im Jahr 2011 erfolgt ist, keine Steuerklassenkombination III/V vorliegt und der Arbeitnehmer durchgängig das gesamte Jahr beschäftigt war (§ 42b Abs. 1 Satz 4 EStG).

Beim Vergleich der vom Entgeltabrechnungsprogramm zutreffend einbehaltenen Lohnsteuer mit der tatsächlichen Jahreslohnsteuer zeigt sich, dass bei diesem Arbeitnehmer im Laufe des Jahrs zu wenig Lohnsteuer, Solidaritätszuschlag und Kirchensteuer einbehalten wurde. Hier ergibt sich die „Nachzahlung" aus der Kombination aus Lohnerhöhung von 3.000 EUR auf 4.000 EUR ab Oktober 2012 und der Abrechnung eines sonstigen Bezugs im April 2012.

Bei der Ermittlung der Lohnsteuer vom sonstigen Bezug geht das Lohnprogramm zutreffend von einem laufenden Jahresarbeitslohn von 36.000 EUR (3.000 EUR × 12) aus. Dazu wird die Jahreslohnsteuer aus 36.000 EUR und aus 38.500 EUR (36.000 EUR + 2.500 EUR) ermittelt. Tatsächlich liegt der Jahresarbeitslohn jedoch bei 41.500 EUR (9 × 3.000 EUR + 2.500 EUR + 3 × 4.000 EUR). Die Lohnerhöhung ab Oktober 2012 führt durch die Progressionswirkung des Steuertarifs zu einer deutlichen Erhöhung der Jahreslohnsteuer. Ab Oktober erhöht sich der monatliche Lohnsteuerabzug (468,33 EUR bei 3.000 EUR, 766,16 EUR bei 4.000 EUR), dieser erhöhte Lohnsteuerabzug reicht aus, um die zusätzliche Lohnsteuer aufzuholen..

Die Berechnung im Einzelnen ergibt sich aus folgender Tabelle:

	Tatsächlich einbehaltene Steuerbeträge	Steuerbeträge laut Jahreslohnsteuer-Berechnung	Differenz (-) zuwenig einbehalten
Arbeitslohn/Jahr	41.500,00 EUR	41.500,00 EUR	
Lohnsteuer	7.166,00 EUR	7.224,45 EUR	- 58,45 EUR
Solidaritätszuschlag	394,13 EUR	397,24 EUR	-3,11 EUR
Kirchensteuer	573,28 EUR	577,89 EUR	-4,61 EUR

Die Erstattung der Lohnsteuer beträgt 58,45 EUR, für den Solidaritätszuschlag 3,11 EUR und für die Kirchensteuer 4,61 EUR.

Nachzahlungen werden im Rahmen des Lohnsteuer-Jahresausgleichs durch den Arbeitgeber nicht berücksichtigt. Lohnsteuer, Solidaritätszuschlag und Kirchensteuer werden im Rahmen des Lohnsteuer-Jahresausgleichs nicht nacherhoben, da der Lohnsteuer-Jahresausgleich eine Regelung zugunsten des Arbeitnehmers ist, um eine zu hohe Lohnsteuerbelastung – bezogen auf den Jahresarbeitslohn – auszuschließen.

Wurde im Laufe des Jahrs zu wenig Lohnsteuer einbehalten, muss der Arbeitgeber prüfen, woher die Differenz stammt:

- Wurde beim Lohnsteuerabzug insgesamt ein Fehler gemacht, muss die Lohnsteuer mit der nächstmöglichen Abrechnung vom Arbeitgeber nacherhoben werden. Ist dies nicht möglich, weil der Arbeitnehmer z. B. ausgeschieden ist, oder das Lohnsteuerverfahren für das laufende Jahr bereits abgeschlossen wurde (Jahreswechsel), muss der Arbeitgeber den Fehler beim Lohnsteuerabzug unverzüglich dem Betriebsstättenfinanzamt anzeigen (§ 41c Abs. 4 Satz 1 EStG). Das Finanzamt kann Beträge über 10 EUR vom Arbeitnehmer nachfordern (§ 41c Abs. 4 Satz 2 EStG)

- Ist der Lohnsteuerabzug zutreffend vorgenommen worden, besteht für den Arbeitgeber keine Verpflichtung zur Nacherhebung der Lohnsteuer und Annexsteuern. In diesem Fall wird die Lohnsteuer im Rahmen der Einkommensteuerveranlagung des Arbeitnehmers nacherhoben, sofern der Arbeitnehmer zur Abgabe einer Einkommensteuererklärung verpflichtet ist bzw. freiwillig eine Einkommensteuererklärung abgibt. Es kann sogar zu einem endgültigen Ausfall der Lohnsteuer kommen, wenn der Arbeitnehmer im Rahmen der Antragsveranlagung nicht zur Abgabe einer Einkommensteuererklärung verpflichtet ist.

Lohnsteuernachzahlungen, die sich trotz korrekter Lohnabrechnung am Jahresende ergeben, sind in der Praxis sehr selten. Sie sind immer nur denkbar, wenn sonstige Bezüge auf einem «niedrigen» Lohnniveau versteuert wurden, und später der laufende monatliche Arbeitslohn erhöht wird. Werden dagegen am Jahresende - nach einer Lohnerhöhung - nochmals sonstige Bezüge wie z. B. ein Weihnachtsgeld bezahlt, wird die Lohnsteuer durch eine erhöhte Besteuerung der sonstigen Bezüge automatisch nacherhoben.

28.2 Lohnsteuer-Jahresausgleich durch den Arbeitgeber, Ausschluss durch Freibetrag

Sachverhalt

Ein Arbeitnehmer mit der Steuerklasse I, Monatslohn 3.500 EUR, erhält im November 2012 ein Weihnachtsgeld in Höhe von 3.500 EUR. Aus der Vermietung einer Eigentumswohnung erzielt der Arbeitnehmer einen steuerlichen Verlust in Höhe von rund 8.000 EUR pro Jahr.

Im Oktober beantragt er bei seinem zuständigen Finanzamt die Eintragung eines Freibetrags auf der Lohnsteuerkarte für den Verlust aus Vermietung und Verpachtung in Höhe von 8.000 EUR. Das Finanzamt verteilt diesen Verlust auf die verbleibenden 2 vollen Monate, sodass ein Freibetrag von monatlich 4.000 EUR auf der Lohnsteuerkarte eingetragen wird.

Ist der Lohnsteuer-Jahresausgleich durch den Arbeitgeber zulässig?

Lösung

Für diesen Mitarbeiter ist kein Lohnsteuer-Jahresausgleich durch den Arbeitgeber zulässig. Der Lohnsteuer-Jahresausgleich ist ausgeschlossen, wenn bei der Lohnsteuerberechnung ein Freibetrag bzw. ein Hinzurechnungsbetrag auf der Lohnsteuerkarte zu berücksichtigen ist (§ 42b Abs. 1 Nr. 3a EStG).

Der Freibetrag von monatlich 4.000 EUR wirkt sich nur bei den Lohnabrechnungen November und Dezember steuermindernd aus. Im November führt der Freibetrag zu einer Lohnsteuerentlastung von ca. 900 EUR, bei der Dezemberabrechnung fällt keine Lohnsteuer an .Der monatliche Freibetrag von 4.000 EUR kann im Dezember nicht in voller Höhe ausgenutzt werden. Dies betrifft nicht nur den Betrag von 500 EUR, die der Freibetrag über dem tatsächlichen Arbeitslohn liegt, sondern auch die Steuerfreistellung des anteiligen Grundfreibetrags sowie der Vorsorgepauschale und des Werbungskostenpauschbetrags.

Der Ausschluss des Lohnsteuer-Jahresausgleichs ist hier für den Arbeitnehmer steuerlich nachteilig. Die Verteilung des Freibetrags auf die Monate November und Dezember führt dazu, dass aus dem Jahresarbeitslohn (45.500 EUR) insgesamt ca. 7.100 EUR Lohnsteuer und ca. 390 EUR Solidaritätszuschlag einbehalten werden. Hätte der Arbeitnehmer sich den Freibetrag bereits zum Anfang des Jahres eintragen lassen, wäre der Gesamtverlust V+V von 8.000 EUR mit monatlich 666,66 EUR auf alle 12 Monate des Jahres verteilt worden. Durch die gleichmäßigere Verteilung des Freibetrags hätten sich die Jahreslohnsteuer auf ca. 5.800 EUR und der Solidaritätszuschlag auf 320 EUR vermindert..

Selbst bei gleichmäßiger Verteilung des Freibetrags ergibt sich durch die Nichtanwendung des Lohnsteuer-Jahresausgleichs ein Nachteil. Die Arbeitslohnschwankungen im laufenden Jahr können am Jahresende nicht ausgeglichen werden. Durch den Lohnsteuer-Jahresausgleich wird der Jahresbruttoarbeitslohn rechnerisch gleichmäßig auf 12 Monate verteilt. Die Lohnsteuer wird für einen Monat ermittelt und dann mit 12 multipliziert. Dieses Ergebnis ist dann identisch mit der Jahreslohnsteuertabelle.

In der Praxis übernimmt dies das Lohnabrechnungsprogramm.

Hinweis

Der Arbeitgeber hat keinen Einfluss auf diese Verschiebungen beim Lohnsteuerabzug. Für ihn ist der Lohnsteuer-Jahresausgleich ausgeschlossen, wenn der Arbeitnehmer sich einen Freibetrag auf der Lohnsteuerkarte eintragen lässt. Gleichzeitig besteht für den Arbeitnehmer die Verpflichtung, eine Einkommensteuererklärung abzugeben (Pflichtveranlagung nach § 46 Abs. 2 Nr. 4 EStG). Im Rahmen dieser Einkommensteuerveranlagung gleicht sich der ggf. zu hohe Lohnsteuerabzug aus, sodass dem Arbeitnehmer steuerlich kein Nachteil entsteht.

28.3 Lohnsteuer-Jahresausgleich, Faktorverfahren

Sachverhalt

Die rentenversicherungspflichtigen Eheleute sind bei unterschiedlichen Arbeitgebern beschäftigt. Ihre bisherige Lohnsteuerklassenkombination lautete IV/IV. Im Februar 2011 beantragen die beiden Eheleute bei ihrem Wohnsitzfinanzamt die Steuerklassenkombination IV/IV plus Faktor.

Lösung

Da für beide Ehegatten das Faktorverfahren anzuwenden ist, dürfen beide Arbeitgeber keinen Lohnsteuer-Jahresausgleich für den jeweiligen Arbeitnehmer durchführen (§ 42b Abs. 1 Nr. 3b EStG). Erst nach Ablauf des Kalenderjahrs kann die zutreffende Jahreseinkommensteuer ermittelt werden. Aufgrund dessen sind die Ehegatten zur Abgabe einer Einkommensteuererklärung verpflichtet, da sie beim Lohnsteuerabzugsverfahren von der Möglichkeit des Faktorverfahrens Gebrauch machten (§ 46 Abs. 2 Nr. 3a EStG).

29 Lohnsteuerklassen

29.1 Lohnsteuerklassen, Heirat (beide Steuerklasse I)

Sachverhalt

Ein Arbeitnehmer heiratet im September 2011 und möchte seine Steuerklasse wechseln. Er erhält ein Gehalt von 2.030 EUR und hatte bisher Steuerklasse I, keine Kinder, 9 % Kirchensteuer.

Seine Ehefrau verdient 1.970 EUR brutto und hatte ebenfalls bisher Steuerklasse I, keine Kinder, keine Kirchensteuer.

Welche Lohnsteuerklasse sollte der Arbeitgeber wählen und wäre ein Wechsel für ihn vorteilhaft?

Lohnsteuer Ehemann bisher

Bruttolohn		2.030,00 EUR
Lohnsteuer	224,00 EUR	
Solidaritätszuschlag	+ 12,32 EUR	
Kirchensteuer	+ 20,16 EUR EUR	
Gesamt	256,40 EUR	

Lohnsteuer Ehefrau bisher

Bruttolohn		1.970,00 EUR
Lohnsteuer	210,16 EUR	
Solidaritätszuschlag	+ 11,55 EUR	
Kirchensteuer	+ 0,00 EUR	
Gesamt	221,71 EUR	

Die steuerliche Gesamtbelastung des Ehepaars beträgt 478,11 EUR.

Lösung

Ändert sich der Familienstand des Arbeitnehmers durch Heirat, führt dies automatisch dazu, dass die nach Landesrecht für das Meldewesen zuständigen Behörden die melderechtlichen Änderungen des Familienstandes an die Finanzverwaltung übermitteln. Dadurch werden Ehegatten programmgesteuert ab dem Heiratsmonat in die Steuerklassen IV/IV eingereiht. Der Wechsel in Steuerklasse IV/IV bringt allerdings keine steuerlichen Veränderungen. Bei der Wahl der Steuerklasse IV wird man lohnsteuerlich behandelt wie ein Alleinstehender, d. h. die Versteuerung erfolgt nach der Grundtabelle.

Der Wechsel in die Steuerklassen III und V muss generell von den Ehegatten beim Finanzamt beantragt werden und bringt folgende Veränderung:

Lohnsteuer Ehemann Steuerklasse III		
Bruttolohn		2.030,00 EUR
Lohnsteuer	41,83 EUR	
Solidaritätszuschlag	+ 0,00 EUR	
Kirchensteuer	+ 3,76 EUR	
Gesamt	45,59 EUR	

Lohnsteuer Ehefrau Steuerklasse V		
Bruttolohn		1.970,00 EUR
Lohnsteuer	429,50 EUR	
Solidaritätszuschlag	+ 23,62 EUR	
Kirchensteuer	+ 0,00 EUR	
Gesamt	453,12 EUR	

Die steuerliche Gesamtbelastung des Ehepaars bei Steuerklassenwahl III/V beträgt 498,71 EUR.

Ein Wechsel der Steuerklassen ist in diesem Fall nicht empfehlenswert. Steuererstattungen, die sich durch unterschiedlichen Arbeitsverdienst beider Ehegatten ergeben, können dann erst im Rahmen der Veranlagung zur Einkommensteuer geltend gemacht werden.

Hinweis

Seit 2010 könnten sich die Ehegatten für das sog. Faktorverfahren entscheiden, wenn beide Arbeitnehmer sind, unterschiedlich viel verdienen, sie aber nicht die Steuerklassenkombination III/V wählen wollen. Beim Faktorverfahren muss das voraussichtliche steuerpflichtige Jahresbrutto beider Ehegatten für das Jahr 2012 ermittelt werden; daraus wird die voraussichtliche Einkommensteuer des Jahres 2012 und die Lohnsteuer jedes einzelnen Ehegatten in der Steuerklasse IV ermittelt. Die voraussichtliche Einkommensteuer wird durch die jeweilige Lohnsteuer in der Klasse IV geteilt. In diesem Fall ergibt sich ein Faktor von 1,0, da die Ehegatten fast gleich viel verdienen. Damit erübrigt sich die Eintragung eines Faktors.

Den Faktor kann man sich über die Internetseite www.Bundesfinanzministerium.de unter "Interaktiver Abgaberechner" ermitteln.

29.2 Lohnsteuerklassen, Zusammenzug, dann Heirat

Sachverhalt

Eine Arbeitnehmerin ist alleinstehend mit einem Kind und verdient 1.500 EUR brutto. Sie hat Steuerklasse II, 0,5 Kinderfreibetrag, keine Kirchensteuer.

- Im März 2012 zieht sie mit dem Vater ihres Kindes in eine gemeinsame Wohnung. Damit erlischt ihr Anspruch auf die Steuerklasse II und sie bekommt die Lohnsteuerklasse I/0,5.
- Im September heiratet die Arbeitnehmerin ihren Lebenspartner.

  Die Eheleute haben jetzt die Möglichkeit, zwischen Steuerklassen IV/IV (wird von den Meldebehörden automatisch vergeben), IV/IV mit Faktor oder III/V zu wählen. Verdient der Ehepartner über 20 % mehr, empfiehlt sich im Allgemeinen die Steuerklassenwahl III/V.

Der Ehemann verdient 2.030 EUR Brutto, 9 % Kirchensteuer.

Wie hoch ist für die Arbeitnehmerin die Mehrbelastung nach dem Zusammenzug mit dem Kindsvater?

Welche Lohnsteuerklasse sollte nach der Heirat gewählt werden um die günstigste Besteuerung für das Ehepaar zu erreichen?

Lösung

Lohnsteuerklasse II/0,5 vor dem Zusammenzug

Bruttolohn	1.500,00 EUR
Lohnsteuer	75,50 EUR
Solidaritätszuschlag	0,00 EUR
Kirchensteuer	0,00 EUR

Lohnsteuerklasse I/0,5 nach dem Zusammenzug

Bruttolohn	1.500,00 EUR
Lohnsteuer	101,50 EUR
Solidaritätszuschlag	0,00 EUR
Kirchensteuer	0,00 EUR

- Die steuerliche Mehrbelastung für die Arbeitnehmerin in Lohnsteuerklasse I/0,5 beträgt 26,00 EUR.

Steuerklassenwahl nach der Heirat

Der Wechsel in Steuerklasse IV/IV bringt keine Veränderung bei der Lohnsteuer. Bei der Wahl der Steuerklasse IV wird man lohnsteuerlich behandelt wie ein Alleinstehender, d.h. die Versteuerung erfolgt nach der Grundtabelle. Die Kinderfreibeträge werden auf beide Ehegatten verteilt:

Berechnung Steuerklasse IV/IV

Lohnsteuer Ehemann Steuerklasse IV/1,0/ev

Bruttolohn	2.030,00 EUR
Lohnsteuer	225,41 EUR
Solidaritätszuschlag	10,26 EUR
Kirchensteuer	16,79 EUR

Lohnsteuer Ehefrau Steuerklasse IV/1,0

Bruttolohn	1.500,00 EUR
Lohnsteuer	101,50 EUR
Solidaritätszuschlag	0,00 EUR
Kirchensteuer	0,00 EUR

Die steuerliche Gesamtbelastung des Ehepaars beträgt bei Steuerklassenwahl IV/IV 353,96 EUR.

Bei Wechsel in die Steuerklassen III und V wird der Kinderfreibetrag grundsätzlich dem Partner mit der Steuerklasse III zugeordnet, selbst dann, wenn es sich nicht um sein eigenes Kind handelt. Dieser Wechsel bringt folgende Veränderung:

Berechnung Steuerklasse III/V

Lohnsteuer Ehemann Steuerklasse III/1,0/ev	
Bruttolohn	2.030,00 EUR
Lohnsteuer	41,83 EUR
Solidaritätszuschlag	0,00 EUR
Kirchensteuer	0,00 EUR
Lohnsteuer Ehefrau Steuerklasse V	
Bruttolohn	1.500,00 EUR
Lohnsteuer	277,50 EUR
Solidaritätszuschlag	15,52 EUR
Kirchensteuer	0,00 EUR

Die steuerliche Gesamtbelastung des Ehepaars beträgt bei Steuerklassenwahl III/V 334,59 EUR.

Seit 2010 können Ehepaare das sog. Faktorverfahren wählen. Dabei wird die voraussichtliche Einkommensteuer des Ehepaars in Höhe von z. B. 3.500 EUR (wird vom Finanzamt ausgerechnet) durch die Summe der Jahreslohnsteuer beider Ehegatten in der Steuerklasse IV von z. B. 4.000 EUR geteilt. Im Beispiel ergibt sich ein Faktor von 0,875 (3.500 / 4.000), der auf beiden Steuerkarten der Ehegatten im Zusammenhang mit der Steuerklasse IV eingetragen wird.

Berechnung Steuerklasse IV/IV mit Faktor

Lohnsteuer Ehemann Steuerklasse IV(0,875)/1,0/ev	
Bruttolohn	2.030,00 EUR
Lohnsteuer	197,16 EUR
Solidaritätszuschlag	8,97 EUR
Kirchensteuer	14,69 EUR

Lohnsteuer Ehefrau Steuerklasse IV(0,875)/1,0	
Bruttolohn	1.500,00 EUR
Lohnsteuer	88,75 EUR
Solidaritätszuschlag	0,00 EUR
Kirchensteuer	0,00 EUR

Die steuerliche Gesamtbelastung des Ehepaars beträgt 309,57 EUR bei Steuerklassenwahl IV/IV mit Faktor 0,875.

- Die günstigste Besteuerung für das Ehepaar ist bei der Lohnsteuerklassenkombination III/V zu erreichen.

Mit der Wahl IV(Faktor) ist die Belastung nur unwesentlich höher, es wird allerdings eine gleichmäßige Besteuerung beider Ehegatten erreicht. In beiden Fällen besteht die Pflicht zur Abgabe einer Einkommensteuererklärung.

Hinweis

Bei Wechsel in die Steuerklassen III und V wird der Kinderfreibetrag grundsätzlich dem Partner mit der Steuerklasse III zugeordnet, selbst dann, wenn es sich nicht um sein eigenes Kind handelt.

Bei Steuerklassenwahl III/V sowie bei IV/IV(Faktor) besteht die Verpflichtung zur Abgabe einer Einkommensteuererklärung.

29.3 Lohnsteuerklassen, Hauptbeschäftigung mit Nebenbeschäftigung

Sachverhalt

Eine Arbeitnehmerin verdient in einer Teilzeitstelle 1.500 EUR brutto. Sie hat Steuerklasse II, 0,5 Kinderfreibetrag, keine Kirchensteuer. Im März nimmt sie zusätzlich einen Minijob an, bei dem sie 200 EUR monatlich verdient. Im September erhält sie die Gelegenheit, einen weiteren Minijob für ebenfalls 200 EUR Monatsverdienst anzunehmen.

Wie sind diese Arbeitsverhältnisse steuer- und sozialversicherungsrechtlich zu behandeln?

Lösung

Im ersten Arbeitsverhältnis ist die Arbeitnehmerin voll sozialversicherungspflichtig, sie wird nach den Merkmalen auf ihrer ersten Lohnsteuerkarte besteuert.

Das zweite Arbeitsverhältnis kann als Minijob bei der Deutschen Rentenversicherung Knappschaft-Bahn-See abgerechnet werden. Sie ist in diesem Arbeitsverhältnis sozialversicherungsfrei, die Pauschalsteuer von 2 % kann angewandt werden.

Das dritte Arbeitsverhältnis muss mit dem ersten Arbeitsverhältnis zusammengerechnet werden, obwohl die Arbeitnehmerin in den beiden Nebenjobs insgesamt nicht mehr als 400 EUR verdient. Neben einer Hauptbeschäftigung darf jeweils nur eine Nebenbeschäftigung mit einem Verdienst von bis zu 400 EUR als Minijob abgerechnet werden. Weitere geringfügige Beschäftigungsverhältnisse sind nicht sozialversicherungsfrei, sie dürfen auch nicht mit 2 % Pauschalsteuer versteuert werden. Die Arbeitnehmerin hat die Wahl zwischen Steuerklasse VI oder der Pauschalierung mit 20 % zzgl. 5,5 % Solidaritätszuschlag und ggf. 8 % bzw. 9 % Kirchensteuer. Die pauschale Lohnsteuer darf auf die Arbeitnehmerin abgewälzt werden.

Erstes Arbeitsverhältnis, Lohnsteuersteuerklasse II/0,5

Bruttolohn	1.500,00 EUR
Lohnsteuer	75,50 EUR
Solidaritätszuschlag	0,00 EUR
Kirchensteuer	0,00 EUR

Zweites Arbeitsverhältnis

Bruttolohn	200,00 EUR
2 % Pauschalsteuer	4,00 EUR

Die Pauschalsteuer darf der Arbeitgeber auf die Arbeitnehmerin abwälzen.

Drittes Arbeitsverhältnis, Wahl der Lohnsteuerklasse VI durch die Arbeitnehmerin

Bruttolohn	200,00 EUR
Lohnsteuer	23,25 EUR
Solidaritätszuschlag	0,00 EUR

Bei der Veranlagung zur Einkommensteuer bleibt das zweite Arbeitsverhältnis unberücksichtigt.

Das erste und das dritte Arbeitsverhältnis werden zusammengerechnet und unterliegen insgesamt der Einkommensteuer. Eventuell zuviel gezahlte Lohnsteuer wird vom Finanzamt erstattet.

30 Lohnabrechnungszeitraum

30.1 Lohnabrechnungszeitraum, Neueinstellung im laufenden Monat

Sachverhalt

Zum 16.11.2011 hat ein neuer Mitarbeiter angefangen, für den nun erstmalig die Gehaltsabrechnung durchgeführt werden soll. Der Arbeitnehmer hat ein reguläres Bruttogehalt von 3.000 EUR monatlich. Für November erhält er dieses Gehalt zur Hälfte. Er bezieht keinerlei sonstige Vorteile vom Arbeitgeber.

Bis zur Einstellung hat er bei einer anderen Firma gearbeitet und im Jahr 2011 insgesamt Arbeitslohn in Höhe von 26.250 EUR erhalten.

Der Arbeitnehmer hat Lohnsteuerklasse I und ist konfessionslos.

Wie hoch ist die Lohnsteuer für den Monat November, wie ist sie zu ermitteln und welche Lohnsteuertabelle ist anzuwenden?

Lösung

Regulärer Lohnzahlungszeitraum für den neuen Mitarbeiter ist der Monat. Ab Dezember 2011 kann deshalb die Lohnsteuer aus der Monatstabelle für einen Arbeitslohn von 3.000 EUR abgelesen bzw. mit einem Lohnabrechnungsprogramm ermittelt werden.

Für November gilt ein verkürzter Lohnzahlungszeitraum, weil das Arbeitsverhältnis erst im Laufe des üblichen Lohnzahlungszeitraums beginnt. Die Lohnsteuer kann deshalb nicht nach der Monatstabelle erhoben werden (diese wäre zu niedrig, weil der Mitarbeiter in „normalen" Monaten nicht nur 1.500 EUR, sondern 3.000 EUR verdient).

Die Lohnsteuer kann hilfsweise nach der Tagestabelle ermittelt werden. Vom 16.-30.11. sind es insgesamt 15 Kalendertage (die tatsächlichen Arbeitstage sind ohne Bedeutung).

Berechnung der Lohnsteuer

Arbeitslohn je Kalendertag (1.500 EUR : 15 Kalendertage)	100,00 EUR
Lohnsteuer je Kalendertag	15,86 EUR
Gesamtlohnsteuer November (15 Kalendertage x 15,86 EUR)	237,90 EUR

Der bisherige Arbeitslohn bleibt für die Lohnsteuerermittlung auf den laufenden Arbeitslohn ohne Bedeutung. Im vorliegenden Beispiel ist der Lohnsteuerabzug der Firma tendenziell etwas zu hoch, weil der Mitarbeiter vorher weniger verdient hat. Die Differenz wird ihm erst im Rahmen seiner Einkommensteuerveranlagung erstattet.

Praxis-Tipp

Die Monatslohnsteuertabelle, die Wochenlohnsteuertabelle sowie die Tageslohnsteuertabelle sind aus der Jahreslohnsteuertabelle abgeleitet, indem sowohl die Beträge des Arbeitslohns als auch die Steuerbeträge anteilig angesetzt werden. Bei der Monatslohnsteuertabelle erfolgt die Umrechnung mit 1/12, bei der Wochenlohnsteuertabelle mit 7/360 und bei der Tagestabelle mit 1/360 der Jahresbeträge. Durch die Nutzung elektronischer Lohnabrechnungsprogramme können leichte Rundungsdifferenzen auftreten.

30.2 Lohnabrechnungszeitraum, Unterbrechung

Sachverhalt

Bei einem Arbeitgeber aus Schwerin (Baunebengewerbe) sind auch Bauarbeiter beschäftigt, die ihren Arbeitslohn wochenweise erhalten.

Ein Mitarbeiter aus Berlin (Steuerklasse I) hat vom 30.10.2011 (kein bundeseinheitlicher Feiertag) bis 4.11.2011 an fünf Tagen auf einer Baustelle gearbeitet. In der darauf folgenden Woche war er an allen fünf Arbeitstagen auf verschiedenen Baustellen eingesetzt.

Am Abend des 15.11.2011 hat es einen massiven Wintereinbruch gegeben. Deshalb war der Mitarbeiter in dieser Woche nur an zwei Tagen (14.-15.11.) eingesetzt, ab 16.11.hat er Winterausfallgeld (vom Arbeitgeber) bezogen hat.

Der Arbeitnehmer hat für die Tage vom 16.11. - 18.11.2011 Anspruch auf Winterausfallgeld in Höhe von 180 EUR. Sein regulärer Wochenlohn liegt bei 600 EUR brutto und wird bei schlechtem Wetter anteilig gekürzt.

Welche Lohnzahlungszeiträume sind hier maßgebend und wie hoch ist die jeweilige Lohnsteuer?

Lösung

Für welchen Zeitraum jeweils der laufende Arbeitslohn gezahlt wird, bestimmt sich regelmäßig aus den arbeitsrechtlichen Vereinbarungen. Im vorliegenden Fall ist eine wöchentliche Lohnzahlung vorgesehen. Arbeitstage, an denen kein Anspruch auf Lohn besteht, lassen den bisherigen Zeitraum unberührt, wenn das Dienstverhältnis fortbesteht und dem Arbeitgeber die Lohnsteuerkarte vorliegt. Dies gilt auch für den Bauarbeiter, der wegen schlechten Wetters Winterausfallgeld bezieht. Für den Mitarbeiter bleibt also für den gesamten Zeitraum die Woche der maßgebliche Lohnzahlungszeitraum. Die Lohnsteuer ist deshalb aus der Wochenlohnsteuertabelle (bzw. einem entsprechenden Lohnabrechnungsprogramm) abzulesen.

- 30.10..-4.11.2011:

  Es besteht Anspruch auf den vollen Wochenlohn in Höhe von 600 EUR. Die Lohnsteuer von 600 EUR beträgt 84,46 EUR, der Solidaritätszuschlag 4,64 EUR.

- 7.-11.11.2011:

  Es besteht Anspruch auf den vollen Wochenlohn in Höhe von 600 EUR. Die Lohnsteuer von 600 EUR beträgt 84,46 EUR, der Solidaritätszuschlag 4,64 EUR.

- 14.-15.11.2011:

  Der Mitarbeiter konnte nur an zwei Tagen tätig werden, er erhält deshalb nur einen Bruttolohn von 240 EUR (2/5 von 600 EUR). Die Lohnsteuer darauf beträgt laut der Wochenlohnsteuertabelle 4,02 EUR, Solidaritätszuschlag fällt nicht an.

- 16.-18.11.2011:

  Das zusätzlich gezahlte Winterausfallgeld von 180 EUR bleibt steuerfrei. Es unterliegt allerdings dem Progressionsvorbehalt.

  Der Mitarbeiter ist in diesen Fällen regelmäßig zur Abgabe einer Einkommensteuererklärung verpflichtet. Das Winterausfallgeld bleibt zwar auch bei der Veranlagung steuerfrei, erhöht aber den Steuersatz für die steuerpflichtigen Einkünfte und kann deshalb zu einer Nachzahlung führen.

Hinweis

Winterausfallgeld ist bei jeder Auszahlung im Lohnkonto aufzuzeichnen und auch im Rahmen der elektronischen Lohnsteuerbescheinigung dem Finanzamt zu übermitteln.

31 Mehrarbeitsvergütung

31.1 Mehrarbeitsvergütung, Gehaltsempfänger (4,33 Wochen/Monat)

Sachverhalt

Eine Angestellte erhält ein monatliches Gehalt von 2.000 EUR Brutto bei einer wöchentlichen Arbeitszeit von 38 Stunden. Im Mai leistet sie insgesamt 12 Überstunden, die ihr mit der Gehaltsabrechnung Mai ausbezahlt werden. Im Unternehmen werden 30 % Überstundenzuschlag gezahlt.

Wie hoch ist der Gesamtbruttolohn für Mai inkl. Überstunden und Überstundenzuschlag?

Lösung

Der Stundensatz für Gehaltsempfänger kann nach einer festen Formel ermittelt werden. Es wird dazu ein Quartal mit 4,33 Wochen/Monat wie folgt zugrunde gelegt:

13 Wochen/3 Monate = 4,33 Wochen/Monat

Der Monat wird also bei dieser Methode grundsätzlich mit 13/3 bzw. 4,33 Wochen angesetzt, unabhängig davon, wie viele Tage er tatsächlich hat.

Berechnung Stundensatz	
Stunden monatlich (38 Stunden × 4,33)	164,54 Std.
Stundenlohn (Bruttolohn 2.000 EUR : 164,54 Stunden)	12,16 EUR
Bruttolohn Mai	2.000,00 EUR
Zzgl. Überstunden (12 Überstunden x 12,16 EUR)	+ 145,92 EUR
Zzgl. Überstundenzuschlag (30 % v. 145,92 EUR)	+ 43,78 EUR
Gesamtbruttolohn (steuer- und beitragspflichtig)	2.189,70 EUR

Hinweis

Überstunden sind regelmäßig gesondert zu vergüten, wenn Tarifvertrag, Betriebsvereinbarung oder Einzelvertrag dies vorsehen. Ein besonderer Zuschlag ist nur dann zu zahlen, wenn dieser vereinbart wurde oder betriebs- und branchenüblich ist. Die Überstundenbezahlung setzt sich aus dem Grundlohn für die jeweilige Überstunde und dem tariflich oder arbeitsvertraglich vereinbarten Mehrarbeits- bzw. Überstundenzuschlag zusammen. Beide Teile gehören zum laufenden Arbeitslohn und sind, wie andere Erschwerniszulagen auch, steuer- und beitragspflichtig. Denkbar und häufig praktiziert ist auch eine Ausgleichung durch Freizeitgewährung. Nach der Rechtsprechung des Bundesarbeitsgerichtes ist aber auch eine vertragliche Vereinbarung mit Angestellten zulässig, wonach Überstunden oder Mehrarbeit bereits durch das Gehalt abgegolten werden und somit nicht zusätzlich bezahlt werden müssen.

Mit welcher dieser Formeln Sie rechnen, ergibt sich entweder aus Ihren betrieblichen Vorgaben bzw. unterliegt Ihrer eigenen Entscheidung. Sie sollten diese entsprechende Formel in Ihrem Lohnprogramm auswählen und dann für alle Arbeitnehmer anwenden.

31.2 Mehrarbeitsvergütung, Gehaltsempfänger (4,35 Wochen/Monat)

Sachverhalt

Eine Angestellte bezieht ein monatliches Gehalt von 1.800 EUR Brutto bei einer wöchentlichen Arbeitszeit von 40 Stunden. Im Mai leistet sie insgesamt 12 Überstunden, die ihr mit der Gehaltsabrechnung ausbezahlt werden. Der Überstundenzuschlag beträgt 25 %.

Wie hoch ist der Gesamtbruttolohn für Mai inkl. Überstunden und Überstundenzuschlag?

Lösung

Der Stundensatz für Gehaltsempfänger kann nach der sog. 4,35-Formel (Ermittlung der tariflichen Normalzeit) ermittelt werden. Diese Methode bietet die Möglichkeit, auch bei Gehaltsempfängern mit einem festen Stundensatz (sog. Gehaltsstundensatz) zu rechnen. Der 4,35-Formel liegt folgende Überlegung zugrunde:

Ein Jahr hat durchschnittlich 52,2 Wochen bei 12 Monaten. 52,2 Wochen : 12 Monate = 4,35 Wochen/Monat

Der Monat wird bei dieser Methode grundsätzlich mit 4,35 Wochen angesetzt, unabhängig davon, wie viele Tage er tatsächlich hat. Multipliziert man die regelmäßige tarifliche Arbeitszeit mit 4,35, erhält man die tarifliche Normalzeit

Berechnung Stundensatz	
Stunden monatlich (40 Stunden × 4,35)	174 Std.
Stundenlohn (Bruttolohn 1.800 EUR : 174 Stunden)	10,34 EUR

Bruttolohn Mai	1.800,00 EUR
Zzgl. Überstunden (12 Überstunden x 10,34 EUR)	+ 124,08 EUR
Zzgl. Überstundenzuschlag (25 % v. 124,08 EUR)	+ 31,02 EUR
Gesamtbruttolohn (steuer- und beitragspflichtig)	1.955,10 EUR

Hinweis

Überstunden sind regelmäßig gesondert zu vergüten. Ein besonderer Zuschlag ist nur dann zu zahlen, wenn dieser vereinbart wurde oder betriebs- und branchenüblich ist. Die Überstundenbezahlung setzt sich aus dem Grundlohn für die jeweilige Überstunde und dem tariflich oder arbeitsvertraglich vereinbarten Mehrarbeits- bzw. Überstundenzuschlag zusammen. Beide Teile gehören zum laufenden Arbeitslohn und sind, wie andere – Erschwerniszulagen auch, steuer- und beitragspflichtig. Denkbar und häufig praktiziert ist auch eine Ausgleichung durch Freizeitgewährung. Nach der Rechtsprechung des Bundesarbeitsgerichtes ist aber auch eine vertragliche Vereinbarung mit Angestellten zulässig, wonach Überstunden oder Mehrarbeit bereits durch das Gehalt abgegolten werden und somit nicht zusätzlich bezahlt werden müssen.

Mit welcher dieser Formeln gerechnet wird, ergibt sich entweder aus den betrieblichen Vorgaben bzw. unterliegt der Entscheidung des Arbeitgebers. Diese entsprechende Formel sollte im Lohnprogramm ausgewählt und für alle Arbeitnehmer angewendet werden.

32 Mutterschutz

32.1 Mutterschutz, Geburt zum errechneten Termin

Sachverhalt

Eine Arbeitnehmerin ist schwanger. Nach ärztlicher Bescheinigung ist der voraussichtliche Entbindungstermin der 28.12.2011.

Das Kind wird am 28.12.2011 geboren.

Wann sind Beginn und Ende der Mutterschutzfrist?

Lösung

Die Mutterschutzfrist beträgt mindestens 14 Wochen und einen Tag (6 Wochen vor dem errechneten Geburtstermin und 8 Wochen nach der Geburt).

Da das Kind zum errechneten Termin zur Welt kam, beträgt die Mutterschutzfrist in diesem Fall genau 14 Wochen plus 1 Tag.

Sie beginnt am 16.11.2011, 6 Wochen vor dem errechneten Geburtstermin, und endet 8 Wochen nach der Geburt am 22.2.2011.

32.2 Mutterschutz, Geburt 3 Tage nach errechnetem Termin

Sachverhalt

Eine Arbeitnehmerin ist schwanger. Ihr voraussichtlicher Entbindungstermin ist lt. ärztlicher Bescheinigung der 28.12.2011.

Die Geburt erfolgt am 31.12.2011.

Wann endet die Mutterschutzfrist?

Lösung

Die Mutterschutzfrist beträgt 14 Wochen und 4 Tage (6 Wochen vor dem errechneten Geburtstermin und 8 Wochen nach der Geburt).

Da das Kind nur 3 Tage nach dem errechneten Termin zur Welt kam, beträgt die Mutterschutzfrist in diesem Fall 14 Wochen plus 4 Tage (28.12., 29.12., 30.12. und 31.12.). Sie beginnt am 16.11.2011, 6 Wochen vor dem errechneten Termin, und endet 8 Wochen nach der Geburt am 25.2.2012.

32.3 Mutterschutz, Geburt 9 Tage vor errechnetem Termin

Sachverhalt

Eine Arbeitnehmerin ist schwanger. Ihr voraussichtlicher Entbindungstermin ist lt. ärztlicher Bescheinigung der 28.12.2011.

Das Kind wird bereits am 19.12.2011 geboren.

Wann endet die Mutterschutzfrist?

Lösung

Die Mutterschutzfrist beträgt mindestens 14 Wochen und einen Tag (6 Wochen vor dem errechneten Geburtstermin und 8 Wochen nach der Geburt).

Dass das Kind neuen Tage vor dem errechneten Termin zur Welt kommt, ist zu Beginn der Mutterschutzfrist noch nicht bekannt. Diese beginnt daher trotzdem am 16.11.2011, 6 Wochen vor dem errechneten Termin.

Die 8-Wochenfrist nach der Geburt beginnt am 20.12.2011 und reicht bis zum 13.2.2012. Die nicht in Anspruch genommenen Tage zwischen Geburt und errechnetem Termin werden jedoch an diesen Zeitraum angehängt.

Die Mutterschutzfrist endet somit 8 Wochen nach dem errechneten Termin am 22.2.2012.

32.4 Mutterschutz, Mehrlingsgeburt

Sachverhalt

Eine Arbeitnehmerin ist schwanger. Ihr voraussichtlicher Entbindungstermin ist lt. ärztlicher Bescheinigung der 28.12.2011.

Am 6.12.2011 kommen Zwillinge zur Welt.

Wann endet die Mutterschutzfrist?

Lösung

Die Mutterschutzfrist verlängert sich aufgrund der Mehrlingsgeburt um 4 Wochen von 14 Wochen auf 18 Wochen (6 Wochen vor dem errechneten Geburtstermin und 12 Wochen nach der Geburt).

Die Mutterschutzfrist beträgt in diesem Fall 18 Wochen plus 1 Tag. Sie beginnt am 16.11.2011, 6 Wochen vor dem errechneten Termin, obwohl die Zwillinge bereits am 6.12.2011 zur Welt kamen.

Die 12-Wochenfrist nach der Geburt beginnt am 7.12.2011 und reicht bis zum 28.2.2012. Die nicht in Anspruch genommenen 22 Tage zwischen Geburt und errechnetem Termin werden jedoch an diesen Zeitraum angehängt.

Die Mutterschutzfrist endet somit am 22.3.2011.

Hinweis

Bei Drillingen verlängert sich die 12-Wochen-Frist nicht zusätzlich.

32.5 Mutterschutz, Frühgeburt

Sachverhalt

Eine Arbeitnehmerin ist schwanger. Ihr voraussichtlicher Entbindungstermin lt. ärztlicher Bescheinigung ist der 28.12.2011.

Das Kind wird am 13.11.2011 geboren. Der Arzt bescheinigt eine Frühgeburt.

Wann endet die Mutterschutzfrist?

Lösung

Die Mutterschutzfrist beginnt nach dem Tag der Geburt am 14.11.2011.

Die 6 Wochen, auf welche die Arbeitnehmerin vor der Geburt Anspruch gehabt hätte, gehen ihr nicht verloren. Anschließend erhält sie weitere 12 Wochen wegen der Frühgeburt.

Die Mutterschutzfrist endet am 19.3.2012.

33 Nebenbeschäftigung

33.1 Nebenbeschäftigung, 400-EUR-Job

Sachverhalt

Eine Servicekraft arbeitet 30 Stunden in der Woche für ein Arbeitsentgelt von 1.650 EUR monatlich. An vier Samstagen im Monat arbeitet sie zusätzlich je acht Stunden in einem Baumarkt für 10 EUR in der Stunde.

Wie werden die Beschäftigungen lohnsteuer- und sozialversicherungsrechtlich behandelt?

Lösung

Die Hauptbeschäftigung als Servicekraft ist sozialversicherungspflichtig in allen Zweigen und wird nach den Angaben der Lohnsteuerkarte abgerechnet.

Die Nebenbeschäftigung im Baumarkt mit 320 EUR monatlich ist eine geringfügige Beschäftigung, für die der Arbeitgeber Pauschalabgaben zur Sozialversicherung in Höhe von 28 % (15 % RV, 13 % KV) abführt. Die Übernahme der Pauschalsteuer durch den Arbeitgeber ist arbeitsvertraglich ausgeschlossen. Die Mitarbeiterin muss deshalb die 2 % Pauschalsteuer von 320 EUR (6,40 EUR) tragen. Der Auszahlungsbetrag reduziert sich auf 313,60 EUR.

33.2 Nebenbeschäftigung, 400-EUR-Job (einmalig über 400 EUR)

Sachverhalt

Eine Arbeitnehmerin übt neben ihrer Hauptbeschäftigung im Büro eine Nebentätigkeit an einer Tankstelle aus. Dort arbeitet sie regelmäßig zehn Stunden pro Woche für 9 EUR in der Sunde (monatliches Entgelt 391,50 EUR). Im Juni übernimmt sie noch zusätzlich zehn Stunden an der Tankstelle, da eine Kollegin erkrankt ist. Ihr Entgelt im Juni beträgt 481,50 EUR.

Wie wird die Nebentätigkeit an der Tankstelle lohnsteuer- und sozialversicherungsrechtlich behandelt?

Lösung

Die Hauptbeschäftigung im Büro ist sozialversicherungspflichtig in allen Zweigen der Sozialversicherung und gemäß den Angaben der Lohnsteuerkarte zu besteuern.

Bei der Nebenbeschäftigung an der Tankstelle mit einem regelmäßigen Entgelt von 391,50 EUR handelt es sich um eine geringfügige Beschäftigung. Der Arbeitgeber leistet Pauschalabgaben in Höhe von 28 % (15 % RV, 13 % KV) zur Sozialversicherung und 2 % Pauschalsteuer entrichten.

Im Juni ist die 400-EUR-Grenze überschritten. Da die Überschreitung durch ein unvorhersehbares Ereignis bedingt ist, bleibt die Beschäftigung weiterhin geringfügig und wird entsprechend den Bestimmungen der geringfügigen Beschäftigung abgerechnet.

33.3 Nebenbeschäftigung, zwei Nebenjobs

Sachverhalt

Eine Sekretärin hat eine wöchentliche Arbeitszeit von 25 Stunden bei einem Stundenlohn von 14 EUR.

Seit Mai 2006 arbeitet sie zusätzlich an zwei Tagen pro Woche, jeweils zwei Stunden, in einem Immobilienbüro für 12 EUR in der Stunde, monatlich 208,80 EUR.

Zusätzlich hilft sie seit Juli 2007 an zwei Samstagen im Monat für jeweils sechs Stunden auf dem Wochenmarkt aus. Hier erhält sie einen Stundenlohn von 10 EUR, monatlich 120 EUR.

Lösung

Die Hauptbeschäftigung als Sekretärin ist in allen Zweigen sozialversicherungspflichtig und gemäß den Angaben der Steuerkarte abzurechnen.

Die erste (älteste) Nebentätigkeit im Immobilienbüro entspricht den Bedingungen der geringfügigen Beschäftigung. Die Pauschalabgaben in Höhe von 28 %

(15 % RV, 13 % KV) aus 208,80 EUR trägt der Immobilienmakler. Die Übernahme der Pauschalsteuer durch den Arbeitgeber ist arbeitsvertraglich ausgeschlossen. Somit fallen für die Sekretärin noch 2 % Pauschalsteuer an.

Die Nebentätigkeit auf dem Wochenmarkt wird mit der Hauptbeschäftigung zusammengerechnet und ist in allen Zweigen (außer Arbeitslosenversicherung) pflichtig. Die Versteuerung erfolgt, aufgrund vertraglicher Vereinbarung, durch die Sekreträtin anhand der Steuerkarte mit Steuerklasse VI.

33.4 Nebenbeschäftigung, Hinzuverdienst bei ALG 1

Sachverhalt

Ein Bezieher von Arbeitslosengeld 1 arbeitet 8 Stunden wöchentlich als Aushilfe für 7,50 EUR in der Stunde. Sie Das monatliche Netto-Entgelt beträgt 255,78 EUR.

Welcher Betrag wird auf das Arbeitslosengeld 1 angerechnet?

Lösung

Bei der Aushilfstätigkeit handelt es sich um eine geringfügige Beschäftigung, da das Arbeitsentgelt unter 400 EUR monatlich liegt. Der Arbeitgeber trägt die Pauschalabgaben zur Sozialversicherung in Höhe von 28 % (15 % RV, 13 % KV). Die Aushilfskraft entscheidet sich für die Pauschalversteuerung von 2 %.

Der monatliche Freibetrag für Nebeneinkommen bei Arbeitslosengeld 1 beträgt 165 EUR.

Berechnung für die Aushilfe	
Netto-Entgelt	255,78 EUR
Freibetrag (ALG 1)	- 165,00 EUR
Anrechnungsbetrag auf das Arbeitsloseng	90,78 EUR

Das Netto-Nebeneinkommen übersteigt den Freibetrag um 90,78 EUR. Das Arbeitslosengeld wird um diesen Betrag gekürzt.

Hinweis

Die Aushilfskraft muss die Nebentätigkeit umgehend an die Agentur für Arbeit melden. Der Arbeitgeber hat die Bescheinigung über Nebeneinkommen gemäß § 313 SGB III auszufüllen und der Aushilfe auszuhändigen bzw. direkt an die Agentur für Arbeit zu übermitteln.

33.5 Nebenbeschäftigung, Hinzuverdienst bei ALG 1 (vorheriger 400-EUR-Job)

Sachverhalt

Eine Arbeitnehmerin wird arbeitslos in ihrer Hauptbeschäftigung.

Sie übt seit 18 Monaten vor Beginn der Arbeitslosigkeit eine Nebentätigkeit aus. Das monatliche Einkommen daraus beträgt 348 EUR (8 EUR/Stunde). Sie arbeitet regelmäßig 10 Stunden pro Woche.

Wie ist das Einkommen lohnsteuer- und sozialversicherungsrechtlich zu behandeln und wird es auf das Arbeitslosengeld angerechnet?

Lösung

Es handelt sich um eine geringfügige Beschäftigung, da das Entgelt unter 400 EUR monatlich liegt. Der Arbeitgeber trägt die Pauschalabgaben zur Sozialversicherung in Höhe von 28 % (15 % RV, 13 % KV). Die Übernahme der Pauschalsteuer durch den Arbeitgeber ist arbeitsvertraglich ausgeschlossen. Die Aushilfskraft entscheidet sich für die Pauschalversteuerung von 2 %.

Da die Arbeitnehmerin schon 18 Monate vor Beginn der Arbeitslosigkeit regelmäßig ein Nebeneinkommen von monatlich 348 EUR erzielt hat und die wöchentliche Arbeitszeit unter 15 Stunden liegt, erhöht sich hier der zu berücksichtigende Freibetrag von 165 EUR auf 348 EUR ohne Auswirkung auf das Arbeitslosengeld.

Hinweis

Die Aushilfskraft muss die Nebentätigkeit umgehend an die Agentur für Arbeit melden. Der Arbeitgeber hat die Bescheinigung über Nebeneinkommen gemäß § 313 SGB III auszufüllen und der Aushilfe auszuhändigen bzw. direkt an die Agentur für Arbeit zu übermitteln.

34 Pauschalierte Lohnsteuer

34.1 Pauschalierte Lohnsteuer für Sachzuwendungen

Sachverhalt

Ausgewählte Mitarbeiter eines Handelsunternehmens erhalten als Anerkennung für den erfolgreichen Verkauf im zurückliegenden Wirtschaftsjahr eine Belohnungsreise (sog. Incentivereise). Der Arbeitgeber hat für die Reise aufgrund Großkundenrabatts pro Person 2.500 EUR bezahlt. Eine vergleichbare Reise würde im örtlichen Reisebüro 3.500 EUR kosten. Im Reisepreis sind Flug, Transfer, Übernachtung, Verpflegung und Kosten für Ausflüge enthalten. Während der Reise finden keine beruflichen Termine statt.

Der Monatslohn eines Mitarbeiters beträgt 5.000 EUR, Steuerklasse I.

Wie sind die Kosten der Incentivereise abzurechnen?

Lösung

Es handelt sich um einen geldwerten Vorteil, der in der Lohnabrechnung des jeweiligen Mitarbeiters erfasst werden muss.

- Nach § 8 Abs. 2 Satz 1 EStG muss die Reise mit dem Wert versteuert werden, den der Arbeitnehmer für eine vergleichbare Reise aufwenden müsste. Dies sind im Beispiel 3.500 EUR. Um Ungenauigkeiten bei der Preisermittlung auszugleichen, kann die Reise nach einer Vereinfachungsregelung laut Lohnsteuerrichtlinien mit 96 % von 3.500 EUR = 3.360 EUR angesetzt werden.
- Eine Lohnsteuerpauschalierung ist auch mit dem betriebsindividuellen Pauschsteuersatz des § 40 Abs. 1 EStG möglich. Voraussetzung für diese Pauschalierung ist zum einen, dass mehrere Arbeitnehmer (ab 20) eine derartige Belohnungsreise erhalten, zum anderen muss die Pauschalierung beim Betriebsstättenfinanzamt beantragt werden.

Seit 2007 ist auch eine Pauschalierung von Sachzuwendungen nach § 37b EStG möglich.

Derzeit gilt ein Pauschalsteuersatz von 30 % (zzgl. Solidaritätszuschlag und ggf. Kirchensteuer). Hinzu kommt bei eigenen Arbeitnehmern eine Belastung mit Sozialversicherungsbeiträgen, sofern sie die Beitragsbemessungsgrenzen noch nicht erreicht haben. Die Arbeitsentgeltverordnung sieht Sozialversicherungsfreiheit für pauschal besteuerte Lohnarten nur im Rahmen des § 40 Abs. 2 EStG vor.

Berechnungsgrundlage für die pauschale Lohnsteuer sind die dem Arbeitgeber bzw. dem Dritten entstandenen Kosten (abweichend von der Bewertung nach § 8 EStG mit dem Endpreis am Abgabeort). Darin ist ein steuerlicher Vorteil zu sehen.

Da der Arbeitnehmer die Beitragsbemessungsgrenze (BBG) in der Kranken- und Pflegeversicherung überschritten hat, fallen hierzu keine weiteren Beiträge an. In der Renten- und Arbeitslosenversicherung müssen jeweils 600 EUR (= BBG 5.600 EUR – Gehalt 5.000 EUR) verbeitragt werden.

Belastung für den Arbeitgeber	
Kosten der Reise	2.500,00 EUR
Lohnsteuer (30 % v. 2.500 EUR)	+ 750,00 EUR
Solidaritätszuschlag (5,5 % v. 750 EUR)	+ 41,25 EUR
Kirchensteuer (angenommen 9 %)	+ 67,50 EUR
Rentenversicherung Arbeitgeberanteil (9,8 % von 600 EUR)	+ 58,80 EUR
Arbeitslosenversicherung Arbeitgeberanteil (1,5 % v. 600 EUR)	+ 9,00 EUR
Gesamtkosten für die Reise	**3.426,55 EUR**

34.2 Pauschalierte Lohnsteuer, Kurzfristige Beschäftigung

Sachverhalt

Für die Urlaubszeit wird eine Altersrentnerin vom 2.7. bis 20.7. (15 Arbeitstage) als Aushilfskraft eingesetzt. Sie springt auch im Fall der Erkrankung der Sekretärin ein. Die Aushilfe erhält 7,75 EUR pro Stunde bei einer täglichen Arbeitszeit von 8 Stunden. Sie gehört keiner kirchensteuererhebenden Religionsgemeinschaft an. Die pauschale Lohnsteuer übernimmt der Arbeitgeber. Sie dürfte auch auf die Arbeitnehmerin abgewälzt werden.

Wie hoch ist die Gesamtbelastung für den Arbeitgeber?

Lösung

Die pauschale Besteuerung mit 25 % pauschaler Lohnsteuer zzgl. 5,5 % Solidaritätszuschlag und ggf. Kirchensteuer ist in diesem Falle zulässig, da der Beschäftigungszeitraum 18 zusammenhängende Arbeitstage nicht überschreitet. Ebenso werden der durchschnittliche Arbeitslohn von 62 EUR pro Tag sowie der durchschnittliche Stundenlohn von 12 EUR nicht überschritten.

Abrechnung pauschale Lohnsteuer	
Aushilfslohn (7,75 EUR × 8 Std. × 15 Tage)	930,00 EUR
Pauschale Lohnsteuer (25 %)	+ 232,50 EUR
Pauschaler Solidaritätszuschlag (5,5 %)	+ 12,78 EUR
Gesamtbelastung Arbeitgeber	**1.191,55 EUR**

Hinweis

Weist die Arbeitnehmerin nach, dass sie keiner kirchensteuererhebenden Religionsgemeinschaft angehört (z.B. durch Vorlage der Lohnsteuerkarte), kann die pauschale Kirchensteuer entfallen.

Die Besteuerung der kurzfristigen Beschäftigung ist auch nach Lohnsteuerkarte möglich.

34.3 Pauschalierte Lohnsteuer, Firmenwagen (Privatnutzung)

Sachverhalt

Ein Arbeitnehmer erhält einen Firmenwagen, den er auch privat nutzen darf. Die Versteuerung soll nach der 1-%-Regelung erfolgen. Der Pkw wird vom Arbeitnehmer auch für die Fahrten zwischen Wohnung und Arbeitsstätte genutzt. Die einfache Entfernung beträgt 30 Kilometer.

Als Bemessungsgrundlage für den geldwerten Vorteil ist der inländische Brutto-Listenpreis zum Tag der Erstzulassung zzgl. Sonderausstattung heranzuziehen. Dieser wurde mit 34.709 EUR ermittelt.

Wie hoch ist der Anteil des geldwerten Vorteils, der pauschal versteuert werden kann?

Lösung

Berechnung geldwerter Vorteil		
Bemessungsgrundlage		34.709,00 EUR
abzurunden auf volle 100 EUR		34.700,00 EUR
davon 1 %	347,00 EUR	
Zzgl. Fahrten Wohnung – Arbeitsstätte (0,03 % von 34.700 EUR × 30 Kilometer)	+ 312,30 EUR	
Geldwerter Vorteil gesamt	**659,30 EUR**	659,30 EUR
davon pauschal mit 15 % versteuert (30 km × 0,30 EUR × 15 Arbeitstage)		- 135,00 EUR
Pauschale Lohnsteuer (15 % v. 135 EUR)	20,25 EUR	
Pauschaler Solidaritätszuschlag (5,5 % v. 20,25 EUR)	1,11 EUR	
Pauschale Kirchensteuer, angenommen (9 % v. 20,25 EUR)	1,01 EUR	
Individuell nach Lohnsteuertabelle zu versteuern		**524,30 EUR**

Während der individuell besteuerte Sachbezug auch der Sozialversicherungspflicht unterliegt, ist der pauschal besteuerte Anteil sozialversicherungsfrei.

Schuldner der pauschalen Lohnsteuer ist der Arbeitgeber, er kann aber die pauschale Lohnsteuer im Innenverhältnis auf den Arbeitnehmer abwälzen.

In der Lohnabrechnung werden dann neben der individuellen Lohnsteuer in einer extra Zeile die pauschale Lohnsteuer, der pauschalen Solidaritätszuschlag und ggf. die pauschale Kirchensteuer getrennt voneinander ausgewiesen.

Praxis-Tipp

Bei Abwälzung auf den Arbeitnehmer sollte die Kirchensteuer jedoch immer individuell entsprechend der Eintragung auf der Lohnsteuerkarte des Arbeitnehmers ermittelt werden (Nachweisverfahren). In diesem Fall ist die Kirchensteuer bei Arbeitnehmern, die nicht in der Kirche sind, nicht zu erheben. Wird das vereinfachte Verfahren angewendet, ist der ermäßigte Kirchensteuersatz (hier 5 %) auf alle Arbeitnehmer anzuwenden.

Da der pauschal besteuerte Sachbezug sozialversicherungsfrei ist, entfällt für den Arbeitgeber auch der Arbeitgeberanteil zur Sozialversicherung. Die Übernahme der pauschalen Lohnsteuer stellt für ihn daher keine zusätzliche finanzielle Belastung dar.

34.4 Pauschalierte Lohnsteuer, Weihnachtsfeier

Sachverhalt

An der Weihnachtsfeier eines Unternehmens nehmen 50 Arbeitnehmer teil. Jeder Teilnehmer erhält im Rahmen der betrieblichen Weihnachtsfeier ein Weihnachtspäckchen im Wert von 30 EUR. Die übrigen Aufwendungen für die Betriebsveranstaltung belaufen sich pro Arbeitnehmer auf 90 EUR. Damit liegen die Gesamtkosten je Teilnehmer bei 120 EUR.

Lösung

Es handelt sich um eine lohnsteuerpflichtige Betriebsveranstaltung, da die Zuwendungen anlässlich der Weihnachtsfeier die Freigrenze von 110 EUR überschreiten. Der Arbeitgeber kann die Mitarbeiter von der Lohnsteuerbelastung freistellen, indem er von der Möglichkeit der Pauschalbesteuerung Gebrauch macht. In diesem Fall sind die Arbeitgeberleistungen ebenfalls beitragsfrei.

Abrechnung	
Gesamtkosten (50 Teilnehmer × 120 EUR)	6.000,00 EUR
Pauschale Lohnsteuer (25 % v. 6.000 EUR)	1.500,00 EUR
Pauschaler Solidaritätszuschlag (5,5 % v. 1.500 EUR)	82,50 EUR
Pauschale Kirchensteuer angenommen (5 % v. 1.500 EUR)	75,00 EUR

Praxis-Tipp

Lohnsteuerpflichtige Leistungen des Arbeitgebers müssen über die Lohnbuchhaltung abgerechnet werden. Nur so wird die Erfassung der pauschalen Lohnsteuer in der Lohnsteueranmeldung gewährleistet.

Hinweis

Die pauschale Kirchensteuer ist in den einzelnen Bundesländern unterschiedlich hoch. Auch die Aufteilung auf die evangelische und römisch-katholische Kirche ist in den Bundesländern unterschiedlich geregelt.

35 Personalrabatte

35.1 Personalrabatte, Bonuspunkte

Sachverhalt

Ein Außendienstmitarbeiter ist mit einem Dienstwagen häufig dienstlich unterwegs; er erhält bei einer Hotelkette für jede Übernachtung Bonuspunkte gutgeschrieben. Im Laufe eines Jahrs sammelt er insgesamt 100 Bonuspunkte, die für eine kostenlose Wochenendübernachtung mit der Familie eingesetzt werden können. Bei regulärer Buchung würde das Arrangement 240 EUR kosten. Darüber hinaus werden dem Arbeitnehmer für die Betankung seines Dienstwagens Bonuspunkte bei einer Tankstellenkette gutgeschrieben. Die Punkte können bei der Tankstellenkette zum Erwerb von Sachprämien (Koffer, Sportkleidung) eingelöst werden. Der Wert der Gegenstände, die dem Arbeitnehmer im Kalenderjahr hierdurch zufließen beträgt rund 50 EUR.

Wie sind die durch die Bonuspunkte erlangten Vorteile und Sachgegenstände lohnsteuerrechtlich zu behandeln?

Lösung

Die Vorteile aus den dienstlich erworbenen Bonuspunkten sind beim Arbeitnehmer aufgrund der Nutzung zu privaten Zwecken **grundsätzlich steuerpflichtig**. Rabatte von Dritten führen immer zu steuerpflichtigem Arbeitslohn, wenn sie als Entlohnung für die individuelle Arbeitsleistung anzusehen sind. Sowohl die kostenlose Übernachtung mit der Familie als auch die von der Tankstellenkette erhaltenen Sachprämien führen zu steuer- und sozialversicherungspflichtigem Arbeitslohn. Dazu gehören alle Vorteile, Ersparnisse und Zuwendungen, die "für" seine Arbeitsleistung gewährt werden, unabhängig davon, ob die Leistungen vom eigenen Arbeitgeber oder aufgrund des Arbeitsverhältnisses von einem Dritten gewährt werden. Es reicht aus, dass der Arbeitnehmer Leistungen erhält, weil er beruflich unterwegs ist oder weil er bei diesem Arbeitgeber beschäftigt ist. A

Auch Vorteile und Zahlungen, die nicht der Arbeitgeber selbst leistet, sondern ein Dritter gewährt (sog. Drittlohn), müssen steuerlich erfasst und ggf. dem steuerpflichtigen Arbeitslohn des Arbeitnehmers hinzugerechnet werden (§ 38 Abs. 1 Satz 3 EStG) Der Arbeitgeber muss diesen Drittlohn beim Arbeitnehmer versteuern, wenn er weiß oder erkennen kann, dass solche Vorteile von dritter Seite an eigene Arbeitnehmer erbracht werden.

Sachzuwendungen aus allgemeinen Bonusprogrammen zur Kundenbindung bleiben jedoch bis zu einem Betrag von 1.080 EUR pro Jahr beim Arbeitnehmer steuerfrei (§ 3 Nr. 38 EStG). Der Anbieter muss bei seinem Betriebsstätten-finanzamt beantragen, das Sachprämien mit 2,25 % pauschal versteuert werden können (§ 37a Abs. 1 EStG). Diese Beträge müssen dann nicht individuell lohnversteuert werden und unterliegen auch nicht der Sozialversicherung.

Im vorliegenden Beispiel ist zwar die Erfassung und Bewertung der eingeräumten Vorteile nötig, ein steuerpflichtiger geldwerter Vorteil für den Arbeitnehmer ergibt sich jedoch nicht. Bei den Vorteilen handelt es sich um Sachprämien aus Kundenbindungsprogrammen. Hierauf kann der Freibetrag von 1.080 EUR pro Kalenderjahr nach § 3 Nr. 38 EStG angewendet werden.

Hinweis

Zur Problematik von Bonusprogrammen gibt es mittlerweile mehrere Verwaltungsanweisungen, z.B. des Finanzministeriums Saarland vom 24.10.2005, B/2-4 – 134/05 – S 2334 (Lohnsteuerliche Behandlung des Prämienprogramms für Bahnfahrer "bahn.bonus"). Neben der Steuerbefreiungsvorschrift nach § 3 Nr. 38 EStG wurde mit § 37a EStG eine besondere Pauschalierungsvorschrift in das Einkommensteuergesetz aufgenommen. Danach können Prämien aus Kundenbindungsprogrammen vom Anbieter des Programms mit 2,25 % pauschal besteuert werden. Bemessungsgrundlage sind die insgesamt ausgeschütteten Prämien. Durch die zulässige Pauschalbesteuerung unterliegen die eingeräumten Vorteile nicht dem Steuer- und Sozialversicherungsabzug beim Arbeitnehmer. Der Anbieter hat den Prämienempfänger über die Pauschalbesteuerung zu unterrichten. Liegt keine derartige Mitteilung vor, muss der Arbeitgeber davon ausgehen, dass eine Pauschalversteuerung nicht erfolgt ist und prüfen, ob eine steuerpflichtige Lohnzahlung Dritter vorliegt.

35.2 Personalrabatte, Sachgeschenke (44-EUR-Freigrenze)

Sachverhalt

Ein Arbeitnehmer erhält im Juni vom Arbeitgeber verbilligte Eintrittskarten für das örtliche Thermalbad, Preisvorteil 20 EUR monatlich. Zudem tankt er für 28 EUR Benzin an der Tankstelle, die Rechnung zahlt der Arbeitgeber.

Wie sind die Vorteile lohnsteuerrechtlich zu behandeln?

Lösung

Die verbilligten Eintrittskarten in Höhe von monatlich 20 EUR für das Thermalbad stellen einen Sachbezug dar, der unter die 44-EUR-Freigrenze fällt und steuerfrei bleibt (§ 8 Abs. 2 Satz 9 EStG).

Im Juni wird jedoch die Freigrenze von 44 EUR durch das kostenlose Tanken im Wert von 28 EUR überschritten. Damit ist im Juni der gesamte Betrag von 48 EUR (20 EUR + 28 EUR) beim Arbeitnehmer lohnsteuer- und sozialversicherungspflichtig.

Hinweis

Bei der Kleinbetragsregelung bis zu einem Betrag von monatlich 44 EUR handelt es sich um eine Freigrenze, nicht um einen Freibetrag. Das heißt, wird die Freigrenze von 44 EUR auch nur um 1 Cent überschritten, ist nicht nur der 44 EUR übersteigende Betrag steuerpflichtig, sondern der gesamte Betrag.

35.3 Personalrabatte, Produkte des Arbeitgebers

Sachverhalt

Eine Arbeitnehmerin erwirbt im Juli von ihrem Arbeitgeber, einem Küchenhersteller, eine Küche zum Preis von 10.000 EUR. Im Einzelhandel wird dieselbe Küche für 18.000 EUR an den Endverbraucher verkauft.

Wie hoch ist der geldwerte Vorteil für die Arbeitnehmerin?

Lösung

Steuerpflichtiger geldwerter Vorteil	
Preis Endverbraucher	18.000 EUR
Abzgl. Pauschaler Bewertungszuschlag (4 %)	- 720 EUR
Zwischensumme	17.280 EUR
Preis Arbeitnehmer	- 10.000 EUR
Geldwerter Vorteil insgesamt	7.280 EUR
Abzgl. Rabattfreibetrag (§ 8 Abs. 3 Satz 2 EStG)	- 1.080 EUR
Steuerpflichtiger geldwerter Vorteil	6.200 EUR

Dieser Betrag ist als einmalig gewährter geldwerter Vorteil (sonstiger Bezug) nach der Jahrestabelle zu versteuern.

35.4 Personalrabatte, Zeitpunkt der Bewertung

Sachverhalt

Ein Möbelhaus ermöglicht allen seinen Arbeitnehmern den Einkauf von eigenen Waren im Möbelhaus bis zur Höhe des Rabattfreibetrags von 1.080 Euro im Jahr. Ein Arbeitnehmer sucht sich aus der Produktpalette seines Arbeitgebers eine Schrankwand aus. Der durch Preisauszeichnung im Möbelhaus angegebene Endpreis der Schrankwand beträgt 2.500 EUR. Arbeitgeber und Arbeitnehmer vereinbaren eine Zuzahlung von 1.000 EUR.

Wie sehen die lohnsteuer- und sozialversicherungsrechtlichen Folgen aus dem verbilligten Verkauf aus?

Lösung

Ermittlung des Sachbezugs	
Endpreis der Schrankwand	2.500 EUR
Abzgl. Pauschaler Bewertungszuschlag von 4 %	- 100 EUR
Zwischensumme	2.400 EUR

Preis Arbeitnehmer	- 1.000 EUR
Geldwerter Vorteil insgesamt	1.400 EUR
Abzgl. Rabattfreibetrag (§ 8 Abs. 3 Satz 2 EStG)	- 1.080 EUR
Steuerpflichtiger geldwerter Vorteil	**320,00 EUR**

Da es sich bei dem Rabattfreibetrag nach § 8 Abs. 3 Satz 2 EStG um einen Freibetrag und nicht um eine Freigrenze handelt, ist lediglich der übersteigende Betrag von 320 EUR beim Arbeitnehmer als steuer- und sozialversicherungspflichtiger Arbeitslohn anzusetzen. Dieser steuerpflichtige Arbeitslohn fließt dem Arbeitnehmer nicht bereits bei Einräumung des gegen den Arbeitgeber gerichteten Anspruchs zu (Bestellung), sondern erst bei tatsächlicher Ausübung bzw. Inanspruchnahme des Rabattfreibetrags (mit Auslieferung der Schrankwand). Der geldwerte Vorteil in Höhe von 320 EUR ist somit erst bei der Lohnabrechnung für den Zeitpunkt der Auslieferung als steuer- und sozialversicherungspflichtiger Arbeitslohn beim Arbeitnehmer anzusetzen.

36 Pfändung

36.1 Pfändung, pfändbare und pfändungsfreie Beträge

Sachverhalt

Ein Arbeitgeber erhält einen gerichtlichen Pfändungs- und Überweisungsbeschluss über 1.000 EUR für einen Mitarbeiter. Der betroffene Arbeitnehmer hat einen Nettolohn von 1.850 EUR monatlich. Er ist ledig und hat ein minderjähriges Kind. In diesem Monat hat er, zusätzlich zum Nettolohn ausnahmsweise noch verdient:

- 200 EUR netto Überstundenzuschläge
- 300 EUR netto tarifliches zusätzliches Urlaubsgeld
- 1.000 EUR netto für seine 20-jährige Betriebszugehörigkeit sowie
- 500 EUR netto freiwilliges Weihnachtsgeld mit ausdrücklichem Freiwilligkeitsvorbehalt

Welcher Verdienst ist im Dezember der Pfändung zugrunde zu legen und wie hoch ist der an den Gläubiger abzuführende Betrag?

Lösung

- Die für die Mehrarbeit gezahlten Teile der Nettovergütung (normale Stundenvergütung zzgl. gezahlter Mehrarbeitszuschlag) sind zur Hälfte unpfändbar und im Übrigen pfändbar (§ 850a Nr. 1 ZPO)
- Das zusätzliche tarifliche Urlaubsgeld ist unpfändbar (§ 850a Nr. 2 ZPO)
- Die Jubiläumszuwendung ist unpfändbar (§ 850a Nr. 2 ZPO)
- Das Weihnachtsgeld übersteigt nicht die Grenze des § 850a Nr. 4 ZPO und ist somit unpfändbar

Nettolohn	1.850,00 EUR
Zzgl. Hälfte der Überstundenvergütung (200 EUR EUR : 2)	+ 100,00 EUR
Der Pfändung zugrunde zu legender Verdienst	1.950,00 EUR
Entspricht nach der Tabelle bei einer Unterhaltspflicht für 1 Person einem pfändbaren Betrag von	266,95 EUR

An den Gläubiger sind im Dezember 266,95 EUR abzuführen.

In den Monaten, in denen der Arbeitnehmer monatlich nur 1.850 EUR netto verdient, sind jeweils 216,95 EUR abzuführen, bis der Gläubiger befriedigt ist.

Hinweis

Das Arbeitseinkommen im Zwangsvollstreckungsverfahren ist durch zwingendes Recht gemäß §§ 850 ff ZPO geschützt, indem es nur begrenzt zur Verfügung steht. Hierbei handelt es sich um ein differenziertes, abgestuftes System.

Manche Einkommensteile sind

- völlig der Pfändung entzogen (§ 850a ZPO),
- nur bedingt pfändbar (§ 850b ZPO).

Zudem wird die Pfändbarkeit des verbleibenden Einkommens begrenzt (§ 850c und d ZPO) und in bestimmten Fällen wird nur Pfändungsschutz auf Antrag gewährt (§ 850f, g, i ZPO).

Der Schuldner kann auf den Pfändungsschutz weder generell noch im Einzelfall verzichten.

36.2 Pfändung, Weihnachtsgeld bzw. 13. Monatsgehalt

Sachverhalt

Ein Arbeitgeber erhält einen gerichtlichen Pfändungs- und Überweisungsbeschluss über 2.000 EUR für einen Mitarbeiter. Der betroffene Arbeitnehmer hat einen Nettolohn von 2.500 EUR monatlich. Er ist drei Personen zum Unterhalt verpflichtet. Im Dezember erhält er noch Weihnachtsgeld bzw. 13. Monatsgehalt von 2.500 EUR netto.

Welcher Betrag muss im Dezember an den Gläubiger abgeführt werden?

Lösung

Weihnachtsvergütungen sind nach § 850a Nr. 4 ZPO bis zum Betrag der Hälfte des monatlichen Arbeitseinkommens, höchstens aber bis zum Betrag von 500 EUR unpfändbar. Die Bezeichnung als 13. Monatsgehalt ist bedeutungslos, soweit die Leistung im zeitlichen und sachlichen Zusammenhang mit Weihnachten erfolgt und eine entsprechende Zwecksetzung erfolgt. Bei einer Sonderzahlung zwischen dem 1.11. und dem 15.1. kann regelmäßig von dieser Zwecksetzung ausgegangen werden. Privilegiert ist der halbe Betrag des monatlichen Bruttoeinkommens, maximal aber 500 EUR. Diese Summe ist als Nettobetrag vom pfändbaren Einkommen abzusetzen, damit dem Schuldner der Betrag ungekürzt verbleibt. Die darauf entfallenden Steuern und Sozialabgaben sind aus dem sonstigen Einkommen zu leisten. Der restliche Betrag ist dem Monat hinzuzurechnen, in dem die Weihnachtsvergütung gezahlt wird.

Nettolohn	2.500,00 EUR
Zzg. Teil des Weihnachtsgelds der der Pfändung unterworfen wird (2.500 EUR - 500 EUR)	+ 2.000,00 EUR
Der Pfändung zugrunde zu legender Verdienst	4.500,00 EUR
Voll pfändbarer Mehrbetrag nach der Tabelle (4.500 EUR - 3.020,06 EUR)	1.345,85 EUR
Pfändbarer Betrag lt. Pfändungstabelle bei Unterhaltspflicht für 3 Personen	+ 390,73 EUR
An den Gläubiger abzuführender Betrag	1.736,58 EUR

Für Dezember sind 1.736,58 EUR an den Gläubiger abzuführen. Der restliche Betrag von 263,42 EUR ist im Folgemonat abzuführen.

Hinweis

Die Weihnachtsgratifikation ist eine Sonderleistung, die vom Arbeitgeber anlässlich des Weihnachtsfests zusätzlich zur Vergütung gezahlt wird. Die Rechtsgrundlage ist unerheblich, solange ein Anspruch besteht. Eine Forderung i.S.d. § 850a Nr. 4 ZPO Nr. 4 liegt auch vor, wenn die Anspruchsbegründung freiwillig unter Widerrufsvorbehalt für die Zukunft erfolgt.

36.3 Pfändung, mehrere gleichzeitig

Sachverhalt

Ein Arbeitgeber erhält am 10.1. zwei gerichtliche Pfändungs- und Überweisungsbeschlüsse über 1.000 EUR und 2.000 EUR für eine Mitarbeiterin.

Die betroffene Arbeitnehmerin hat einen Nettolohn von 1.800 EUR monatlich. Sie ist ledig und hat ein minderjähriges Kind.

Am 15.1. erhält er einen weiteren Pfändungs- und Überweisungsbeschluss über 2.200 EUR.

In welcher Reihenfolge und Höhe sind die Forderungen zu bedienen?

Lösung

Nach dem Grundsatz der Priorität geht der zuerst zugestellte Pfändungs- und Überweisungsbeschluss dem späteren vor. Der am 15.1. zugestellte Beschluss greift also erst, wenn die anderen Forderungen vollständig bedient sind.

Zwischen den beiden am 10.1. zugestellten Pfändungen herrscht Gleichrang. Hier ist nach dem Verhältnis der vollstreckbaren Beträge aufzuteilen . Dieses Verhältnis beträgt vorliegend 2/3 zu 1/3 (2.000 zu 1.000).

Berechnung	
Pfändbarer Betrag lt. Pfändungstabelle bei Unterhaltspflicht	191,95 EUR
Davon 1/3	63,98 EUR
Davon 2/3	127,97 EUR

Beginnend ab Februar ist die am 10.1. zugestellte Pfändung über 1.000 EUR mit 63,98 EUR monatlich zu bedienen, die am selben Tag zugestellte Pfändung über 2.000 EUR mit 127,97 EUR monatlich.

36.4 Pfändung, Vorausabtretung

Sachverhalt

Ein Arbeitgeber erhält am 10.1. einen gerichtlichen Pfändungs- und Überweisungsbeschluss über 1.000 EUR für eine Mitarbeiterin.

Die betroffene Arbeitnehmerin hat einen Nettolohn von 1.800 EUR monatlich. Sie ist ledig und hat ein minderjähriges Kind.

Ein weiterer Gläubiger übersendet dem Arbeitgeber eine auf den 5.1. datierte Abtretungserklärung, mit der die künftigen pfändbaren Bezüge auf Arbeitslohn für eine Schuld von 10.000 EUR an ihn abgetreten wird.

Wie geht der Arbeitgeber in diesem Fall vor?

Lösung

Die auf den 5.1. datierte Abtretung geht vor. Es ist möglich, auch künftiges pfändbares Arbeitseinkommen nach § 398 BGB abzutreten (Vorausabtretung). Die Abtretung ist mit Vertragsschluss wirksam.

Hinweis

Nach § 399 BGB kann die Abtretung im Arbeitsvertrag oder einem Ergänzungsvertrag mit dem Arbeitnehmer ausgeschlossen werden.

36.5 Pfändung, Bearbeitungskosten Arbeitgeber

Sachverhalt

Arbeitgeber und Betriebsrat haben eine Betriebsvereinbarung abgeschlossen, wonach der Arbeitgeber für die Bearbeitungskosten bei Pfändungen von dem gepfändeten Betrag 3 % Bearbeitungsgebühren einbehalten und mit der Vergütung des Arbeitnehmers verrechnen kann.

Ist diese Vereinbarung wirksam?

Lösung

Diese Bestimmung ist unwirksam. Es besteht weder ein entsprechendes Mitbestimmungsrecht des Betriebsrats noch können die Betriebsparteien einen Erstattungsanspruch zugunsten des Arbeitgebers durch freiwillige Betriebsvereinbarung regeln.

37 Pflegezeit

37.1 Pflegezeit, Antragsfrist

Sachverhalt

Ein Mitarbeiter teilt seinem Arbeitgeber am 5.6. mit, dass er in der Zeit vom 10.6. bis 23.8. eines Jahres seine pflegebedürftige Mutter bei sich zu Hause betreuen müsse. Er verlangt deshalb Freistellung von der Arbeit für diesen Zeitraum.

Hat der Mitarbeiter Anspruch auf Freistellung?

Lösung

Der Mitarbeiter hat nach dem Pflegezeitgesetz grundsätzlich einen Anspruch auf Freistellung für die Betreuung pflegebedürftiger Angehöriger, soweit er nicht schon einen entsprechenden Anspruch in der Vergangenheit hatte.

Er muss eine Antragsfrist von 10 Arbeitstagen einhalten und den Antrag schriftlich stellen.

Da der Mitarbeiter die Frist nicht eingehalten hat besteht der Anspruch auf Pflegezeit erst ab 20.6. (ohne Berücksichtigung der Wochenenden).

Praxis-Tipp

Der Eingang des Antrags auf Pflegezeit muss dokumentiert werden, damit festgestellt werden kann, ab wann die Pflegezeit frühestens beginnen kann. Bei der Berechnung werden die regelmäßigen Arbeitstage des Betriebs zugrunde gelegt.

Der Mitarbeiter kann selbstverständlich den Antrag auch schon frühzeitiger stellen, die gesetzliche Frist von 10 Arbeitstagen ist eine Mindestfrist. Das Gesetz stellt auf Arbeits- und nicht auf Wochentage ab bei der Berechnung des Ankündigungsfrist: Das Wochenende wird nicht mit eingerechnet.

Hinweis

Auf einen mündlichen Antrag auf Pflegezeit muss der Arbeitgeber nicht reagieren, das Pflegezeitgesetz schreibt vor, dass der Mitarbeiter den Antrag schriftlich stellt. Hat der Arbeitgeber auf einen mündlichen Antrag positiv reagiert und die Pflegezeit zugesagt, kann er sich aber nicht nachträglich auf die fehlende Schriftform berufen.

37.2 Pflegezeit, Verlängerung

Sachverhalt

Ein Mitarbeiter hat in der Zeit vom 10.6. bis 23.8. Pflegezeit zur Betreuung seiner pflegebedürftigen Mutter.

Er will die Pflegezeit ab 30.8. verlängern, weil zu diesem Zeitpunkt die andere Person, die die Pflege ab 24.8. übernimmt, selbst in ärztliche Behandlung geht.

Kann der Mitarbeiter die Pflegezeit verlängern?

Lösung

Der Mitarbeiter hat nach dem Pflegezeitgesetz einen Anspruch auf eine Pflegezeit von maximal 6 Monaten. Wird zunächst ein kürzerer Zeitraum beantragt, kann der Arbeitnehmer eine Verlängerung verlangen, wenn der Arbeitgeber dem zustimmt.

Verlängerung des ursprünglichen Zeitraums bedeutet aber den "nahtlosen" Ansatz daran. Im vorliegenden Fall ist jedoch eine Unterbrechung von mehreren Tagen gegeben. Der Mitarbeiter verlangt also keine Verlängerung der Pflegezeit, sondern eine weitere, 2. Pflegezeit für dieselbe pflegebedürftige Person. Hierauf hat der Mitarbeiter aber keinen Anspruch.

Praxis-Tipp

Das Pflegezeitgesetz enthält Mindestbedingungen. Der Arbeitgeber kann auf freiwilliger Basis weitere Pflegezeiten durchaus zulassen, muss aber darauf achten, dass daraus kein für ihn verpflichtender Rechtsanspruch wird entweder durch die so genannte betriebliche Übung oder aus dem Grundsatz der Gleichbehandlung heraus. Deshalb sollte der Grund der Ausnahme von den Voraussetzungen des Pflegezeitgesetzes dokumentiert werden, um dann gegebenenfalls gegenüber anderen Beschäftigten rechtssicher argumentieren zu können, warum in dem einen Fall abweichend vom Pflegezeitgesetz gehandelt wurde und in dem anderen Falle nicht.

Will der Arbeitgeber dem Mitarbeiter eine weitere, gesetzlich nicht geregelte "Pflegezeit" gewähren, kann er mit dem Arbeitnehmer unabhängig vom Pflegezeitgesetz für den entsprechenden Zeitraum eine unbezahlte Freistellung von der Arbeit vereinbaren, mit der Folge, dass das Arbeitsverhältnis während dieser Zeit ruht.

37.3 Pflegezeit, 2. Freistellung

Sachverhalt

Ein Mitarbeiter hatte in der Zeit vom 10.6. bis 23.8. eines Jahres Pflegezeit in Anspruch genommen für die Pflege seiner Mutter.

Er beantragt eine weitere Pflegezeit für den Zeitraum vom 23.12. des Jahres bis 6.1. des Folgejahres und verlangt für diesen Zeitraum die Freistellung von der Arbeit.

Hat der Arbeitnehmer Anspruch auf eine 2. Pflegezeit?

Lösung

Der Mitarbeiter hat nach dem Pflegezeitgesetz für den 2. Zeitraum keinen Anspruch auf Freistellung. Das Pflegezeitgesetz gewährt den Beschäftigten einen einmaligen Anspruch auf Freistellung zur Pflege pro zu pflegendem Angehörigen von maximal 6 Monaten. Selbst wenn bei der "1." Pflegezeit der Zeitraum von 6 Monaten nicht ausgeschöpft wurde, kann der Mitarbeiter nicht verlangen, dass die nicht verbrauchte Zeit später genommen wird. Der Anspruch kann abgelehnt werden.

Praxis-Tipp

Der Arbeitgeber sollte dokumentieren, wann welcher Mitarbeiter für welche pflegebedürftige Personen Pflegezeit geltend gemacht hat. Dieser Hinweis wird dann auch in die Personalakte aufgenommen, am besten zusammen mit der entsprechenden ärztlichen Bescheinigung über die Pflegebedürftigkeit des nahen Angehörigen.

Hinweis

Der Arbeitgeber kann mit dem Mitarbeiter für den 2. Zeitraum eine unbezahlte Freistellung von der Arbeit (unbezahlten Urlaub) vereinbaren. Dabei handelt es sich dann nicht um eine Pflegezeit im Sinne des Pflegezeitgesetzes.

Dies sollte aber nicht regelmäßig geschehen, da sonst andere Arbeitnehmer sich über den Anspruch auf Gleichbehandlung gegebenenfalls darauf berufen könnten. In einem solchen Fall sollte der Arbeitgeber mit dem Mitarbeiter vereinbaren, dass für diesen Zeitraum das Arbeitsverhältnis ruht. In diesem Fall muss für diese Zeit weder Urlaub gewährt werden noch eventuell bei einer Erkrankung des Mitarbeiters während dieser Zeit Entgeltfortzahlung leisten.

38 Praktikantentätigkeit

38.1 Praktikantentätigkeit, Zwischenpraktikum vorgeschrieben (über 400 EUR monatlich)

Sachverhalt

Ein 24 Jahre alter Student übt ein in der Studien- und Prüfungsordnung vorgeschriebenes Praktikum aus. Das monatliches Arbeitsentgelt beträgt 500 EUR, die wöchentliche Arbeitszeit 30 Stunden. Das Praktikum ist auf 6 Monate befristet.

Der Student ist über seinen Vater in dessen gesetzlicher Krankenkasse familienversichert.

Der Arbeitgeber nimmt am Ausgleichsverfahren nach dem Aufwendungsausgleichsgesetz (AAG) teil.

Wie ist das vorgeschriebene Zwischenpraktikum sozialversicherungsrechtlich zu beurteilen?

Lösung

Der Student ist während des vorgeschriebenen Praktikums versicherungsfrei in der Kranken-, Pflege- und Arbeitslosenversicherung. In der Rentenversicherung besteht aufgrund gesetzlicher Vorschrift ebenfalls Versicherungsfreiheit.

Darüber hinaus ist Folgendes zu berücksichtigen:

- Da das Einkommens an mehr als 2 Monaten im Jahr regelmäßig über 375 EUR liegt, entfällt der Rechtsanspruch auf kostenfreie Familienversicherung. Der Student wird deshalb kranken- und pflegeversicherungspflichtig als Student und hat Beiträge zur studentischen Krankenversicherung zu zahlen. Nach Ende des Praktikums, d.h. mit dem Wegfall des (zu hohen) Einkommens tritt der Rechtsanspruch auf kostenfreie Familienversicherung für den Studenten wieder ein (längstens bis zur Vollendung des 25. Lebensjahres).

- Ansprüche auf Beitragszuschüsse zur Kranken- und Pflegeversicherung hat der Praktikant nicht, da er nicht wegen Überschreitens der Jahresarbeitsentgeltgrenze versicherungsfrei ist.
- Der Arbeitgeber hat keine Meldungen zur Sozialversicherung zu übermitteln.
- Der Arbeitgeber hat für den Praktikanten ein Entgeltkonto einzurichten und Entgeltunterlagen zu führen. Dabei sind Studienbescheinigungen und Bescheinigungen drüber, dass das Praktikum in der Studien- und Prüfungsordnung vorgeschrieben ist, zu den Entgeltunterlagen zu nehmen.
- Zur U 1 bzw. U 2 sind Umlagen an die Krankenkasse des Praktikanten zu entrichten.
- Die Insolvenzgeldumlage ist auf Basis des monatlichen Arbeitsentgelts zu entrichten.

38.2 Praktikantentätigkeit, Zwischenpraktikum vorgeschrieben (unter 400 EUR monatlich)

Sachverhalt

Ein Student (30 Jahre alt) übt – befristet auf 5 Monate – ein in der Studien- und Prüfungsordnung vorgeschriebenes Praktikum aus. Das monatliche Arbeitsentgelt beträgt 300 EUR. Er ist freiwilliges Mitglied einer gesetzlichen Krankenkasse.

Der Arbeitgeber nimmt am Ausgleichsverfahren nach dem Aufwendungsausgleichsgesetz (AAG) teil.

Wie ist das vorgeschriebene Zwischenpraktikum sozialversicherungsrechtlich zu beurteilen?

Lösung

Der Student ist während des vorgeschriebenen Praktikums versicherungsfrei in der Kranken-, Pflege- und Arbeitslosenversicherung. In der Rentenversicherung besteht aufgrund gesetzlicher Vorschrift ebenfalls Versicherungsfreiheit.

Darüber hinaus ist Folgendes zu berücksichtigen:

- Der Studenten sollte bei seiner Krankenversicherung wegen der Höhe des monatlichen freiwilligen Beitrags vorsprechen, um ggf. rückwirkende Beitragsforderungen zu vermeiden.

- Ansprüche auf Beitragszuschüsse zur Kranken- und Pflegeversicherung hat der Praktikant nicht, da er nicht wegen Überschreitens der Jahresarbeitsentgeltgrenze versicherungsfrei ist.
- Der Arbeitgeber muss keine Meldungen zur Sozialversicherung übermitteln.
- Der Arbeitgeber hat für den Praktikanten ein Entgeltkonto einzurichten und Entgeltunterlagen zu führen. Dabei sind Studienbescheinigungen und Bescheinigungen drüber, dass das Praktikum in der Studien- und Prüfungsordnung vorgeschrieben ist, zu den Entgeltunterlagen zu nehmen.
- Zur U 1 bzw. U 2 sind Umlagen an die Krankenkasse des Praktikanten zu entrichten.
- Die abzuführende Insolvenzgeldumlage ist auf Basis des monatlich erzielten Arbeitsentgelts an die Krankenkasse des Studenten abzuführen.

Für den Studenten ist trotz seines Entgelts unterhalb der Grenze für geringfügig entlohnte Beschäftigungen kein Pauschalbeitrag zur Kranken- oder Rentenversicherung an die Minijob-Zentrale abzuführen.

Hinweis

Ein vorgeschriebenes Zwischenpraktikum im sozialversicherungsrechtlichen Sinn ist eine Beschäftigung, die der betrieblichen Berufsbildung dient. Deshalb dürfen hier die Vorschriften für geringfügig Beschäftigte generell nicht angewandt werden (§ 7 Abs. 1 Satz 1 Nr. 1 SGB V, § 5 Abs. 2 Satz 3 SGB VI, § 27 Abs. 2 Satz 2 SGB III, § 20 Abs. 1 Satz 1 SGB XI).

Neben dem Praktikum ausgeübte geringfügige Beschäftigungen sind gesondert - ohne Berücksichtigung der während des Studiums ausgeübten vorgeschriebenen Praktika - zu beurteilen.

38.3 Praktikantentätigkeit, Zwischenpraktikum vorgeschrieben (ohne Arbeitsentgelt)

Sachverhalt

Ein Student (26 Jahre alt) übt ein in der Studien- und Prüfungsordnung vorgeschriebenes Praktikum aus. Er erhält hierfür kein Arbeitsentgelt. Er ist 40 Stunden pro Woche, befristet auf 4 Monate tätig. Der Student ist selbst Mitglied einer gesetzlichen Krankenkasse (studentische Krankenversicherung).

Der Arbeitgeber nimmt am Ausgleichsverfahren nach dem Aufwendungsausgleichsgesetz (AAG) teil.

Wie ist das vorgeschriebene Zwischenpraktikum sozialversicherungsrechtlich zu beurteilen?

Lösung

Der Student ist während des vorgeschriebenen Praktikums versicherungsfrei in der Kranken-, Pflege- und Arbeitslosenversicherung. In der Rentenversicherung besteht aufgrund gesetzlicher Vorschrift ebenfalls Versicherungsfreiheit.

- Es sind keine Meldungen zur Sozialversicherung zu übermitteln.
- Der Arbeitgeber hat für den Praktikanten ein Entgeltkonto einzurichten und Entgeltunterlagen zu führen. Dabei sind Studienbescheinigungen und Bescheinigungen darüber, dass das Praktikum in der Studien- und Prüfungsordnung vorgeschrieben ist, zu den Entgeltunterlagen zu nehmen.

Wegen fehlender Entgelt(fortzahlungs-)ansprüche sind zur U 1 bzw. U 2 keine Umlagen zu entrichten. Grundsätzlich ist die Insolvenzgeldumlage zu entrichten, da kein Arbeitsentgelt vorliegt, beträgt diese jedoch 0,00 EUR.

38.4 Praktikantentätigkeit, Zwischenpraktikum nicht vorgeschrieben (25 Wochenstunden während Semesterferien)

Sachverhalt

Ein gesetzlich krankenversicherter, an einer Universität immatrikulierter Student übt ein nicht vorgeschriebenes Praktikum in der Zeit vom 1.7.-31.8. (während der Semesterferien) aus.

Sein monatliches beträgt Arbeitsentgelt 350 EUR, die wöchentliche Arbeitszeit 25 Stunden.

Der Arbeitgeber nimmt am Ausgleichsverfahren nach dem Aufwendungsausgleichsgesetz (AAG) teil.

Wie ist das nicht vorgeschriebene Zwischenpraktikum sozialversicherungsrechtlich zu beurteilen?

Lösung

Grundsätzlich ist ein nicht vorgeschriebenes Praktikum während des Studiums wie eine andere Beschäftigung während des Studiums zu bewerten. Damit sind in der Kranken-, Pflege-, und Arbeitslosenversicherung die Regelungen für gewöhnliche Werkstudenten anzuwenden. Im Hinblick auf die Rentenversicherungspflicht sind die Vorschriften über geringfügige Beschäftigungen zu beachten. Soweit diese Praktika geringfügig entlohnt ausgeübt werden, sind Pauschalbeiträge zur Krankenversicherung, nicht jedoch zur Rentenversicherung abzuführen.

- Der Student ist während des nicht vorgeschriebenen Praktikums versicherungsfrei in der Kranken-, Pflege-, und Arbeitslosenversicherung, da das Studium durch das Praktikum nicht in den Hintergrund tritt (Werkstudentenprivileg, 20-Stunden-Grenze zwar überschritten, jedoch lediglich während der Semesterferien).
- In der Rentenversicherung besteht Versicherungsfreiheit, da die Beschäftigung auf nicht mehr als 2 Monate befristet ist (kurzfristige Beschäftigung). Pauschalbeiträge sind nicht zu zahlen.
- Der Arbeitgeber hat mit Personengruppenschlüssel 110 und Beitragsgruppenschlüssel 0000 eine Meldung an die Minijob-Zentrale bei der Deutschen Rentenversicherung Knappschaft-Bahn-See zu erstatten.
- Die Umlagen nach dem AAG bzw. die Insolvenzgeldumlage sind an die Minijob-Zentrale bei der Deutschen Rentenversicherung Knappschaft-Bahn-See zu entrichten.

38.5 Praktikantentätigkeit, Zwischenpraktikum nicht vorgeschrieben (20 Wochenstunden, 400 EUR monatlich)

Sachverhalt

Ein an der Universität immatrikulierter Student übt ab 1.7. ein auf 6 Monate befristetes, nicht vorgeschriebenes Praktikum aus. Er ist gesetzlich krankenversichert. Sein Arbeitsentgelt beträgt 400 EUR monatlich, die wöchentliche Arbeitszeit 20 Stunden.

Der Arbeitgeber nimmt am Ausgleichsverfahren nach dem Aufwendungsausgleichsgesetz (AAG) teil.

Wie ist das nicht vorgeschriebene Zwischenpraktikum sozialversicherungsrechtlich zu beurteilen?

Lösung

Grundsätzlich ist ein nicht vorgeschriebenes Praktikum während des Studiums wie eine andere Beschäftigung während des Studiums zu bewerten. Damit sind in der Kranken-, Pflege-, und Arbeitslosenversicherung die Regelungen für gewöhnliche Werkstudenten anzuwenden.

- In der Rentenversicherung besteht Versicherungsfreiheit, da die Beschäftigung lediglich geringfügig entlohnt ausgeübt wird. Pauschalbeiträge zur Rentenversicherung sind für geringfügig entlohnte, nicht vorgeschriebene Zwischenpraktika nicht zu zahlen (§ 172 Abs. 3 Satz 2 SGB VI).
- Zur Krankenversicherung sind Pauschalbeiträge zu zahlen, da das nicht vorgeschriebene Praktikum als geringfügig entlohnte Beschäftigung ausgeübt wird.
- Der Arbeitgeber hat mit Personengruppenschlüssel 109 und Beitragsgruppenschlüssel 6000 eine Meldung an die Minijob-Zentrale bei der Deutschen Rentenversicherung Knappschaft-Bahn-See zu erstatten.
- Es sind Umlagen nach dem AAG sowie die Insolvenzgeldumlage an die Minijob-Zentrale bei der Deutschen Rentenversicherung Knappschaft-Bahn-See zu entrichten.

38.6 Praktikantentätigkeit, Zwischenpraktikum nicht vorgeschrieben (30 Wochenstunden, 500 EUR monatlich)

Sachverhalt

Ein an der Universität immatrikulierter Student übt ab 1.7. ein auf 6 Monate befristetes, nicht vorgeschriebenes Praktikum aus. Sein monatliches Arbeitsentgelt beträgt 500 EUR, die wöchentliche Arbeitszeit 30 Stunden. Der Student ist gesetzlich krankenversichert.

Der Arbeitgeber nimmt am Ausgleichsverfahren nach dem Aufwendungsausgleichsgesetz (AAG) teil.

Wie ist das nicht vorgeschriebene Zwischenpraktikum sozialversicherungsrechtlich zu beurteilen?

Lösung

Der Student wird aufgrund des Praktikums in allen Zweigen versicherungspflichtig.

- In der Kranken-, Pflege-, und Arbeitslosenversicherung besteht Beitragspflicht, da die Beschäftigung an mehr als 20 Stunden wöchentlich ausgeübt wird (kein Werkstudentenprivileg).
- In der Rentenversicherung besteht Versicherungspflicht, da die Beschäftigung nicht geringfügig ausgeübt wird.
- Der Arbeitgeber hat mit Personengruppenschlüssel 101 und Beitragsgruppenschlüssel 1111 eine Meldung an die Krankenkasse des Studenten zu erstatten. Da ein nicht vorgeschriebenes Praktikum keine Beschäftigung zur Berufsausbildung darstellt, ist bei der Beitragsberechnung die Gleitzonenregelung anzuwenden.
- Es sind Umlagen nach dem AAG und die Insolvenzgeldumlage zu entrichten. Sie sind an die für Student F zuständige Krankenkasse zu zahlen.

38.7 Praktikantentätigkeit, Vorpraktikum vorgeschrieben (über 20 Wochenstunden, über 400 EUR monatlich)

Sachverhalt

Ein Praktikant ist noch nicht an einer Hochschule immatrikuliert. Er leistet ein in der Studien- und Prüfungsordnung des bevorstehenden Studiengangs vorgeschriebenes Vorpraktikum ab, das er für die Einschreibung bei der Fachhochschule laut Studienordnung nachweisen muss.

Das Praktikum wird in der Zeit von 1.6.-30.9. ausgeübt. Die wöchentliche Arbeitszeit beträgt 40 Stunden, das monatliche Entgelt 500 EUR. Erst ab 1.10. ist der Praktikant ein eingeschriebener Student.

Der Arbeitgeber nimmt am Ausgleichsverfahren nach dem Aufwendungsausgleichsgesetz (AAG) teil.

Wie ist das vorgeschriebene Vorpraktikum sozialversicherungsrechtlich zu beurteilen?

Lösung

- Es besteht Versicherungspflicht in der Kranken- und in der Pflegeversicherung als zur Berufsausbildung Beschäftigter, da der Praktikant gegen Arbeitsentgelt beschäftigt ist.
- Der Praktikant unterliegt der Versicherungspflicht in der Renten- und Arbeitslosenversicherung.

Die Gleitzonenregelung kommt nicht in Betracht, da der Praktikant als zur Berufsausbildung beschäftigt zu betrachten ist.

- Es ist mit Personengruppenschlüssel 105 und Beitragsgruppenschlüssel 1111 eine Meldung an die gewählte bzw. letzte Krankenkasse zu erstatten. Umlagen nach dem AAG und die Insolvenzgeldumlage sind ebenfalls dorthin zu entrichten.

38.8 Praktikantentätigkeit, Vorpraktikum vorgeschrieben (über 20 Wochenstunden, unter 400 EUR monatlich)

Sachverhalt

Ein noch nicht an einer Hochschule immatrikulierten Praktikanten übt ab 1.6 für 3 Monate ein in der Studien- und Prüfungsordnung des bevorstehenden Studiengangs vorgeschriebene Vorpraktikum aus. Die wöchentliche Arbeitszeit beträgt 40 Stunden, das monatliche Entgelt 300 EUR. Ab 1.10. ist der Praktikant eingeschriebener Student.

Der Arbeitgeber nimmt am Ausgleichsverfahren nach dem Aufwendungsausgleichsgesetz (AAG) teil.

Wie ist das vorgeschriebene Vorpraktikum sozialversicherungsrechtlich zu beurteilen?

Lösung

- Es besteht Versicherungspflicht in der Kranken- und in der Pflegeversicherung als zur Berufsausbildung Beschäftigter, da der Praktikant gegen Arbeitsentgelt beschäftigt ist.
- Der Student unterliegt er der Versicherungspflicht in der Renten- und Arbeitslosenversicherung.

Die Gleitzonenregelung bzw. Versicherungsfreiheit infolge Geringfügigkeit kommt nicht in Betracht, da der Praktikant als zur Berufsausbildung beschäftigt zu betrachten ist.

- Es ist mit Personengruppenschlüssel 105 und Beitragsgruppenschlüssel 1111 eine Meldung an die gewählte bzw. letzte Krankenkasse zu erstatten. Umlagen nach dem AAG und die Insolvenzgeldumlage sind ebenfalls dorthin zu entrichten.

38.9 Praktikantentätigkeit, Nachpraktikum vorgeschrieben (über 20 Wochenstunden, kein Arbeitsentgelt)

Sachverhalt

Nach Beendigung seines Studiums leistet ein nicht mehr immatrikulierter Praktikant ein in der Studien- und Prüfungsordnung vorgeschriebenes Nachpraktikum ab, das er zur Anerkennung seines Berufsabschlusses nach der Studienordnung benötigt. Das Praktikum wird ab 1.4. an 30 Stunden pro Woche ausgeübt und ist auf 6 Monate befristet. Ein Entgelt wird dem Praktikanten nicht gezahlt.

Der Arbeitgeber nimmt am Ausgleichsverfahren nach dem Aufwendungsausgleichsgesetz (AAG) teil.

Wie ist das vorgeschriebene Nachpraktikum sozialversicherungsrechtlich zu beurteilen?

Lösung

Der Student unterliegt der Versicherungspflicht in der Kranken- und Pflegeversicherung, auch wenn die Tätigkeit ohne Arbeitsentgelt ausgeübt wird, und in der Renten- und Arbeitslosenversicherung.

- Der Arbeitgeber hat innerhalb von 2 Wochen nach Aufnahme der Tätigkeit eine Anmeldung für die Kranken- und Pflegeversicherung zu erstatten.

  Dabei ist ein besonderer Vordruck ("Anmeldung für Praktikanten ohne Arbeitsentgelt" bzw. "Anmeldung für zur Berufsausbildung Beschäftigte ohne Arbeitsentgelt") zu verwenden.

  Innerhalb von 2 Wochen nach Beendigung der berufspraktischen Tätigkeit bzw. der Berufsausbildung ist eine entsprechende Abmeldung abzugeben.
- Es ist eine Meldung mit Personengruppenschlüssel 105 und Beitragsgruppenschlüssel 0011 an die gewählte bzw. letzte Krankenkasse zu erstatten.
- Die Beiträge zur Kranken- und Pflegeversicherung trägt und bezahlt der Praktikant selbst an seine Krankenkasse. Die Beitragshöhe entspricht der eines versicherungspflichtigen Studenten.
- Da kein Arbeitsentgelt gezahlt wird, werden die Beiträge zur Renten- und Arbeitslosenversicherung von einem monatlichen Ausgangswert (fiktives Arbeitsentgelt) von 1 % der monatlichen Bezugsgröße berechnet. Der Arbeitgeber trägt die Beiträge allein und führt sie an die Krankenkasse des Praktikanten ab.
- Umlagen nach dem AAG sind nicht abzuführen, da mangels Entgeltanspruchs keine Entgeltfortzahlung im Krankheitsfall in Frage kommt. Die Insolvenzgeldumlage ist nicht zu zahlen, da fiktive Berechnungsgrundlagen nicht zur Umlageberechnung herangezogen werden.

Hinweis

Wäre der Praktikant über einen Angehörigen bei einer gesetzlichen Krankenkasse familienversichert, wäre die Versicherungspflicht in der Kranken- und Pflegeversicherung nachrangig, d.h. sie träte in einem solchen Fall nicht ein. Auf die anderen Versicherungszweige hätte dies aber keinerlei Einfluss.

38.10 Praktikantentätigkeit, Vorpraktikum nicht vorgeschrieben (über 20 Wochenstunden, über 400 EUR monatlich)

Sachverhalt

Ein noch nicht an der Universität immatrikulierter Praktikant übt ein Vorpraktikum aus. Dieses ist nicht in einer Studien- oder Prüfungsordnung vorgeschrieben. Das Vorpraktikum wird aus eigenen fachlichen und auch finanziellen Interessen des Praktikanten in der Zeit von 1.6.-30.9. durchgeführt. Die wöchentliche Arbeitszeit beträgt 40 Stunden, das monatliche Entgelt 500 EUR. Ab 1.10. ist der Praktikant an der Hochschule immatrikulierter Student.

Der Arbeitgeber nimmt am Ausgleichsverfahren nach dem Aufwendungsausgleichsgesetz (AAG) teil.

Wie ist das nicht vorgeschriebene Vorpraktikum sozialversicherungsrechtlich zu beurteilen?

Lösung

Der Praktikant ist kranken-, pflege-, renten- und arbeitslosenversicherungspflichtig.

- Der Arbeitgeber hat mit Personengruppenschlüssel 101 und Beitragsgruppenschlüssel 1111 eine Meldung an die gewählte bzw. letzte Krankenkasse zu erstatten.

Die Beitragsberechnung hat unter Beachtung der Gleitzonenregelung zu erfolgen. Dabei gilt das verminderte Gleitzonenentgelt auch für die Berechnung der Umlagen U1 und U2 (gemäß Arbeitgeberaufwendungsgesetz, AAG) und für die Insolvenzgeldumlage.

Verzichtet der Praktikant auf die Anwendung der Gleitzonenregelung in der Rentenversicherung, d. h. er wählt die Zahlung der vollen RV-Beiträge, sind die Umlagen nach dem AAG sowie die Insolvenzgeldumlage nach dem tatsächlichen Entgelt zu zahlen.

- Die Umlagen nach dem AAG und die Insolvenzgeldumlage sind an die gewählte bzw. letzte Krankenkasse zu entrichten.

Hinweis

Bei allen nicht vorgeschriebenen Vor- oder Nachpraktika bestehen hinsichtlich der versicherungsrechtlichen Beurteilung keinerlei Sonderregelungen.

Personen, die nicht vorgeschriebene Praktika gegen Arbeitsentgelt ausüben, sind deshalb als Beschäftigte grundsätzlich versicherungspflichtig in der Kranken-, Pflege-, Renten- und Arbeitslosenversicherung.

Nicht vorgeschriebene Vor- und Nachpraktika zählen aufgrund der fehlenden Verpflichtung zur Ableistung nicht zu den Beschäftigungen im Rahmen betrieblicher Berufsbildung. Somit kann hier Versicherungsfreiheit in Betracht kommen, wenn eine geringfügige Entlohnung vorliegt. Ebenso ist die Gleitzonenregelung stets anzuwenden, wenn das regelmäßige monatliche Arbeitsentgelt zwischen 400,01 EUR und 800 EUR liegt.

38.11 Praktikantentätigkeit, Vorpraktikum nicht vorgeschrieben (über 20 Wochenstunden, unter 400 EUR monatlich)

Sachverhalt

Ein noch nicht an der Universität immatrikulierten Praktikant übt ab 1.6. für 3 Monate ein Vorpraktikum aus. Dieses Praktikum ist nicht in einer Studien- oder Prüfungsordnung vorgeschrieben. Das Vorpraktikum wird aus eigenen fachlichen und auch finanziellen Interessen des Praktikanten ausgeübt. Die wöchentliche Arbeitszeit beträgt 40 Stunden, das monatliche Entgelt 300 EUR. Ab 1.10. ist der Praktikant eingeschriebener Student.

Der Arbeitgeber nimmt am Ausgleichsverfahren nach dem Aufwendungsausgleichsgesetz (AAG) teil.

Wie ist das nicht vorgeschriebene Vorpraktikum sozialversicherungsrechtlich zu beurteilen?

Lösung

Der Praktikant ist kranken-, pflege-, renten- und arbeitslosenversicherungsfrei, weil die Beschäftigung geringfügig entlohnt ausgeübt wird.

- Der Arbeitgeber hat mit Personengruppenschlüssel 109 und Beitragsgruppenschlüssel 6500 eine Meldung an die Minijob-Zentrale bei der Deutschen Rentenversicherung Knappschaft-Bahn-See zu erstatten.
- Die Pauschalbeiträge zur Kranken- und Rentenversicherung und die Umlagen nach dem AAG und die Insolvenzgeldumlage sind an die Minijob-Zentrale zu entrichten.

Hinweis

Bei allen nicht vorgeschriebenen Vor- oder Nachpraktika bestehen hinsichtlich der versicherungsrechtlichen Beurteilung keinerlei Sonderregelungen.

Personen, die nicht vorgeschriebene Praktika gegen Arbeitsentgelt ausüben, sind deshalb als Beschäftigte grundsätzlich versicherungspflichtig in der Kranken-, Pflege-, Renten- und Arbeitslosenversicherung.

Nicht vorgeschriebene Vor- und Nachpraktika zählen aufgrund der fehlenden Verpflichtung zur Ableistung nicht zu den Beschäftigungen im Rahmen betrieblicher Berufsbildung. Somit kann hier Versicherungsfreiheit in Betracht kommen, wenn eine geringfügige Entlohnung vorliegt. Ebenso ist die Gleitzonenregelung stets anzuwenden, wenn das regelmäßige monatliche Arbeitsentgelt zwischen 400,01 EUR und 800 EUR liegt.

38.12 Praktikantentätigkeit, Nachpraktikum nicht vorgeschrieben (über 20 Wochenstunden, kein Arbeitsentgelt)

Sachverhalt

Nach Beendigung seines Studiums leistet der nicht mehr an einer Hochschule immatrikulierte Praktikant ein Nachpraktikum. Dieses Praktikum ist nicht in einer Studien- oder Prüfungsordnung vorgeschrieben. Das Nachpraktikum wird aus eigenen fachlichen Interessen des Praktikanten ausgeübt. Es wird ab 1.4. an 30 Stunden pro Woche durchgeführt und ist auf sechs Monate befristet. Ein Entgelt wird hierbei nicht gezahlt.

Der Arbeitgeber nimmt am Ausgleichsverfahren nach dem Aufwendungsausgleichsgesetz (AAG) teil.

Wie ist das nicht vorgeschriebene Vorpraktikum sozialversicherungsrechtlich zu beurteilen?

Lösung

Der Praktikant ist nicht kranken-, pflege-, renten- und arbeitslosenversicherungspflichtig, da dessen Praktikum unentgeltlich ist.

- Meldungen sind von Arbeitsgeber nicht zu erstatten. Umlagen nach dem AAG sowie die Insolvenzgeldumlage sind nicht zu entrichten.

Hinweis

Bei allen nicht vorgeschriebenen Vor- oder Nachpraktika bestehen hinsichtlich der versicherungsrechtlichen Beurteilung keinerlei Sonderregelungen.

Personen, die nicht vorgeschriebene Praktika gegen Arbeitsentgelt ausüben, sind deshalb als Beschäftigte grundsätzlich versicherungspflichtig in der Kranken-, Pflege-, Renten- und Arbeitslosenversicherung.

Nicht vorgeschriebene Vor- und Nachpraktika zählen aufgrund der fehlenden Verpflichtung zur Ableistung nicht zu den Beschäftigungen im Rahmen betrieblicher Berufsbildung. Somit kann hier Versicherungsfreiheit in Betracht kommen, wenn eine geringfügige Entlohnung vorliegt. Ebenso ist die Gleitzonenregelung stets anzuwenden, wenn das regelmäßige monatliche Arbeitsentgelt zwischen 400,01 EUR und 800 EUR liegt.

39 Private Krankenversicherung

39.1 Private Krankenversicherung, Beitragszuschuss (Anspruchsvoraussetzungen)

Sachverhalt

Ein Arbeitnehmer ist wegen Überschreitung der Jahresarbeitsentgeltgrenze krankenversicherungsfrei. Er ist privat krankenversichert und beantragt beim Arbeitgeber einen Beitragszuschuss. Der Versicherungsvertrag des Arbeitnehmers beinhaltet grundsätzlich die Leistungen die der Art nach ein gesetzlich Versicherter beanspruchen kann; Zahnersatz ist jedoch nicht mitversichert. Bei anderen Leistungen, z.B. Krankenhausbehandlung, besteht pro Jahr eine Eigenbeteiligung von 1.000 EUR.

Eine Bescheinigung des Versicherungsunternehmens, dass die Versicherung nach bestimmten gesetzlich vorgesehenen Regelungen durchgeführt wird, kann der Arbeitnehmer nicht vorlegen.

Hat der Arbeitnehmer Anspruch auf einen Beitragszuschuss zur privaten Krankenversicherung?

Lösung

Der Arbeitnehmer kann aufgrund der nicht vorgelegten Bescheinigung keinen Beitragszuschuss beanspruchen.

Eine gesetzlich geforderte Bescheinigung des Versicherungsunternehmens darüber, dass die Aufsichtsbehörde dem privaten Krankenversicherungsunternehmen bestätigt hat, dass der Versicherungsvertrag entsprechend den im Gesetz genannten Regeln durchgeführt wird, ist unabdingbar. Diese Bescheinigung muss jeweils nach Ablauf von 3 Jahren erneuert werden.

Der Umfang der privaten Versicherung des Arbeitnehmers schließt den Anspruch auf Beitragszuschuss nicht aus, da er Leistungen beinhaltet, die der Art nach denen der gesetzlichen Krankenversicherung entsprechen. Es müssen weder alle Leistungen der gesetzlichen Krankenversicherung eingeschlossen sein noch muss der Umfang der jeweiligen Leistung der Leistung der gesetzlichen Krankenversicherung genau entsprechen.

Achtung

Vergleichbare Bestimmungen sind durch die private Pflegeversicherung einzuhalten (allerdings ohne Standardtarife) und zu belegen (Bescheinigung des Versicherers), wenn für die Pflegeversicherung ein Beitragszuschuss beansprucht werden soll.

39.2 Private Krankenversicherung, Beitragszuschuss (Höhe und Anspruchsdauer)

Sachverhalt

Eine Arbeitnehmerin ist von der Versicherungspflicht zur gesetzlichen Krankenversicherung befreit und seit Jahren privat kranken- und pflegeversichert. Ihre Versicherungen sind zuschussberechtigt, die erforderlichen Bescheinigungen liegen dem Arbeitgeber vor. Der Beschäftigungsort liegt nicht in Sachsen.

Die Arbeitnehmerin wendet für ihre private Krankenversicherung monatlich 600 EUR und für ihre private Pflegeversicherung monatlich 60 EUR auf.

Vom 1.2.2012 an ist sie infolge Krankheit arbeitsunfähig. Nach Ablauf der Entgeltfortzahlung am 14.3.2012 erhält sie Krankentagegeld von der Privatversicherung.

Wie hoch sind Beitragszuschuss und Anspruchsdauer des Arbeitgebers zur Kranken- und Pflegeversicherung im Monat März?

Lösung

Der Beitragszuschuss zur Kranken- und Pflegeversicherung beträgt grundsätzlich die Hälfte der aufgewendeten Prämie, hier also 300 EUR zur Krankenversicherung und 30 EUR zur Pflegeversicherung.

Der Beitragszuschuss ist auf den gesetzlichen Höchstzuschuss begrenzt.

Berechnung Höchstzuschuss zur Krankenversicherung

Beitragsbemessungsgrenze 2012 monatlich	3.825,00 EUR
Arbeitnehmeranteil am allgemeiner Beitragssatz von 15,5 %	8,2 %
Monatlicher Höchstzuschuss (3.825 EUR x 7,3 %)	279,23 EUR

Die Arbeitnehmerin kann maximal 279,23 EUR monatlich als Beitragszuschuss zur Kranken- und Pflegeversicherung erhalten.

Berechnung Höchstzuschuss zur Pflegeversicherung

Beitragsbemessungsgrenze 2012 monatlich	3.825,00 EUR
Arbeitnehmeranteil am allgemeiner Beitragssatz von 1,95 %	0,975 %
Monatlicher Höchstzuschuss (3.825 EUR x 0,975 %)	37,29 EUR

Die Arbeitnehmerin kann den vollen Beitragszuschuss von monatlich 30 EUR (Hälfte v. 60 EUR) zur Pflegeversicherung erhalten.

Höhe und Anspruchdauer des Zuschusses für März 2012

Der Beitragszuschuss ist ausschließlich für Tage zu bezahlen, an denen Anspruch auf Arbeitsentgelt aus der Beschäftigung besteht. Für die Ermittlung von Zuschüssen für Teil-Monate ist stets 1/30 des Monatszuschusses je Kalendertag anzusetzen.

Die Arbeitnehmerin erhält im März nur bis 14.3.2010 Arbeitsentgelt. Der Zuschuss beträgt:

- Krankenversicherung: 279,23 EUR : 30 Tage × 14 zuschusspflichtige Tage = 130,31 EUR
- Pflegeversicherung: 30 EUR : 30 Tage × 14 zuschusspflichtige Tage = 14 EUR

Hinweis

- In Sachsen ist der Arbeitnehmeranteil zur Pflegeversicherung höher, da dort kein Feiertag zur Kompensation der Arbeitgeberaufwendungen abgeschafft wurde. Der für Sachsen maßgebende Beitragssatz beträgt 0,95 % und damit ergibt sich 2011 ein Höchstzuschuss zur privaten Pflegeversicherung von 18,17 EUR monatlich.

- Soweit der Zuschuss während einer Arbeitsunfähigkeit nach Ablauf des Entgeltfortzahlungsanspruchs weitergezahlt wird, geschieht dies ohne gesetzliche Verpflichtung. Solche freiwillig gezahlten Beitragszuschüsse sind nicht vom gesetzlichen Anspruchsrahmen abgedeckt, weshalb sie steuer- und sozialversicherungspflichtiges Arbeitsentgelt darstellen.

39.3 Private Krankenversicherung, Beitragszuschuss (Berücksichtigung Beiträge Angehöriger)

Sachverhalt

Eine Arbeitnehmerin, verheiratet, 2 Kinder, ist in Nordrhein-Westfalen beschäftigt. Sie ist wegen Überschreitung der Jahresarbeitsentgeltgrenze krankenversicherungsfrei und seit Jahren privat kranken- und pflegeversichert. Die erforderlichen Bescheinigungen liegen vor.

Die Arbeitnehmerin und ihre Angehörigen sind im Juli 2012 wie folgt versichert:

Person	Versicherung	monatliche(r) Prämie/Beitrag
Arbeitnehmerin	Private Krankenversicherung inkl. Wahlleistung Krankenhaus und 100 % Zahnersatz:	300,00 EUR
	Sterbegeldversicherung:	25,00 EUR
	Private Pflegeversicherung:	44,00 EUR
Ehemann, beschäftigt bei Arbeitgeber B, 20 Std. pro Woche, Entgelt 1.200 EUR monatlich	Gesetzliche Krankenversicherung, Arbeitnehmeranteil zur Kranken- und Pflegeversicherung:	100,80 EUR
	Private Zusatzversicherung für Zahnersatz:	40,00 EUR
Sohn, 20 Jahre alt	Gesetzliche Krankenversicherung als Student:	64,77 EUR
	Pflegeversicherung (mit Beitragszuschlag für Kinderlose):	13,13 EUR
Tochter, Schülerin, 17 Jahre alt	Private Krankenversicherung inkl. Wahlleistung Krankenhaus und 100 % Zahnersatz:	75,00 EUR
	Private Pflegeversicherung:	8,00 EUR

Wie hoch ist der Beitragszuschuss der Arbeitnehmerin im Monat?

Lösung

Zuschuss zur Krankenversicherung	
Private Krankenversicherung Arbeitnehmerin	300,00 EUR
Beitrag Sohn	+ 64,77 EUR
Private Krankenversicherung Tochter	+ 75,00 EUR
Beiträge gesamt	439,77 EUR
Beitragszuschuss (439,77 EUR : 2)	219,89 EUR

219,89 EUR überschreitet nicht den Höchstzuschuss von 279,23 EUR zur Krankenversicherung (2011). Daher kann der Betrag von 219,89 EUR als Beitragszuschuss gezahlt werden.

- Die private Krankenversicherung der Arbeitnehmerin ist zuschussfähig, selbst wenn sie bei Leistungen, die auch gesetzliche Krankenkassen bieten, mehr leistet.
- Die Sterbegeldversicherung ist generell nicht zuschussfähig da sie eine Leistung darstellt, welche die gesetzliche Krankenversicherung nicht kennt.
- Die Beiträge zur gesetzlichen Krankenversicherung des Ehemanns sind nicht zuschussfähig, da sie bereits zur Hälfte von dessen Arbeitgeber getragen werden. Für die Zusatzversicherung des Ehemanns besteht ebenfalls kein Anspruch auf Beitragszuschuss, weil er nicht familienversichert werden könnte, falls die Arbeitnehmerin einer gesetzlichen Krankenversicherung angehören würde: Sein Einkommen überschreitet die hierfür relevante Grenze von 375 EUR monatlich (2011).
- Sohn und Tochter haben keine eigenen Einkünfte und wären bei der Krankenkasse der Arbeitnehmerin familienversichert, wenn diese bei einer gesetzlichen Krankenkasse versichert wäre. Die Beiträge des Sohns und der Tochter sind deshalb zuschussberechtigt. Eine Familienversicherung über den Vater ist ausgeschlossen, weil die Mutter infolge der Überschreitung der Jahresarbeitsentgeltgrenze krankenversicherungsfrei ist und keiner gesetzlichen Krankenkasse angehört.

Zuschuss zur Pflegeversicherung	
Private Pflegeversicherung Arbeitnehmerin	44,00 EUR
Beitrag Sohn	+ 13,13 EUR
Private Pflegeversicherung Tochter	+ 8,00 EUR
Beiträge gesamt	65,13 EUR
Beitragszuschuss (65,13 EUR : 2)	32,57 EUR

32,57 EUR überschreitet nicht den Höchstzuschuss von 37,29 EUR zur Pflegeversicherung (2012). Daher kann der Betrag von 32,57 EUR als Beitragszuschuss gezahlt werden.

- Die Beiträge zur gesetzlichen Pflegeversicherung des Ehemanns sind nicht zuschussfähig, da sie bereits zur Hälfte von seinem Arbeitgeber getragen werden.
- Sohn und Tochter haben keine eigenen Einkünfte und wären bei der Arbeitnehmerin familienversichert, falls diese bei einer gesetzlichen Pflegeversicherung versichert wäre. Die PV-Beiträge der Kinder sind also zuschussberechtigt, auch der Beitrag zur Studenten-Pflegeversicherung des Sohnes.

40 Rabattfreibetrag

40.1 Rabattfreibetrag, eigene Waren oder Dienstleistungen

Sachverhalt

Ein Transportunternehmen hat zur Versorgung seines Fuhrparks eine Tankstelle im Betrieb eingerichtet. An der Tankstelle können auch die Arbeitnehmer des Betriebs ihre privaten Pkws verbilligt betanken.

Kann der Rabattfreibetrag zur Anwendung kommen?

Lösung

Der Rabattfreibetrag nach § 8 Abs. 3 EStG ist nicht anwendbar, weil der Treibstoff nicht überwiegend an fremde Dritte abgegeben wird. Für die Anwendung des Rabattfreibetrags muss es sich um Waren handeln, die vom Arbeitgeber hergestellt oder vertrieben werden. Das heißt, die dem Arbeitnehmer unentgeltlich oder verbilligt überlassenen Waren oder Dienstleistungen dürfen vom Arbeitgeber nicht nur für den Bedarf seiner Arbeitnehmer hergestellt werden, sondern müssen überwiegend an fremde Dritte geliefert werden (§ 8 Abs. 3 Satz 1 EStG).

40.2 Rabattfreibetrag, Belegschaftsrabatt

Sachverhalt

Ein Möbelhändler, überlässt seinem Mitarbeiter eine Schrankwand zum Preis von 3.000 EUR.Der im Möbelhaus angegebene offizielle Verkaufspreis der Schrankwand beträgt laut Preisauszeichnung 4.500 EUR.

Wie hoch ist der steuer- und sozialversicherungspflichtige geldwerte Vorteil aus dem Rabatt?

Lösung

Belegschaftsrabatte und Vorteile aus der unentgeltlichen Überlassung von Waren oder Dienstleistungen des eigenen Unternehmens gehören zum steuerpflichtigen Arbeitslohn. Jedoch kann der Arbeitgeber hiervon den sog. Rabattfreibetrag (§ 8 Abs. 3 EStG) in Höhe von 1.080 EUR pro Jahr abziehen. Der Rabattfreibetrag von 1.080 EUR gilt nur für Waren und Dienstleistungen, die der Arbeitgeber nicht überwiegend für Arbeitnehmer, sondern überwiegend für Kunden seines Unternehmens erbringt.

Die überlassenen Waren, Dienstleistungen usw. müssen vor Anwendung des Rabattfreibetrags mit 96 % des „Abgabepreises an Letztverbraucher im allgemeinen Geschäftsverkehr" bewertet werden (§ 8 Abs. 3 Satz 1 EStG). Abgabepreis ist der Wert, mit dem die Ware an Endverbraucher abgegeben wird. Zuzahlungen des Arbeitnehmers sind in Abzug zu bringen und reduzieren den anzusetzenden geldwerten Vorteil. Auf den verbleibenden Betrag wird der Rabattfreibetrag in Höhe von 1.080 EUR angewendet (§ 8 Abs. 3 Satz 2 EStG).

Berechnung geldwerter Vorteil	
Preis Endverbraucher	4.500 EUR
Abzgl. pauschaler Bewertungsabschlag von 4 % (§ 8 Abs. 3 Satz 1 EStG)	- 180 EUR
Zwischensumme	4.320 EUR
Zuzahlung des Arbeitnehmers	- 3.000 EUR
Geldwerter Vorteil insgesamt	1.320 EUR
Abzgl. Rabattfreibetrag (§ 8 Abs. 3 Satz 2 EStG)	- 1.080 EUR
Steuerpflichtiger geldwerter Vorteil	**240 EUR**

Es verbleibt ein Betrag von 240 EUR der beim Arbeitnehmer steuer- und sozialversicherungspflichtiges Arbeitsentgelt darstellt. Der Arbeitnehmer kann für das laufende Jahr keinen Rabattfreibetrag mehr nutzen.

40.3 Rabattfreibetrag, Mahlzeiten (Vergleich Rabattfreibetrag/Sachbezugswert)

Sachverhalt

Die 10 Mitarbeiter einer Jugendherberge erhalten täglich Vollverpflegung (Frühstück, Mittagessen, Abendessen). Pro Mahlzeit werden den Mitarbeitern 2 EUR angerechnet und vom Lohn einbehalten. Wie sich aus den Aufzeichnungen für das laufende Jahr ergibt, wurden die 10 Mitarbeiter wie folgt verpflegt:

- 2.200 Frühstück,
- 2.250 Mittagessen,
- 1.800 Abendessen.

Die Durchschnittspreise, für welche die Mahlzeiten an die Gäste der Jugendherberge abgegeben werden, betragen:

- 5 EUR für ein Frühstück,
- 10 EUR für ein Mittagessen und
- 8 EUR für ein Abendessen.

Mit dem Betriebsrat wird vereinbart, die steuerlich günstigste Besteuerungsart zu wählen.

Lösung

Da es sich um arbeitstägliche Mahlzeiten handelt, gelten die amtlichen Sachbezugswerte nach der Sozialversicherungsentgeltverordnung (R 8.1 Abs. 7 Nr. 1 LStR). Diese betragen:

	2012	2011
Frühstück	1,57 EUR	1,57 EUR
Mittagessen	2,87 EUR	2,83 EUR
Abendessen	2,87 EUR	2,83 EUR

Berechnung Sachbezugswert

Sachbezugswert Frühstück	1,57 EUR	
Abzgl. Zuzahlung Mitarbeiter	- 2,00 EUR	
Wert für 2.200 ausgegebene Frühstücke	0,00 EUR	
Sachbezugswert Mittag-/Abendessen	2,83 EUR	
Abzgl. Zuzahlung Mitarbeiter	- 2,00 EUR	
Verbleiben	0,83 EUR	
Wert Mittagessen (2.250 Essen x 0,83 EUR)		1.867,50 EUR
Wert Abendessen (1.800 Essen x 0,83 EUR)		+ 1.494,00 EUR
Summe geldwerte Vorteile		3.361,50 EUR
Geldwerter Vorteil je Arbeitnehmer (3.361,50 EUR : 10)		**336,15 EUR**

Da die Mehrzahl der Mahlzeiten an Kunden (und nicht an Arbeitnehmer) abgegeben wird, kann gleichzeitig der Rabattfreibetrag in Höhe von 1.080 EUR genutzt werden (§ 8 Abs. 3 Satz 2 EStG). Allerdings werden die Mahlzeiten dann nicht mit dem Sachbezugswert, sondern mit dem tatsächlichen Endverbrauchspreis bewertet. Der geldwerte Vorteil der Mahlzeiten wird wie folgt ermittelt:

Berechnung Rabattfreibetrag

Fremdpreis Frühstück	5,00 EUR	
davon 96 %	4,80 EUR	
Abzgl. Zuzahlung Mitarbeiter	-2,00 EUR	
Verbleiben	2,80 EUR	
Wert Frühstücke (2.200 x 2,80 EUR)		6.160,00 EUR
Fremdpreis Mittagessen	10,00 EUR	
davon 96 %	9,60 EUR	
Abgl. Zuzahlung Mitarbeiter	-2,00 EUR	
Verbleiben	7,60 EUR	

Wert Mittagessen (2.250 x 7,60 EUR)		+ 17.100,00 EUR
Fremdpreis Abendessen	8,00 EUR	
davon 96 %	7,68 EUR	
Abzgl Zuzahlung Mitarbeiter	-2,00 EUR	
Verbleiben	5,68 EUR	
Wert Abendessen (1.800 x 5,68 EUR)		+ 10.224,00 EUR
Summe geldwerte Vorteile		33.484,00 EUR
Geldwerter Vorteil je Arbeitnehmer (33.484 : 10)		3.348,40 EUR
Abzüglich Rabattfreibetrag		-1.080,00 EUR
Verbleibender geldwerter Vorteil je Arbeitnehmer		**2.268,40 EUR**

Die Vergleichsberechnung zeigt, dass sich die Anwendung des Rabattfreibetrags von 1.080 EUR nicht vorteilhafter ist als die Bewertung der Mahlzeiten nach den amtlichen Sachbezugswerten.

Die Lohnversteuerung des geldwerten Vorteils von durchschnittlich 336,15 EUR je Arbeitnehmer, aufgrund der amtlichen Sachbezugswerte muss über die Lohnabrechnung der einzelnen Arbeitnehmer erfolgen. Zulässig ist auch eine Lohnsteuerpauschalierung mit 25 % durch den Arbeitgeber (§ 40 Abs. 2 Satz 1 Nr. 1 EStG). Durch die zulässige Pauschalbesteuerung mit 25 % führt der geldwerte Vorteil beim Arbeitnehmer nicht zu Einkünften. Weiterhin entstehen in der Sozialversicherung keine Arbeitnehmer- und Arbeitgeberbeiträge.

Praxis-Tipp

Die Besteuerung kann bei Bewertung mit den amtlichen Sachbezugswerten insgesamt vermieden werden, wenn die Zuzahlung der Arbeitnehmer für die gewährten Mittag- und Abendessen auf den amtlichen Sachbezugswert von jeweils 2,83 EUR (für 2011) oder 2,87 EUR (für 2012) je Mahlzeit erhöht wird. Die Zuzahlung für das Frühstück kann auf den niedrigeren Sachbezugswert von 1,57 EUR herabgesetzt werden.

40.4 Rabattfreibetrag, Reiseleistung/Vermittlungsprovision

Sachverhalt

Ein Arbeitnehmer eines Reisebüros kann eine vom Arbeitgeber vermittelte Pauschalreise, die im Katalog des Reiseveranstalters zum Preis von 2.000 EUR angeboten wird, für lediglich 1.500 EUR buchen. Vom Preisnachlass in Höhe von 500 EUR entfallen 300 EUR auf die Reiseleistung des Veranstalters und 200 EUR auf die Vermittlungsprovision des Arbeitgebers.

Wie sind die unterschiedlichen Rabatte bei dem Arbeitnehmer des Reisebüros steuerlich zu behandeln?

Lösung

Es liegen 2 „Rabattarten" vor:

- Der Arbeitgeber verzichtet auf seine Provision. Da der Arbeitgeber an seine Kunden ausschließlich Reisen vermittelt und dafür Provision bekommt, ist dieser Vorteil (200 EUR) über den Rabattfreibetrag begünstigt.
- Beim Preisnachlass vom Reiseveranstalter handelt es sich um eine Lohnzahlung Dritter. Ein anderer als der Arbeitgeber gewährt einen Vorteil, der jedoch in Verbindung mit dem Arbeitsverhältnis steht. Der Arbeitgeber ist bezüglich dieses Vorteils zum Lohnsteuerabzug verpflichtet. Für diesen Rabatt kann der Rabattfreibetrag nach § 8 Abs. 3 EStG von 1.080 EUR nicht in Anspruch genommen werden.

Berechnung geldwerter Vorteil	
Wert der Reise	2.000 EUR
Arbeitgeberverzicht auf einen Teil der Provision	200 EUR
Steuerlicher Wert 96 % (§ 8 Abs. 3 Satz 1 EStG)	192 EUR
Begünstigt durch den Rabattfreibetrag (§ 8 Abs. 3 Satz 2 EStG)	-192 EUR
Verbleiben (2.000 EUR – 200 EUR)	1.800 EUR
davon 96 % (§ 8 Abs. 3 Satz 1 EStG)	1.728 EUR
Abzgl. Zuzahlung Arbeitnehmer	- 1.500 EUR
Geldwerter Vorteil	**228 EUR**

Der Rabattfreibetrag von 1.080 EUR ist auf den – nicht vom Arbeitgeber eingeräumten – Teil der Verbilligung nicht anwendbar (R 8.2 Abs. 1 Satz 1 Nr. 1 Satz 3 LStR).

40.5 Rabattfreibetrag, Produkt des Arbeitgebers

Sachverhalt

Eine Druckerei druckt eine Tageszeitung für einen Verlag. Die Arbeitnehmer der Druckerei können die Tageszeitung verbilligt abonnieren. Statt des üblichen Abonnementpreises von 200 EUR im Jahr erhalten die Mitarbeiter das Abo für 80 EUR.

Kommt der Rabattfreibetrag hier zur Anwendung?

Lösung

Der Rabattfreibetrag gilt laut R 8.2 Satz 1 Nr. 3 LStR auch für Waren, die ein Arbeitgeber im Auftrag und nach den Plänen und Vorgaben eines anderen produziert. Der Arbeitgeber druckt zwar die Zeitung, der Inhalt stammt aber von der Redaktion und somit nicht vom Arbeitgeber selbst.

Berechnung geldwerter Vorteil	
Preis Endverbraucher	200 EUR
Abzgl. Pauschaler Bewertungszuschlag von 4 % (§ 8 Abs. 3 Satz 1 EStG)	- 8 EUR
Zwischensumme	192 EUR
Preis Arbeitnehmer	- 80 EUR
Geldwerter Vorteil insgesamt	112 EUR
Abzgl. Rabattfreibetrag	- 1.080 EUR
Steuerpflichtiger geldwerter Vorteil	0 EUR

40.6 Rabattfreibetrag, Personalrabatte (Konzern)

Sachverhalt

Ein großer Energieversorger gewährt allen seinen Mitarbeitern einen verbilligten Bezug von Strom und Gas. Im Laufe des Jahres wird das Unternehmen in einen Konzern eingebracht und die Betriebszweige verselbständigt:

ABC Stromversorgungs GmbH

ABC Gas GmbH

ABC Netz und Versorgungsleitung AG

ABC Holding AG

Der verbilligte Bezug von Strom und Gas gelten weiter. Ein Mitarbeiter bei der ABC Stromversorgungs GmbH nutzt einen Rabatt von 500 EUR beim Strom (Bezug von Strom für 1.300 EUR, abzüglich 500 EUR Rabatt = Zahlung 800 EUR) und 400 EUR beim Gas (Umsatz 2.000 EUR, Nachlass 400 EUR = Zahlung 1.600 EUR).

Wie sind die Vorteile steuerlich abzurechnen?

Lösung

Der Rabattfreibetrag gilt arbeitgeberbezogen: Bei der ABC Stromversorgungs GmbH bleiben Rabatte beim Strombezug durch den Rabattfreibetrag begünstigt, nicht aber der verbilligte Bezug von Gas.

Strombezug mit Rabattfreibetrag	
Preis Endverbraucher	1.300 EUR
Abzgl. Pauschaler Bewertungszuschlag von 4 % (§ 8 Abs. 3 Satz 1 EStG)	- 52 EUR
Zwischensumme	1.248 EUR
Abzg. Zahlung Arbeitnehmer	- 800 EUR
Geldwerter Vorteil insgesamt	448 EUR
Abzgl. Rabattfreibetrag (§ 8 Abs. 3 Satz 2 EStG)	- 1.080 EUR
Steuerpflichtiger geldwerter Vorteil	**0 EUR**

Gasbezug ohne Rabattfreibetrag	
Preis Endverbraucher	2.000 EUR
Abzgl. Pauschaler Bewertungszuschlag von 4 % (§ 8 Abs. 3 Satz 1 EStG)	- 80 EUR
Zwischensumme	1.920 EUR
Abzg. Zahlung Arbeitnehmer	- 1.600 EUR
Geldwerter Vorteil insgesamt	320 EUR
Abzgl. Rabattfreibetrag (§ 8 Abs. 3 Satz 2 EStG)	0 EUR
Steuerpflichtiger geldwerter Vorteil	**320 EUR**

Steuerlich benachteiligt sind die Mitarbeiter der ABC Netz und Versorgungsleitung AG sowie der Holding: ihre tarifvertraglich festgeschriebenen Preisnachlässe beim Bezug von Strom und Gas sind nicht über den Rabattfreibetrag begünstigt, da ihr Arbeitgeber keine derartigen Leistungen überwiegend an Kunden erbringt.

Selbst wenn die Holding die Muttergesellschaft bildet und die einzelnen Betriebszweige Tochtergesellschaften werden, verbleibt es bei der Lösung. Die Mitarbeiter erhalten den Rabattfreibetrag lediglich für den eigenen Geschäftszweig des Arbeitgebers.

Die Holding-Mitarbeiter erhalten aus allen Betriebszweigen keinen Rabattfreibetrag, da die Holding weder Waren herstellt oder vertreibt, noch Dienstleistungen erbringt.

41 Reisekostenabrechnung

41.1 Reisekostenabrechnung, Auswärtstätigkeit unter 3 Monaten

Sachverhalt

Ein Arbeitnehmer betreut ein Großprojekt bei einem Kunden. Für einen Zeitraum von etwa zwei Monaten an drei Tagen wöchentlich ist er beim Kunden vor Ort. An diesen Tagen kommt er nicht zum Firmensitz. Der Kunde hat seinen Sitz 50 Kilometer entfernt von der Wohnung des Mitarbeiters (die Entfernung von Firma zu Firma beträgt 40 Kilometer).

Der Arbeitnehmer fährt jeweils gegen 7.30 Uhr von seiner Wohnung zum Kunden und kehrt gegen 18.00 Uhr nach Hause zurück. Die Strecken fährt er mit dem eigenen Pkw. Übernachtungen finden nicht statt. Nach einer firmeninternen Regelung werden Reisekosten in der steuerlich zulässigen Höhe voll erstattet (Fahrtkosten mit Kilometerpauschalen).

In welcher Höhe können wöchentlich Reisekosten lohnsteuer- und sozialversicherungsfrei erstattet werden?

Lösung

Der Arbeitnehmer unternimmt steuerlich zu berücksichtigende Auswärtstätigkeiten, weil er aus beruflichen Gründen außerhalb seiner regelmäßigen Arbeitsstätte und auch außerhalb seiner Wohnung tätig wird. Es dürfen ihm Reisekosten steuer- und sozialversicherungsfrei erstattet werden. Für den Arbeitnehmer fallen Fahrt- und Verpflegungskosten an.

Für Verpflegung werden im Inland Pauschalen von 6 EUR, 12 EUR oder 24 EUR je nach Abwesenheitsdauer gezahlt. Maßgeblich ist dabei die Abwesenheitszeit von Wohnung und regelmäßiger Arbeitsstätte.

Bei einer Abwesenheit von weniger als 14 Stunden, aber mindestens 8 Stunden wird ein Verpflegungspauschbetrag von 6 EUR gewährt.

Für den Arbeitnehmer ergibt sich jeweils eine Abwesenheitszeit von 10,5 Stunden.

- Verpflegungspauschale wöchentlich

  3 Tage x 6 EUR = 18 EUR

Es können Verpflegungspauschalen von 18 EUR wöchentlich steuer- und sozialversicherungsfrei erstattet werden.

Die Fahrtkosten können in der tatsächlich nachgewiesenen Höhe steuerfrei ersetzt werden. Statt eines Einzelnachweises kann bei Fahrten mit dem eigenen Pkw eine Kilometerpauschale von 0,30 EUR je gefahrenem Kilometer steuer- und sozialversicherungsfrei erstattet werden. Fahrten von der eigenen Wohnung zur auswärtigen Tätigkeitsstätte gehören zu den begünstigten Fahrten. Als maßgebende Entfernung können deshalb 50 Kilometer (und nicht nur die kürzere Entfernung zwischen den beiden Firmen) berücksichtigt werden.

- Fahrtkosten wöchentlich

  2 × 50 Kilometer × 0,30 EUR = 30 EUR x 5 Tage (Woche) = 150 EUR

Es können Fahrtkosten von 150 EUR wöchentlich steuer- und sozialversicherungsfrei erstattet werden.

- Dem Arbeitnehmer können wöchentliche Reisekosten von gesamt 168 EUR steuer- und sozialversicherungsfrei erstattet werden.

Praxis-Tipp

Ein Einzelnachweis der tatsächlichen Verpflegungskosten ist nicht möglich. Die Fahrtkosten können hingegen auch in tatsächlicher Höhe erstattet werden, dazu ist ein Fahrtenbuch zu führen.

Hinweis

Steuerfreie Verpflegungszuschüsse bei Auswärtstätigkeiten müssen grds. auf der elektronischen Lohnsteuerbescheinigung bescheinigt werden. Allerdings gilt dies nach einer Billigkeitsregelung nur dann, wenn sie im Lohnkonto aufgezeichnet worden sind.

41.2 Reisekostenabrechnung, Auswärtstätigkeit (Dreimonatsfrist)

Sachverhalt

Ein Arbeitnehmer ist seit April vorübergehend in Mannheim eingesetzt. Er fährt täglich mit dem eigenen Pkw von seinem Wohnort zur 80 Kilometer entfernten Einsatzstelle. Übernachtungen finden nicht statt.

Der Arbeitnehmer fährt jeweils gegen 7.00 Uhr von seiner Wohnung zum Kunden und kehrt gegen 18.00 Uhr nach Hause zurück.

Nach einer firmeninternen Regelung erhält der Arbeitnehmer eine tägliche Verpflegungspauschale von 5 EUR während der gesamten Einsatzdauer. Fahrtkosten werden mit der Kilometerpauschale von 0,30 EUR erstattet.

Die Reisekosten für die Monate Juni und Juli sollen abgerechnet werden. Nach den Aufzeichnungen des Arbeitnehmers war er in beiden Monaten je 20 Tage in Mannheim.

In welcher Höhe müssen dem Mitarbeiter Kosten erstattet werden und welche lohnsteuer- und sozialversicherungsrechtlichen Folgen ergeben sich?

Lösung

Der Arbeitnehmer unternimmt eine beruflich veranlasste Auswärtstätigkeit, weil er aus beruflichen Gründen außerhalb seiner regelmäßigen Arbeitsstätte und auch außerhalb seiner Wohnung tätig wird. Dementsprechend dürfen ihm Reisekosten steuer- und sozialversicherungsfrei erstattet werden.

Für Verpflegung werden nach der firmeninternen Regelung 5 EUR täglich bei einer Abwesenheitszeit des Mitarbeiters von 11 Stunden erstattet. Steuerlich zulässig wäre eine Verpflegungspauschale von 6 EUR, sodass die steuerfreie Grenze unterschritten wird.

- Verpflegungskosten monatlich
  20 Arbeitstage x 5 EUR = 100 EUR

Bei Fahrten mit dem eigenen Pkw wird steuerlich eine Kilometerpauschale von 0,30 EUR je gefahrenem Kilometer gewährt. Fahrten von der eigenen Wohnung zur auswärtigen Tätigkeitsstätte gehören in vollem Umfang zu den betrieblichen Fahrten. Für die einzelnen Hin- und Rückfahrten ergibt sich damit folgende Berechnung:

- Fahrtkosten monatlich

  2 × 80 Kilometer × 0,30 EUR = 48 EUR x 20 Tage = 960 EUR

Der Mitarbeiter erhält für Juni und Juli jeweils Reisekostenerstattungen in Höhe von insgesamt 1.060 EUR.

- Lohnsteuer und Sozialversicherung

  Juni: Die Erstattung ist in voller Höhe lohnsteuer- und sozialversicherungsfrei.

  Juli: Bei der Verpflegungskostenerstattung ist die Dreimonatsfrist zu beachten: Es handelt sich um steuer- und sozialversicherungspflichtigen Arbeitslohn in Höhe von 100 EUR.

Nach Ablauf von drei Monaten der Tätigkeit am selben Ort dürfen keine Verpflegungskosten mehr steuerfrei erstattet werden. Die Fahrtkosten können ohne zeitliche Begrenzung steuerfrei erstattet werden.

41.3 Reisekostenabrechnung, Übernachtungs- und Nebenkosten

Sachverhalt

Eine Vertriebsmitarbeiterin unternimmt mit der Bahn eine dreitägige Reise durch Norddeutschland. Die Fahrtkosten wurden bereits im Rahmen des Großkundenabonnements des Arbeitgebers mit der Bahn abgerechnet.

Die Mitarbeiterin legt mit ihrer Reisekostenabrechnung zwei Hotelrechnungen vor. Die Hotels hat sie vor Reiseantritt selbst gebucht.

- In der Rechnung für die erste Übernachtung ist neben einer Übernachtung zum Preis von 75 EUR ein sog. Business-Package, das einen Internetzugang und das Frühstück beinhaltet, zum Preis von 20 EUR ausgewiesen. Der Anteil, der auf das Frühstück entfällt, ist nicht ersichtlich.
- Zudem legt die Mitarbeiterin Taxiquittungen über insgesamt 45 EUR vor.
- Laut Reisekostenabrechnung hat die Arbeitnehmerin ihre Wohnung am Mittwoch um 7.00 Uhr verlassen und ist am Freitag um 18.00 Uhr dorthin zurückgekehrt.

Nach einer firmeninternen Regelung werden Reisekosten in der steuerlich zulässigen Höhe voll erstattet. Kosten für Frühstück werden nicht erstattet.

Wie hoch ist die Reisekostenerstattung für die Mitarbeiterin und welche lohnsteuer- und sozialversicherungsrechtlichen Folgen ergeben sich?

Lösung

Die Mitarbeiterin unternimmt eine beruflich veranlasste Auswärtstätigkeit, weil sie aus beruflichen Gründen außerhalb ihrer regelmäßigen Arbeitsstätte und auch außerhalb ihrer Wohnung tätig wird. Dementsprechend können Reisekosten steuer- und sozialversicherungsfrei erstattet werden.

Die Fahrtkosten für öffentliche Verkehrsmittel dürfen dabei in voller Höhe erstattet werden. Die Übernahme der Kosten für die Bahnfahrt durch den Arbeitsgeber hat keine steuerlichen oder sozialversicherungsrechtlichen Folgen.

Kosten für Hotelübernachtungen können in voller Höhe steuerfrei ersetzt werden. Allerdings ist der steuerfreie Betrag um die Kosten für das Frühstück zu mindern. Die Kosten für das Frühstück sind jedoch unterschiedlich zu ermitteln, je nachdem wie es in der Rechnung ausgewiesen ist.

- Erste Übernachtung

  Das Business-Package ist ein sog. Sammelposten, für den der Frühstückspreis nicht einzeln angegeben werden muss. Der Wert des Frühstücks kann deshalb pauschal mit 4,80 EUR geschätzt werden. Die verbleibenden Kosten von 90,20 EUR können steuer- und sozialversicherungsfrei erstattet werden.

- Zweite Übernachtung

  Das Frühstück ist auf der Rechnung mit 15 EUR separat ausgewiesen. Es dürfen deshalb nur die reinen Übernachtungskosten von 75 EUR steuer- und sozialversicherungsfrei erstattet werden.

Die Mitarbeiterin erhält – auch zur Abgeltung des Frühstücksbedarfs – steuer- und sozialversicherungsfreie Verpflegungspauschalen.

- Verpflegungskostenpauschalen

  Am Mittwoch und Freitag ist sie mehr als 14 Stunden von der Wohnung und regelmäßigen Arbeitsstätte abwesend, dafür erhält sie eine Pauschale von jeweils 12 EUR, am Donnerstag beträgt die Abwesenheit volle 24 Stunden und die Pauschale 24 EUR. Es können Verpflegungskosten von gesamt 48 EUR steuer- und sozialversicherungsfrei gezahlt werden.

- Nebenkosten

  Die Taxikosten können in der nachgewiesenen Höhe von 45 EUR steuer- und sozialversicherungsfrei erstattet werden.

Insgesamt sind 258,20 EUR steuer- und sozialversicherungsfrei zu erstatten:

Praxis-Tipp

Falls keine Belege für die Übernachtung vorliegen, können im Inland pauschal 20 EUR steuer- und sozialversicherungsfrei erstattet werden.

41.4 Reisekostenabrechnung, Übernachtung vom Arbeitgeber veranlasst

Sachverhalt

Ein Arbeitnehmer unternimmt mit der Bahn eine zweitägige Reise nach München. Die Übernachtung in München zum Preis von 80 EUR zuzüglich 20 EUR Frühstück hat er selbst gebucht. Der Mitarbeiter legt die Rechnung, die auf die Firma ausgestellt ist, zusammen mit den Bahnfahrkarten in Höhe von 176 EUR zur Erstattung vor. Die Reisekostenordnung des Unternehmens sieht eine Übernahme der Frühstückskosten bei Hotelübernachtungen vor.

Nach seiner Reisekostenabrechnung hat der Mitarbeiter seine Wohnung am ersten Reisetag um 5.30 Uhr verlassen und ist am Rückreisetag um 19.30 Uhr dorthin zurückgekehrt. Nach einer firmeninternen Regelung werden Reisekosten in der steuerlich zulässigen Höhe voll erstattet.

Wie hoch ist die Reisekostenerstattung für den Mitarbeiter und welche lohnsteuer- und sozialversicherungsrechtlichen Folgen ergeben sich?

Lösung

Der Mitarbeiter unternimmt eine beruflich veranlasste Auswärtstätigkeit, weil er aus beruflichen Gründen außerhalb seiner regelmäßigen Arbeitsstätte und auch außerhalb seiner Wohnung tätig wird. Dementsprechend dürfen ihm Reisekosten grds. steuer- und sozialversicherungsfrei erstattet werden.

- Fahrkosten

  Die Fahrtkosten für Bahnfahrten dürfen in voller Höhe von 176 EUR steuer- und sozialversicherungsfrei erstattet werden.

- Übernachtung

  Das Frühstück wurde auf Veranlassung des Arbeitgebers abgegeben. Es ist deshalb mit dem Sachbezugswert von 1,57 EUR (2012) zu erfassen und zu versteuern. Bei Mahlzeitengestellungen anlässlich von Auswärtstätigkeiten geht die Verwaltung neuerdings bereits von einer Gewährung der Verpflegung auf Veranlassung des Arbeitgebers aus, wenn die Aufwendungen vom Arbeitgeber dienst- oder arbeitsrechtlich ersetzt werden und die Rechnung auf den Arbeitgeber ausgestellt ist. Dass der Mitarbeiter die Rechnung selbst gezahlt hat, ist unerheblich. Statt einer Kürzung der Übernachtungskosten kann also hier das Frühstück mit dem geringen Sachbezugswert dem steuer- und sozialversicherungspflichtigen Arbeitslohn hinzugerechnet werden.

- Verpflegungspauschalen

Der Arbeitnehmer ist an beiden Tagen mehr als 14 Stunden, aber weniger als 24 Stunden von der Wohnung und der regelmäßigen Arbeitsstätte abwesend gewesen. Er erhält dafür eine Pauschale von jeweils 12 EUR steuerfrei gezahlt.

Steuer- und sozialversicherungsfreie Erstattung gesamt	
Fahrtkosten	176 EUR
Übernachtungskosten	+ 100 EUR
Verpflegungspauschalen	+ 24 EUR
Summe	300 EUR

Praxis-Tipp

Statt einer Versteuerung des Frühstücks darf auch die Spesenerstattung um den Sachbezugswert des Frühstücks gekürzt werden, wenn der Mitarbeiter insoweit auf die ihm zustehende Erstattung verzichtet. Die Erstattung verringert sich dann auf 298,43 EUR.

41.5 Reisekostenabrechnung, abweichende Reisekostenregelungen

Sachverhalt

Nach unternehmensinternen Regelungen erhalten Mitarbeiter bei Auswärtstätigkeiten für Fahrten mit dem eigenen Pkw einen Fahrtkostenersatz von 0,50 EUR je gefahrenen Kilometer. Verpflegungspauschalen werden hingegen nicht gewährt.

Es liegt eine Reisekostenabrechnung vor, nach der ein Mitarbeiter am Montag um 6.00 Uhr seine Wohnung verlassen hat und zu einer beruflichen Auswärtstätigkeit aufgebrochen ist. Dabei hat er bis zu seiner Rückkehr um 21.00 Uhr 600 Kilometer mit dem eigenen Pkw zurückgelegt.

Wie hoch ist die Reisekostenerstattung und welche steuer- und sozialversicherungsrechtlichen Folgen ergeben sich?

Lösung

Reisekostenerstattung nach firmeninterner Regelung

Fahrtkosten: 600 Kilometer × 0,50 EUR = 300 EUR

Steuerlich hat der Mitarbeiter eine beruflich veranlasste Auswärtstätigkeit ausgeübt, für die steuer- und sozialversicherungsfrei nachfolgende Reisekosten erstattet werden dürfen:

Bei Fahrten mit dem eigenen Pkw wird ohne Einzelnachweis steuerlich eine Kilometerpauschale von 0,30 EUR je gefahrenem Kilometer gewährt.

Zusätzlich können, steuer- und sozialversicherungsfreie Verpflegungspauschalen gewährt werden. Am Montag ist der Mitarbeiter mehr als 14 Stunden von der Wohnung und regelmäßigen Arbeitsstätte abwesend und erhält dafür eine Pauschale von 12 EUR.

Reisekostenerstattung nach gesetzlicher Regelung	
Fahrtkosten (600 Kilometer × 0,30 EUR)	180 EUR
Verpflegungspauschalen	12 EUR
Summe	192 EUR

Für die Fahrtkosten gehen die Erstattungen des Arbeitgebers über die steuerlich zulässigen Beträge hinaus. Die einzelnen Kostenarten dürfen jedoch miteinander saldiert werden. In diesem Fall können die Erstattungen deshalb teilweise mit der nicht gewährten Verpflegungspauschale verrechnet werden.

Letztlich bleibt aber immer noch eine Erstattung von 108 EUR (300 EUR abzüglich 192 EUR), die über die steuer- und sozialversicherungsrechtlichen Höchstgrenzen hinausgeht. Insoweit liegt steuerpflichtiger Arbeitslohn vor.

Neben der steuerfreien Verpflegungspauschale von 12 EUR können aber nochmals bis zur gleichen Höhe Verpflegungskostenerstattungen pauschal mit 25 % versteuert werden. Wegen der Verrechnungsmöglichkeiten gilt dies auch in diesem Fall. Die Pauschalversteuerung des Teilbetrags von 12 EUR führt zur Sozialversicherungsfreiheit.

Insgesamt ergibt sich damit folgende Behandlung der Reisekostenerstattung	
Gesamterstattung	300 EUR
Davon steuer- und sozialversicherungsfrei	192 EUR
Davon mit 25 % pauschal besteuert und sozialversicherungsfrei	12 EUR
Davon regulär steuer- und sozialversicherungspflichtig	96 EUR

41.6 Reisekostenabrechnung, Auswärtstätigkeit mit Anschlussaufenthalt

Sachverhalt

Ein Abteilungsleiter fliegt am Mittwoch zu einer Fachtagung nach Hamburg. Die Tagung dauert bis Freitagmittag. Am Samstag besucht er noch Freunde in Hamburg und fliegt am Sonntag zurück. Der Rückflug am Freitagnachmittag hätte Kosten in derselben Höhe verursacht, wie am Sonntag.

Er legt die Rechnung für den Flug über 400 EUR, die Hotelrechnung für vier Übernachtungen sowie einen Sammelposten für Internetnutzung und Frühstück in Höhe von insgesamt 400 EUR (100 EUR/Nacht) vor.

Der Abteilungsleiter hat am Mittwoch um 14 Uhr die Firma verlassen und ist am Sonntag gegen 18 Uhr nach Hause zurückgekehrt.

Der Arbeitgeber ertstattet Reisekosten bis zu den steuerlichen Höchstgrenzen und Beschränkungen.

Wie hoch ist die Reisekostenerstattung für den Mitarbeiter und welche lohnsteuer- und sozialversicherungsrechtlichen Folgen ergeben sich?

Lösung

Der Mitarbeiter wird außerhalb seiner regelmäßigen Arbeitsstätte und auch außerhalb seiner Wohnung tätig. Eine steuerlich zu berücksichtigende Auswärtstätigkeit liegt nur vor, wenn sie zum Zwecke einer auswärtigen beruflichen Tätigkeit durchgeführt wird. Berufliche Gründe liegen vor, wenn der Reise offensichtlich ein unmittelbarer konkreter beruflicher Anlass zugrunde liegt. Diese Voraussetzung ist nur bis einschließlich Freitag erfüllt.

- Ab Freitagnachmittag beginnt ein privat veranlasster Anschlussaufenthalt.

  Bei den Übernachtungs- und Verpflegungskosten für diesen Zeitraum handelt es sich nicht mehr um Reisekosten.

- Flugkosten

  Die Flugkosten sind Reisekosten, da sie durch einen unmittelbaren (konkreten) betrieblichen Anlass bedingt sind. Sie dürfen in voller Höhe von 400 EUR steuer- und sozialversicherungsfrei erstattet werden.

  Das gilt aber nur, wenn privat veranlasste Reisetage nicht zu einer unabgrenzbaren Erhöhung der Flugkosten führen (Rückflug am Sonntag darf nicht teurer sein als am Freitag).

- Übernachtung

  Die Erstattung der Hotelkosten für die 2 Übernachtungen Mittwoch und Donnerstag ist steuerfrei.

  Da die Rechnung für den Sammelposten keine Einzelangaben zum Frühstück enthält, muss die Übernachtungskostenerstattung für die beiden Nächte jeweils um 4,80 EUR auf 95,20 EUR gekürzt werden.

- Verpflegungspauschalen

  Der Mitarbeiter erhält – auch zur Abgeltung des Frühstücksbedarfs – steuer- und sozialversicherungsfreie Verpflegungspauschalen.

  Mittwoch: Der Mitarbeiter ist mehr als 8 Stunden, aber weniger als 14 Stunden von der Wohnung und regelmäßigen Arbeitsstätte abwesend und erhält dafür eine Pauschale von 6 EUR.

  Donnerstag: Die Abwesenheit beträgt volle 24 Stunden und die Pauschale 24 EUR.

Freitag: Die Abwesenheit beträgt 24 Stunden, ab nachmittags ist sie jedoch nicht mehr beruflich veranlasst, deshalb sollten für den Freitag nur noch 12 EUR erstattet werden.

Steuer- und sozialversicherungsfreie Erstattung insgesamt	
Fahrtkosten (Flug)	400,00 EUR
Übernachtungskosten	+ 190,40 EUR
Verpflegungspauschalen	+ 42,00 EUR
Gesamterstattung	632,40 EUR

41.7 Reisekostenabrechnung, Gruppenreise (gemischt veranlasst)

Sachverhalt

Für Außendienstmitarbeiter einer Firma findet regelmäßig einmal jährlich ein einwöchiges Verkaufstraining an wechselnden Orten statt (fünf Aufenthaltstage). Die Schulung findet in diesem Jahr mit 50 Teilnehmern an der kroatischen Küste statt.

Neben diversen Vorträgen an den Vormittagen, besuchen die Mitarbeiter auch die Betriebe, potenzieller Großabnehmer.

Nachmittags und abends nehmen die Mitarbeiter an touristischen und kulturellen Programmpunkten teil.

Die Gesamtkosten für die Reise betragen 100.000 EUR. Das Reisebüro, das mit der kompletten Organisation betraut ist, stellt folgende Rechnung auf:

Flugkosten	50.000 EUR
Übernachtungskosten	20.000 EUR
Verpflegung	10.000 EUR
Touristisches Programm	10.000 EUR
Vortragsveranstaltungen	5.000 EUR
Fahrtkosten vor Ort	5.000 EUR
Gesamtkosten	100.000 EUR

Wie sieht die Lohnabrechnung für die beteiligten Außendienstmitarbeiter aus und welche steuer- bzw. sozialversicherungsrechtlichen Folgen aus der Gruppenreise sind zu berücksichtigen?

Lösung

Zunächst werden die Kostenbestandteile der Reise ermittelt, die leicht und eindeutig dem betrieblichen Bereich zuzuordnen sind. Dazu gehören die Aufwendungen für die Vorträge.

Das touristische Programm stellt rein private Kosten dar, die auszuscheiden bzw. als Lohn zu behandeln sind.

Kosten gesamt	100.000 EUR
Abzgl. Aufwendungen Vorträge	- 5.000 EUR
Abzgl. private Kosten Arbeitnehmer	- 10.000 EUR
Restliche Kosten	85.000 EUR

Die restlichen Kosten für die Beförderung (Flug- bzw. Fahrtkosten, Transfers), die Hotelunterbringung und die Verpflegung sind im Wege der Schätzung aufzuteilen. Als Aufteilungsmaßstab ist grundsätzlich das Verhältnis der Zeitanteile heranzuziehen, in dem die Reise-Bestandteile mit privatem Charakter zu den aus betrieblichen Gründen durchgeführten Reise-Bestandteilen stehen. Hilfsweise ist nach der Rechtsprechung ein Maßstab von 50:50 zulässig.

Bei der Aufteilung der Verpflegungskosten ist zu beachten, dass Arbeitslohn in der Höhe vorliegt, in der die vom Arbeitgeber getragenen Verpflegungskosten 50 % des für Kroatien geltenden Höchstbetrags von 29 EUR übersteigen. Danach ist bei den Verpflegungskosten ein Betrag von 3.625 EUR (29 EUR x 50 % x 5 Aufenthaltstage x 50 Mitarbeiter) nicht als Arbeitslohn zu erfassen.

Nach Abzug der Verpflegungskosten in Höhe von 10.000 EUR bleiben noch Kosten von 75.000 EUR, auf die der hälftige Aufteilungsmaßstab Anwendung findet.

Steuer- und sozialversicherungspflichtger Arbeitslohn Arbeitnehmer

Touristisches Programm	10.000,00 EUR
Anteil aufzuteilende Kosten (50 % v. 75.000 EUR)	+ 37.500,00 EUR
Verpflegungskosten (10.000 EUR – 3.625 EUR)	+ 6.375 ,00 EUR
Arbeitslohn gesamt	53.875,00 EUR
Arbeitslohn je Mitarbeiter (53.875 EUR : 50)	1.077,50 EUR

Hinweis

Nach der neueren Rechtsprechung ist bei einer Reise, die sowohl Elemente beinhaltet, bei denen die betriebliche Zielsetzung des Arbeitgebers im Vordergrund steht, als auch Bestandteile umfasst, deren Gewährung sich als geldwerter Vorteil darstellt (gemischt veranlasste Reise), grundsätzlich eine Aufteilung der Kosten nach objektiven Gesichtspunkten vorzunehmen. Ist eine genaue Ermittlung oder Berechnung der Besteuerungsgrundlagen nicht möglich, sind sie zu schätzen.

Praxis-Tipp

Eine Aufteilung lassen Rechtsprechung und Verwaltung neuerdings auch auf Arbeitnehmerseite zu, wenn die Kosten nicht von der Firma ersetzt werden.

41.8 Reisekostenabrechnung, Auswärtstätigkeit mit vorgeschaltetem Urlaub

Sachverhalt

Ein Arbeitnehmer muss im August wegen Verkaufsverhandlungen zu einem Kunden nach Shanghai (China). Die Verhandlungen erstrecken sich über eine Woche. Der Arbeitgeber trägt die Aufwendungen für Flug, Unterkunft und Verpflegung.

Der Arbeitnehmer möchte vor den Verhandlungen einen zweiwöchigen Urlaub in China machen. Dabei will er eine Rundreise machen, die in Peking beginnt und in Shanghai endet.

Er möchte wissen, ob der Arbeitgeber auch einen Gabelflug erstatten würde und welche steuerlichen und sozialversicherungsrechtlichen Folgen sich daraus ergeben würden. Alle weiteren Kosten, die für seine Rundreise anfallen, übernimmt der Mitarbeiter selbst.

Ein Gabelflug Peking/Shanghai kostet 1.500 EUR, ein Flug nach Shanghai hin und wieder zurück 1.000 EUR. Dem Arbeitnehmer wird jedoch der gewünschte Gabelflug gewährt.

Welche steuerlichen und sozialversicherungsrechtlichen Folgen ergeben sich?

Lösung

Der Arbeitnehmer wird außerhalb seiner regelmäßigen Arbeitsstätte und auch außerhalb seiner Wohnung tätig. Eine steuerlich zu berücksichtigende Auswärtstätigkeit liegt jedoch nur vor, wenn sie zum Zweck einer auswärtigen beruflichen Tätigkeit durchgeführt wird. Berufliche Gründe liegen vor, wenn der Reise offensichtlich ein unmittelbarer, konkreter beruflicher Anlass zugrunde liegt. Diese Voraussetzung ist für einen Kundenbesuch in China offensichtlich erfüllt.

Weil der Arbeitnehmer diesem beruflichen Aufenthalt einen privaten Urlaub vorschaltet, ist die Reise nach China jedoch nicht mehr ausschließlich beruflich veranlasst. Allerdings ist eine Aufteilung der meisten Kosten problemlos möglich.

- Koste Unterkunft und Verpflegung

  Dem Arbeitnehmer dürfen nach seiner Ankunft in Shanghai für die beruflich veranlassten Tage Hotel- und Verpflegungskosten erstattet werden. Bei 24-stündiger Abwesenheit sind für Shanghai Verpflegungspauschalen von 42 EUR steuer- und sozialversicherungsfrei erstattbar.

  Ohne Einzelnachweis können Hotelkosten bis zu 140 EUR je Nacht pauschal erstattet werden.

- Flugkosten

  Die Flugkosten sind grds. Reisekosten, da sie durch einen unmittelbaren (konkreten) betrieblichen Anlass bedingt sind. Das gilt allerdings nicht, soweit die privat veranlassten Reisetage zu einer Erhöhung der Flugkosten führen, insbesondere wenn diese Erhöhung nicht eindeutig abgrenzbar ist. Dies ist jedoch in vorliegendem Fall möglich.

  Der Gabelflug führt zu einer Verteuerung um 500 EUR. Diese Mehrkosten sind privat veranlasst und können nicht abgabenfrei ersetzt werden.

  Steuer- und sozialversicherungsfrei dürfen dem Mitarbeiter nur die Flugkosten in Höhe von 1.000 EUR erstattet werden.

41.9 Reisekostenabrechnung, Urlaub zwischen dienstlichen Terminen

Sachverhalt

Ein Arbeitnehmer muss wegen Verkaufsverhandlungen zu mehreren Kunden in Bayern.

Er verlässt montags um 7.00 Uhr seine Wohnung und besucht noch am selben Tag einen Kunden in Nürnberg. Am Abend übernachtet er in einem nahe gelegenen Hotel zum Preis von 90 EUR ohne Frühstück.

Am Dienstag besucht er bis 15.00 Uhr einen Kunden in Erlangen. Statt sich danach auf die Heimreise zu machen, besucht er seine Schwester in Ulm und bleibt dort bis Donnerstagmorgen (Hotelkosten sind während dieser Zeit nicht angefallen).

Danach fährt er nach München weiter und absolviert dort am Freitagvormittag weitere Kundenbesuche. Die Übernachtung in einem nahe gelegenen Hotel kostet 100 EUR ohne Frühstück.

Am Freitagnachmittag fährt er wieder nach Hause und kommt dort gegen 20.00 Uhr an.

Verpflegungs- und Übernachtungskosten mit Ausnahme von Frühstück werden vom Arbeitgeber bis zu den steuerlichen Höchstgrenzen erstattet.

Für die Fahrten (insgesamt mehr als 1.500 Kilometer) benutzt der Mitarbeiter den ihm zur Verfügung gestellten Dienstwagen. Die Privatnutzung des Dienstwagens wird nach der 1-%-Regelung besteuert.

In welcher Höhe können dem Mitarbeiter Reisekosten erstattet werden?

Lösung

Der Arbeitnehmer wird außerhalb seiner regelmäßigen Arbeitsstätte und auch außerhalb seiner Wohnung tätig. Eine steuerlich zu berücksichtigende Auswärtstätigkeit liegt jedoch nur vor, wenn sie zum Zwecke einer auswärtigen beruflichen Tätigkeit durchgeführt wird. Berufliche Gründe liegen vor, wenn der Reise offensichtlich ein unmittelbarer, konkreter beruflicher Anlass zugrunde liegt. Diese Voraussetzung ist für die Kundenbesuche offensichtlich erfüllt.

Weil der Arbeitnehmer zwischendurch aus privaten Gründen seine Schwester besucht, ist die Reise jedoch nicht mehr ausschließlich beruflich, sondern gemischt veranlasst. Dem Mitarbeiter dürfen nur für die beruflich veranlassten Tage Hotel- und Verpflegungskosten erstattet werden.

- Übernachtung

  Kosten für Hotelübernachtungen können in voller Höhe erstattet werden. U. E. sind im vorliegenden Fall beide Übernachtungen beruflich veranlasst (der Termin am Freitagmorgen hätte wohl auch bei einer "rein" beruflichen Reise nicht ohne Übernachtung wahrgenommen werden können).

  Die Hotelkosten von insgesamt 190 EUR sind ohne Frühstück und können dem Mitarbeiter in voller Höhe steuer- und sozialversicherungsfrei ausgezahlt werden.

  Dem Mitarbeiter können 189,40 EUR steuer- und sozialversicherungsfrei ausgezahlt werden.

- Verpflegung

  Montag und Dienstag: Es ergibt sich jeweils eine Abwesenheit von mehr als 14 Stunden, aber weniger als 24 Stunden, sodass eine Pauschale von 12 EUR je Tag steuer- und sozialversicherungsfrei erstattet werden kann. (Dies gilt u. E. ebenso für den Dienstag weil die Übernachtung an diesem Abend bei der Schwester stattfindet und die beruflich begründete Abwesenheit unter 24 Stunden liegt.)

  Mittwoch: Es darf keine Verpflegungspauschale gezahlt werden.

  Donnerstag: Der Tag ist nur teilweise beruflich veranlasst; geht man hier davon aus, dass die beruflich bedingte Abwesenheit unter 8 Stunden beträgt, sind keine Verpflegungskosten zu erstatten.

  Freitag: Es ergibt sich eine Abwesenheit von mehr als 14 Stunden, aber weniger als 24 Stunden, es kann eine Pauschale von 12 EUR steuer- und sozialversicherungsfrei erstattet werden.

  Insgesamt können für die Reise Verpflegungspauschalen von 36 EUR steuer- und sozialversicherungsfrei erstattet werden.

- Die Fahrten mit dem Firmenwagen haben keine steuerlichen Auswirkungen. Auch die privaten Umwegstrecken sind mit der Versteuerung der Privatnutzung nach der 1-%-Regelung abgegolten.

Praxis-Tipp

Bei Fahrten mit dem eigenen Kraftfahrzeug können nur die beruflich bedingten Strecken mit 0,30 EUR je gefahrenem Kilometer erstattet werden. Für Umwegstrecken, die privat veranlasst sind, ist eine steuer- und sozialversicherungsfreie Erstattung nicht zulässig.

41.10 Reisekostenabrechnung, Mitnahme der Ehefrau

Sachverhalt

Ein Abteilungsleiter nimmt an einem zweitägigen Kongress in Baden-Baden in Begleitung seiner Ehefrau teil. Die 300 Kilometer dorthin legt er mit seinem privaten Pkw zurück.

Er fährt am Mittwoch gegen 17 Uhr von zu Hause los.

Die zwei Übernachtungen kosten 400 EUR ohne Frühstück. Ein entsprechendes Einzelzimmer hätte für zwei Nächte 300 EUR ohne Frühstück gekostet.

Am Freitag fährt der Mitarbeiter nach Ende des Kongresses nach Hause und kommt dort gegen 21 Uhr an.

Er bittet den Arbeitgeber um Erstattung der angefallenen Reiskosten.

Auf Nachfrage erklärt der Abteilungsleiter, dass die Mitnahme seiner Frau zwingend notwendig war. Auch die anderen Kongressteilnehmer wurden von ihren jeweiligen Partnern begleitet. Insbesondere für die Abendveranstaltung waren die Partner ausdrücklich mit eingeladen. Zudem habe seine Ehefrau während der übrigen Zeit Kontakte mit Partnerinnen von potenziellen Kunden geknüpft. Aus diesen Kontakten verspreche er sich neue Absatzmöglichkeiten für die Firma.

Die Hotelkosten sollen dem Arbeitnehmer auch insoweit erstattet werden, wie sie auf die Ehefrau entfallen. Zudem werden vom Arbeitgeber Fahrt- und Verpflegungskosten in der steuerlich zulässigen Höhe ausgezahlt.

Welche steuer- und sozialversicherungsrechtlichen Folgen ergeben sich aus der Erstattung?

Lösung

Der Abteilungsleiter hat eine beruflich veranlasste Auswärtstätigkeit unternommen, weil er aus beruflichen Gründen außerhalb seiner regelmäßigen Arbeitsstätte und auch außerhalb seiner Wohnung tätig geworden ist. Dementsprechend dürfen ihm Reisekosten grds. steuer- und sozialversicherungsfrei erstattet werden.

- Fahrtkosten

  Für die Fahrten mit dem Pkw kann ohne Einzelnachweis die Kilometerpauschale von 0,30 EUR je gefahrenem Kilometer erstattet werden.

  Die Erstattung in Höhe von 180 EUR (600 km x 0,30 EUR) bleibt steuer- und sozialversicherungsfrei.

- Verpflegung

  Mittwoch: Es können keine Verpflegungsmehraufwendungen steuerfrei ersetzt werden, da die Abwesenheitszeit unter 8 Stunden beträg.

  Donnerstag: Die Abwesenheitsdauer beträgt 24 Stunden, die Pauschale beträgt 24 EUR.

  Freitag: Die Abwesenheitszeit beträgt mehr als 14 Stunden, aber weniger als 24 Stunden, es kann eine Pauschale von 12 EUR steuer- und sozialversicherungsfrei erstattet werden.

- Übernachtung

  Die durch die Mitnahme der Ehefrau entstandenen Kosten sind eine Folge der beruflichen und gesellschaftlichen Stellung des Mitarbeiters und gehören daher zu den Kosten der Lebensführung, auch wenn der Beruf dadurch gefördert wird. Die Mehrkosten betragen 100 EUR.

  Die verbleibenden Hotelkosten von 300 EUR, die für ein Einzelzimmer angefallen wären, sind bereits ohne Frühstück und können dem Mitarbeiter steuer- und sozialversicherungsfrei ausgezahlt werden.

  Dem Mitarbeiter kann ein Betrag von 290,40 EUR steuer- und sozialversicherungsfrei ausgezahlt werden.

  Die darüber hinausgehende Übernachtungskostenerstattung ist voll steuer- und sozialversicherungspflichtig.

Praxis-Tipp

Etwas anderes kann gelten, wenn durch die Mitnahme des Partners eine andere Arbeitskraft ersetzt wird. Bei einer solchen Gestaltung wird das Finanzamt allerdings strenge Maßstäbe anlegen. Denkbar erscheint ein Einsatz des Partners z. B. auf einer Messe, um auf den Einsatz einer Messe-Hostess verzichten zu können.

41.11 Reisekostenabrechnung, Wahlrecht Mahlzeitengestellung

Sachverhalt

Anlässlich einer eintägigen Fortbildungsveranstaltung stellt der Arbeitgeber den teilnehmenden Mitarbeitern ein Mittagessen zur Verfügung. Der Wert der gestellten Mahlzeit beträgt 15 EUR. Die Abwesenheitsdauer der Mitarbeiter beträgt 9 Stunden.

Welche steuer- und sozialversicherungsrechtlichen Möglichkeiten ergeben sich, wenn

- a) ein Spesenanspruch in Höhe der steuerlichen Pauschalen besteht oder
- b) kein Spesenanspruch besteht?

Lösung

Das durch den Arbeitgeber bereitgestellte Mittagessen kann mit dem Sachbezugswert von 2,87 EUR (2012) angesetzt werden. Darüber hinaus wird steuerlich ein Pauschbetrag für Verpflegungsmehraufwendungen von 6 EUR gewährt.

- a) Diese Spesen werden grds. vom Arbeitgeber gewährt. Dabei ist eine Verrechnung der Spesen mit dem Sachbezug möglich, indem der Spesenanspruch der Mitarbeiter wegen der gewährten Mahlzeit auf 3,13 EUR (6 EUR – 2,87 EUR) gekürzt wird. Dadurch entfällt eine Versteuerung der Mahlzeit. Die restlichen Spesen können steuerfrei ausgezahlt werden.
- b) Es gibt keine Verrechnungsmöglichkeit, da keine Spesen gewährt werden. Der Arbeitgeber muss den Sachbezugswert von 2,87 EUR versteuern und der Mitarbeiter kann die Verpflegungspauschale von 6 EUR in seiner Einkommensteuererklärung geltend machen.

Als Alternative zur Sachbezugsbewertung von einmaligen Auswärtsmahlzeiten bietet die Finanzverwaltung neuerdings die Bewertung von Mahlzeiten auf Auswärtstätigkeiten mit den tatsächlichen Werten an. Dies kann insbesondere in Fällen, in denen kein Spesenanspruch besteht (Fall b) vorteilhaft sein. Bei dieser Methode wird der geldwerte Vorteil aus der Mahlzeit zwar zunächst mit dem tatsächlichen Wert von 15 EUR angesetzt. Hiervon bleiben jedoch – trotz fehlendem Spesenanspruch – 6 EUR steuerfrei. Der übersteigende Betrag von 9 EUR ist in die Prüfung der 44-EUR-Sachbezugsgrenze einzubeziehen. Falls diese insoweit noch nicht ausgeschöpft ist, entfällt eine Besteuerung der Mahlzeit gänzlich.

Praxis-Tipp

Der Arbeitgeber kann dabei das Wahlrecht nach Verwaltungsauffassung für jeden einzelnen Arbeitnehmer gesondert ausüben. Im Übrigen muss das Wahlrecht pro Monat und für eine mehrtägige Auswärtstätigkeit einheitlich ausgeübt werden.

41.12 Reisekostenabrechnung, mehrere Aufträge beim gleichen Kunden

Sachverhalt

Im Jahr 2012 hat ein Mitarbeiter 3 Aufträge für denselben Kunden ausgeführt. Die Verträge für die voneinander unabhängigen Aufträge wurden einzeln, im Abstand von mehreren Monaten und mit verschiedenen Vertretern des Auftraggebers geschlossen.

Bis auf seine Urlaubs- und Krankheitstage sowie vereinzelte Besuche am Firmensitz des Arbeitgebers war der Mitarbeiter ausschließlich in der Firma des Kunden eingesetzt, von der er täglich zu seinem Wohnsitz zurückgekehrt ist.

Welche Reisekosten können lohnsteuer- und sozialversicherungsfrei erstattet werden?

Lösung

Der Arbeitnehmer unternimmt steuerlich zu berücksichtigende Auswärtstätigkeiten, weil er aus beruflichen Gründen außerhalb einer regelmäßigen Arbeitsstätte und auch außerhalb seiner Wohnung tätig wird. Nach der inzwischen von der Verwaltung übernommenen Rechtsprechung des Bundesfinanzhofs sind betriebliche Einrichtungen eines Kunden keine regelmäßigen Arbeitsstätten der dort vom Arbeitgeber eingesetzten Mitarbeiter. Dies gilt unabhängig von der Dauer der dortigen Tätigkeit.

Deshalb dürfen dem Mitarbeiter Reisekosten steuer- und sozialversicherungsfrei erstattet werden. Es fallen hier Fahrt- und Verpflegungskosten an. Für Verpflegung werden im Inland Pauschalen von 6 EUR, 12 EUR oder 24 EUR je nach Abwesenheitsdauer gezahlt. Maßgeblich ist dabei die Abwesenheitszeit von Wohnung und regelmäßiger Arbeitsstätte.

Bei derselben Auswärtstätigkeit (früher Dienstreise) können Verpflegungsmehraufwendungen aber nur für die ersten drei Monate steuerfrei gewährt werden. Eine längerfristige vorübergehende Auswärtstätigkeit ist noch als dieselbe Auswärtstätigkeit zu beurteilen, wenn der Mitarbeiter nach einer Unterbrechung die Auswärtstätigkeit mit gleichem Inhalt, am gleichen Ort ausübt und ein zeitlicher Zusammenhang mit der bisherigen Tätigkeit besteht.

Eine urlaubs- oder krankheitsbedingte Unterbrechung bei derselben Auswärtstätigkeit hat auf den Ablauf der Dreimonatsfrist keinen Einfluss. Andere Unterbrechungen, z. B. durch vorübergehende Tätigkeit an der regelmäßigen Arbeitsstätte, führen nur dann zu einem Neubeginn der Dreimonatsfrist, wenn die Unterbrechung mindestens vier Wochen gedauert hat.

Diese Voraussetzungen sind im vorliegenden Fall grds. nicht erfüllt. Eine Ausnahme könnte nur dann in Betracht kommen, wenn die Tätigkeit im Rahmen des neuen Auftrags einen deutlich abweichenden Inhalt hat. Die Verwaltung dürfte hieran jedoch einen strengen Maßstab anlegen.

Die Fahrtkosten können hingegen zeitlich unbegrenzt in der tatsächlich nachgewiesenen Höhe steuerfrei ersetzt werden. Statt eines Einzelnachweises kann bei Fahrten mit dem eigenen Pkw eine Kilometerpauschale von 0,30 EUR je gefahrenem Kilometer steuer- und sozialversicherungsfrei erstattet werden.

Praxis-Tipp

In den ersten drei Monaten können neben den steuerfreien Verpflegungspauschalen nochmals bis zur gleichen Höhe Verpflegungskostenerstattungen pauschal mit 25 % versteuert werden.

Hinweis

Steuerfreie Verpflegungszuschüsse bei Auswärtstätigkeiten müssen grds. auf der elektronischen Lohnsteuerbescheinigung bescheinigt werden. Allerdings gilt dies nach einer Billigkeitsregelung nur dann, wenn sie im Lohnkonto aufgezeichnet worden sind.

42 Sachbezug

42.1 Sachbezug, Benzingutschein (steuerliche Voraussetzungen)

Sachverhalt

Ein Arbeitnehmer erhält von seinem Arbeitgeber monatlich einen Gutschein mit folgenden Angaben:

- "Treibstoff (Benzin, Super oder Diesel) im Wert von 44 EUR, einzulösen bei der Tankstelle A."

  Der Inhaber des Gutscheins ist nicht berechtigt, andere Waren an Stelle des Treibstoffs auszusuchen.

Erfüllt der Gutschein die Voraussetzungen zur Abrechnung als Sachbezug und zur Anwendung der 44-EUR-Sachbezugsfreigrenze nach § 8 Abs. 2 Satz 9 EStG?

Lösung

Der Bundesfinanzhof (BFH) hat mit 3 Urteilen vom 11. November 2010 (VI R 21/09, VI R 27/09, VI R 41/10) zur Frage der Behandlung von

- Tankkarten,
- Tankgutscheinen und
- Geschenkgutscheinen

erstmals Grundsätze zur Unterscheidung von Barlohn und einem bis zur Höhe von monatlich 44 EUR steuerfreiem Sachlohn aufgestellt (§ 8 Abs. 2 Satz 9 EStG). Den entschiedenen Streitfällen lagen folgende Sachverhalte zugrunde:

- Arbeitnehmern wurde von ihrem Arbeitgeber das Recht eingeräumt, gegen Vorlage einer Tankkarte bei einer bestimmten Tankstelle bis zu einem Höchstbetrag von 44 EUR monatlich zu tanken;
- Arbeitnehmer erhielten anlässlich ihres Geburtstags Geschenkgutscheine einer großen Einzelhandelskette über 20 EUR von ihrem Arbeitgeber;

- Arbeitnehmer durften mit vom Arbeitgeber ausgestellten Tankgutscheinen bei einer Tankstelle ihrer Wahl 30 Liter Treibstoff tanken und sich die Kosten dafür von ihrem Arbeitgeber erstatten lassen.

Während die Arbeitgeber diese Zuwendungen jeweils als Sachlohn behandelten und angesichts der Freigrenze keine Lohnsteuer einbehielten, waren die Finanzämter auf Grundlage von Verwaltungserlassen von nicht steuerbefreitem Barlohn ausgegangen und hatten entsprechende Lohnsteuerhaftungs- und Nachforderungsbescheide erlassen. Darin waren sie von den Finanzgerichten bestätigt worden.

Der BFH hat dagegen in sämtlichen Streitfällen Sachlohn angenommen.

Die Frage, ob Barlöhne oder Sachbezüge vorliegen, entscheidet sich nach dem Rechtsgrund des Zuflusses, nämlich danach, welche Leistung der Arbeitnehmer vom Arbeitgeber auf Grundlage der arbeitsvertraglichen Vereinbarungen beanspruchen kann. Die Unterscheidung ist nach der Art des zugesagten und daher zu beanspruchenden Vorteils selbst zu treffen. Auf welche Art und Weise dieser Anspruch erfüllt wird, ist unerheblich.

Kann der Arbeitnehmer lediglich die Sache selbst beanspruchen, komme eine Steuerbefreiung bis 44 EUR für Sachbezüge in Betracht (§ 8 Abs. 2 Satz 9 EStG) . Hierbei ist es unerheblich, ob der Arbeitgeber zur Erfüllung dieses Anspruchs selbst tätig wird, oder dem Arbeitnehmer gestattet, auf seine Kosten die Sachen bei einem Dritten zu erwerben.

Seine bisher anders lautende Rechtsprechung (BFH, Urteil v. 27.10.2004, VI R 51/03, BFH/NV 2005 S. 292, BStBl 2005 II S. 137) hat der BFH ausdrücklich aufgegeben.

Praxis-Tipp

Warengutscheine dürfen einen Euro-Betrag oder einen Höchstbetrag enthalten. Maßgeblich ist allein, dass ein Anspruch auf eine konkrete Ware oder Dienstleistung eingeräumt wird. Zulässig ist auch, dass der Mitarbeiter eine beliebige Tankstelle anfährt, die Kosten vorstreckt und sich die Aufwendungen gegen Vorlage des Benzingutscheins erstatten lässt. Sachbezüge liegen nämlich auch dann vor, wenn der Arbeitgeber seine Zahlung an den Arbeitnehmer mit der Auflage verbindet, den empfangenen Geldbetrag nur in einer bestimmten Weise zu verwenden.

Für die Prüfung, ob die 44-EUR-Grenze eingehalten wird, kommt es auf den Wert aller Sachbezüge in einem Monat an.

Hinweis

Sachbezüge, die Arbeitnehmer vom Arbeitgeber erhalten, bleiben bis zu 44 EUR monatlich steuerfrei. Bei der Regelung des § 8 Abs. 2 Satz 9 EStG handelt es sich um eine Freigrenze, nicht um einen Freibetrag. Das heißt, dass maximal 44 EUR pro Monat steuerfrei bleiben. Wird die monatliche Freigrenze von 44 EUR auch nur um 1 Cent überschritten, ist der gesamte Betrag und nicht nur der übersteigende Betrag steuer- und sozialversicherungspflichtig. In einem Monat nicht ausgenutzte Teile der Freigrenze dürfen zudem nicht auf andere Zeiträume verteilt und nicht auf einen Jahresbetrag hochgerechnet werden.

42.2 Sachbezug, Benzingutschein (Bewertung nach der 96-%-Regelung)

Sachverhalt

Ein Arbeitgeber gibt an seinen Arbeitnehmer einen Tankgutschein über 30 Liter Super Benzin aus. Der Preis je Liter Super Benzin beträgt zum Zeitpunkt der Hingabe des Gutscheins 1,48 EUR.

Kann der Bewertungsabschlag von 4 % in diesem Fall angewandt werden?

Lösung

Es ergibt sich folgende Bewertung des Benzingutscheins: 30 Liter x 1,48 EUR = 44,40 EUR hiervon 96 % = 42,62 EUR.

Aufgrund des vorzunehmenden Bewertungsabschlags nach § 8 Abs. 2 Satz 1 EStG von 4 %, wird bei dem vorliegenden Benzingutschein die 44-EUR-Sachbezugfreigrenze nicht überschritten (R 8.1 Abs. 2 Satz 9 LStR). Sofern die weiteren steuerlichen Voraussetzungen vorliegen (u.a. unmittelbare Vertragsbeziehung zwischen Arbeitgeber und der Tankstelle), kann der Tankgutschein steuerfrei hingegeben werden.

Hinweis

Die Sachbezugsfreigrenze von 44 EUR im Monat ist ausschließlich auf solche Sachbezüge anwendbar, die nach § 8 Abs. 2 Satz 1 EStG zu bewerten sind (sog. 96-%-Regelung, (R 8.1 Abs. 2 Satz 9 LStR). Nicht unter die 44-EUR-Sachbezugsfreigrenze fallen geldwerte Vorteile,

- die sich aus der privaten Nutzung eines Dienstwagens ergeben,
- Sachbezüge die nach der Sozialversicherungsentgeltverordnung (SvEV) mit amtlichen Sachbezugswerten anzusetzen sind (z. B. Verpflegung und Unterkunft) oder
- als sog. Belegschaftsrabatte unter den Rabattfreibetrag nach § 8 Abs. 3 EStG fallen.

42.3 Sachbezug, Freie Kost und Unterkunft

Sachverhalt

Einer Arbeitnehmerin wird eine einfache Unterkunft zur Verfügung gestellt. Sie bewohnt ein möbliertes und beheiztes Zimmer. Darüber hinaus erhält sie vom Arbeitgeber den ganzen Monat volle und kostenlose Verpflegung. Für das Zimmer zahlt sie 150 EUR pro Monat. Dieser Betrag wird ihr direkt vom Lohn abgezogen.

Wie ist der Vorteil abzurechnen?

Lösung

Ermittlung des geldwerten Vorteils

Sachbezugswert Unterkunft 2012 (monatlich)	212 EUR
Abzgl. Zuzahlung der Arbeitnehmerin	150 EUR
Geldwerter Vorteil Unterkunft	62 EUR
Zzgl. Sachbezugswert Verpflegung 2012	219 EUR
(Frühstück 47 EUR, Mittag und Abendessen jeweils 86 EUR)	
Steuer- und sozialversicherungspflichtiger geldwerter Vorteil gesamt	281 EUR

Hinweis

Die Sozialversicherungsentgeltverordnung (SvEV) bestimmt bei Überlassung von Unterkunft und Verpflegung die Höhe der bei den Arbeitnehmern als Sachbezüge anzusetzenden Beträge. Die amtlichen Sachbezugswerte gelten für alle Sparten der Sozialversicherung und sind darüber hinaus auch für das Steuerrecht verbindlich. Während für die unentgeltliche oder verbilligte Überlassung einer Unterkunft der amtliche Sachbezugswert anzusetzen ist (2012: 212 EUR pro Monat), hat die Bewertung des geldwerten Vorteils für die Überlassung einer (vollständigen) Wohnung stets mit dem ortsüblichen Mietpreis zu erfolgen.

42.4 Sachbezug, Personalrabatte

Sachverhalt

Eine Arbeitnehmerin erwirbt im Juli von ihrem Arbeitgeber, einem Küchenhersteller, eine Küche zum Preis von 10.000 EUR. Im Einzelhandel wird dieselbe Küche für 18.000 EUR verkauft wird.

Wie hoch ist der geldwerte Vorteil für die Arbeitnehmerin?

Lösung

Steuerpflichtiger geldwerter Vorteil	
Preis Endverbraucher	18.000 EUR
Abzgl. Pauschaler Bewertungszuschlag von 4 %	- 720 EUR
Zwischensumme	17.280 EUR
Abzgl. Preis Arbeitnehmer	- 10.000 EUR
Geldwerter Vorteil insgesamt	7.280 EUR
Abzgl. Rabattfreibetrag nach § 8 Abs. 3 Satz 3 EStG	- 1.080 EUR
Steuerpflichtiger geldwerter Vorteil	**6.200 EUR**

Der den Rabattfreibetrag von 1.080 EUR pro Jahr übersteigende Betrag in Höhe von 6.200 EUR ist bei der Arbeitnehmerin als einmalig gewährter geldwerter Vorteil nach der Jahrestabelle zu versteuern und als sonstiger Bezug dem Sozialversicherungsabzug zu unterwerfen.

Hinweis:

Der Rabattfreibetrag für Personalrabatte von jährlich 1.080 EUR kann grundsätzlich nur auf Waren oder Dienstleistungen des eigenen Unternehmens angewendet werden. Voraussetzungen sind, dass der Preisnachlass vom eigenen Arbeitgeber eingeräumt wird (**nicht von einem Dritten**) und das Unternehmen mit diesen Waren oder Dienstleistungen Handel treibt, also nicht überwiegend für seine Arbeitnehmer herstellt.

Zu den Waren gehören hierbei alle Wirtschaftsgüter, die im Wirtschaftsverkehr wie Sachen behandelt werden (z.B. auch Strom und Wärme). Als Dienstleistungen kommen alle anderen Leistungen in Betracht, die üblicherweise gegen Entgelt erbracht werden. Hierzu zählen z.B. auch

- Beförderungsleistungen von Strom und Wärme,
- Vermittlung von Versicherungsverträgen oder
- Darlehen.

42.5 Sachbezug, Essenmarke

Sachverhalt

Die Mitarbeiter eines Unternehmens erhalten pro Arbeitstag eine Essenmarke im Wert von 5,90 EUR, die in einer externen Kantine eingelöst werden können. Die Arbeitnehmer zahlen pro Essenmarke jeweils den amtlichen Sachbezugswert 2012 in Höhe von 2,87 EUR hinzu (2011: 2,83 EUR).

Wie hoch ist der geldwerte Vorteil für die Arbeitnehmer?

Lösung

Bei der gewählten Variante entsteht kein steuerpflichtiger geldwerter Vorteil, da der Arbeitnehmer genau den Sachbezugswert für die Essenmarke bezahlt.

Wert der Essenmarke	5,90 EUR
Abzgl. Zahlung des Arbeitnehmers	2,87 EUR
Anzusetzen ist höchstens der Sachbezugswert für die Mahlzeit (2011)	2,87 EUR
Geldwerter Vorteil	**0,00 EUR**

Hinweis

Durch die Zuzahlung der Arbeitnehmer in Höhe des amtlichen Sachbezugswerts für Verpflegung ergibt sich kein steuerpflichtiger geldwerter Vorteil. Im Kalenderjahr 2012 muss die Zuzahlung also mindestens 2,87 EUR für eine Essenmarke betragen (2011: 2,83 EUR).

43 Sonn- und Feiertagsarbeit

43.1 Sonn- und Feiertagsarbeit, Sonntagszuschlag (100 %)

Sachverhalt

Ein Abteilungsleiter erhält ein monatliches Gehalt in Höhe von 6.928 EUR, was einem Stundenlohn von 40 EUR entspricht. Er muss wegen eines Messeauftritts an 2 Sonntagen im Monat arbeiten. Die Arbeitszeit beträgt an den beiden Sonntagen jeweils 10 Stunden. Laut arbeitsvertraglicher Regelungen hat er Anspruch auf Sonntagszuschläge in Höhe von 100 % des Grundlohns.

In welcher Höhe unterliegen die Zuschläge der Lohnsteuer bzw. der Sozialversicherung?

Lösung

Vom arbeitsrechtlich vereinbarten Sonntagszuschlag in Höhe von 100 % kann nach § 3b Abs. 1 Nr. 2 EStG lediglich die Hälfte (50 % des Zuschlags) steuerfrei gewährt werden. Während für den Bereich des Lohnsteuerrechts, die Lohnsteuerfreiheit auf einen Stundenlohn von höchstens 50 EUR je Stunde begrenzt ist (§ 3b Abs. 2 Satz 1 EStG), kann der Zuschlag für den Bereich der Sozialversicherung nur aus einem Grundlohn von maximal 25 EUR je Stunde sozialversicherungsfrei bleiben (§ 1 Abs. 1 Satz 1 Nr. 1 zweiter Halbsatz SvEV).

Die Abrechnung der Zuschläge gestaltet sich folgendermaßen:

Lohnsteuer	
Zuschlag Sonntagsarbeit (20 Std. x 40 EUR	800 EUR
davon lohnsteuerfrei (20 Std. x 40 EUR x 50 %)	400 EUR
lohnsteuerpflichtig (20 Std. x 40 EUR x 50 %)	400 EUR

Die Zuschläge unterliegen in Höhe von 400 EUR der Lohnsteuerpflicht.

Sozialversicherung

Zuschlag Sonntagsarbeit (20 Std. x 40 EUR	800 EUR
davon sozialversicherungsfrei (20 Std. x 25 EUR x 50 %)	250 EUR
sozialversicherungspflichtig (20 Std. x 15 + 20 Std. x 25 EUR x 50 %)	550 EUR

Da bei dem Bruttoverdienst von 6.928 EUR im Monat die Beitragsbemessungsgrenzen in allen Zweigen der Sozialversicherung bereits überschritten sind, fallen für den sozialversicherungspflichtigen Anteil des Sonntagszuschlags keine Sozialversicherungsbeiträge an.

43.2 Sonn- und Feiertagsarbeit, Sonntagszuschlag (50 %)

Sachverhalt

Ein Mitarbeiter erhält ein monatliches Gehalt in Höhe von 9.600 EUR. Dies entspricht einem Stundenlohn von 60 EUR. Für zusätzliche Arbeit an Sonntagen erhält er einen Zuschlag von 50 % auf den Grundlohn. In einem Monat fallen 30 Stunden Sonntagsarbeit an.

In welcher Höhe unterliegen die Zuschläge der Lohnsteuer bzw. der Sozialversicherung?

Lösung

Der steuerfreie Zuschlag für Sonntagsarbeit beträgt 50 % (§ 3b Abs. 1 Nr. 2 EStG). Während aus steuerlicher Sicht der Zuschlag aus einem Grundlohn von maximal 50 EUR pro Stunde steuerfrei bleibt (§ 3b Abs. 2 Satz 1 EStG), kann der Zuschlag für den Bereich der Sozialversicherung lediglich aus einem Grundlohn von 25 EUR je Stunde berechnet werden (§ 1 Abs. 1 Satz 1 Nr. 1 zweiter Halbsatz SvEV).

Die Abrechnung der Zuschläge gestaltet sich folgendermaßen:

Lohnsteuer

Zuschlag Sonntagsarbeit (30 Std. x 60 EUR x 50 %)	900 EUR
davon lohnsteuerfrei (30 Std. x 50 EUR x 50 %)	750 EUR
lohnsteuerpflichtig (30 Std. x 10 EUR x 50 %)	150 EUR

Die Sonntagszuschläge unterliegen in Höhe von 150 EUR dem Lohnsteuerabzug.

Sozialversicherung

Zuschlag Sonntagsarbeit (30 Std. x 60 EUR x 50 %)	900 EUR
davon sozialversicherungsfrei (30 Std. x 25 EUR x 50 %)	375 EUR
sozialversicherungspflichtig (30 Std. x 35 EUR x 50 %)	525 EUR

Die Beitragsbemessungsgrenze ist in allen Zweigen der Sozialversicherung überschritten, sodass für den sozialversicherungspflichtigen Anteil der Zuschläge keine Beiträge abzuführen sind.

43.3 Sonn- und Feiertagsarbeit, Nachtzuschlag

Sachverhalt

Eine Kellnerin arbeitet 3-mal wöchentlich unter der Woche von 18 bis 22 Uhr. Sie erhält einen Stundenlohn in Höhe von 10 EUR. Nach den arbeitsvertraglichen Regelungen erhält sie für die Arbeit ab 20 Uhr einen Nachtarbeitszuschlag von 50 % auf den Grundlohn. Am Sonntag arbeitet sie regelmäßig von 14 bis 20 Uhr, wofür ihr ein arbeitsvertraglicher Sonntagszuschlag in Höhe von 100 % des Grundlohns zusteht. In diesem Monat arbeitet sie insgesamt an 4 Sonntagen sowie an 12 Wochentagen.

In welcher Höhe unterliegen die Zuschläge der Lohnsteuer bzw. der Sozialversicherung?

Lösung

Der maßgebliche Grundlohn je Stunde beträgt 10 EUR. Die für die Rechtsgebiete des Lohnsteuer- und Sozialversicherungsrechts zu beachtenden unterschiedlichen maximalen Stundenlohnsätze werden jeweils nicht erreicht.

Die Zuschläge sind in folgender Höhe steuer- und sozialversicherungsfrei:

- Nachtarbeit: 25 % des Grundlohns (§ 3b Abs. 1 Nr. 1 EStG)
- Sonntagsarbeit: 50 % des Grundlohns (§ 3b Abs. 1 Nr. 2 EStG)

Die Abrechnung der Zuschläge gestaltet sich folgendermaßen:

Lohnsteuer und Sozialversicherung

Zuschlag Nachtarbeit ab 20 Uhr (12 Tage × 2 Std. x 10 EUR x 50 %)	120 EUR	
davon lohnsteuer- und sozialversicherungsfrei (12 Tage × 2 Std. x 10 EUR x 25 %)	- 60 EUR	
lohnsteuer- und sozialversicherungspflichtig	60 EUR	60 EUR
Zuschlag Sonntagsarbeit (4 Tage x 6 Std. x 10 EUR x 100 %)	240 EUR	
davon lohnsteuer- und sozialversicherungsfrei (4 Tage × 6 Std. x 10 EUR x 50 %)	- 120 EUR	
Lohnsteuer- und sozialversicherungspflichtig	120 EUR	+ 120 EUR
Lohnsteuer- und sozialversicherungspflichtige **Zuschläge gesamt**		**180 EUR**

Die gezahlten Zuschläge für Sonntags- und Nachtarbeit unterliegen in Höhe von 180 EUR dem Lohnsteuerabzug und der Sozialversicherungspflicht.

43.4 Sonn- und Feiertagsarbeit, Sonntagszuschlag

Sachverhalt

In einem Unternehmen wird üblicherweise an Sonn- und Feiertagen gearbeitet. Ein Arbeitnehmer mit einem Stundenlohn von 9,95 EUR ist in der Spätschicht an 2 Sonntagen in 1 Monat eingesetzt. Die Schicht beginnt jeweils um 12.00 Uhr und endete um 20.00 Uhr.

Wie hoch ist der steuer- und sozialversicherungsfreie Sonntagszuschlag im Monat?

Lösung

Ob überhaupt Zuschläge gezahlt werden müssen, richtet sich nach den Regelungen des Tarifvertrags, der Betriebsvereinbarung oder des Arbeitsvertrags. Eine gesetzliche Verpflichtung zur Zahlung von Zuschlägen an Sonn- und Feiertagen gibt es nicht. Wenn im Unternehmen die Verpflichtung zur Zahlung besteht oder der Arbeitgeber diese Zuschläge auf freiwilliger Basis zahlt, bleiben diese ausschließlich im Rahmen des § 3b EStG steuerfrei. Die Steuerfreiheit der Zuschläge ist im Wesentlichen von folgenden Voraussetzungen abhängig:

- Der Arbeitnehmer muss während der begünstigten Zeit tatsächlich arbeiten.
- Die tatsächlich geleistete Sonn-, Feiertags- oder Nachtarbeit ist anhand von Einzelaufstellungen nachzuweisen. Schichtpläne, Stempelkarten bzw. Stundenzettel oder vergleichbare Aufzeichnungen als Nachweis für Prüfungszwecke sind aufzubewahren (BFH, Urteil v. 25.5.2005, BStBl 2005 II S. 725).
- Wurden die Zuschläge eindeutig als Zahlung neben dem Grundlohn vereinbart? Auch das muss durch Vorlage der Arbeitsverträge (wenn nicht ohnehin im Tarifvertrag geregelt) nachgewiesen werden können.
- Die in § 3b Abs. 1 und 3 EStG genannten Zuschlagssätze dürfen nicht überschritten werden. Der maximale Zuschlagssatz beträgt 50 % vom Grundlohn für die Sonntagsarbeit von 0.00 Uhr bis 24.00 Uhr.

Dem Arbeitnehmer können folgende Zuschläge für geleistete Sonntagsarbeit steuer- und sozialversicherungsfreie gewährt werden – soweit diese auch tatsächlich gezahlt werden:

Sonntagszuschlag pro Stunde (9,95 EUR x 50 %)	4,98 EUR
Sonntagszuschlag Monat insgesamt (4,98 EUR x 8 Std. x 2 Tage)	79,68 EUR

Hinweis

Die Steuerfreiheit von Nacht-, Sonn- und Feiertagszuschläge ist auf einen Grundlohn von 50 EUR pro Stunde beschränkt (§ 3b Abs. 2 Satz 1 EStG), für die Sozialversicherungsfreiheit beträgt der maximale Grundlohn 25 EUR pro Stunde (§ 1 Abs. 1 Satz 1 Nr. 1 zweiter Halbsatz SvEV). Der übersteigende Betrag unterliegt dann jeweils dem Lohnsteuerabzug und der Sozialversicherungspflicht.

Wird an Sonntagen und Feiertagen Nachtarbeit geleistet, so können die Zuschläge addiert werden, soweit die Voraussetzungen vorliegen (R 3b Abs. 3 Satz 1 LStR).

43.5 Sonn- und Feiertagsarbeit, Sonntags- und Nachtzuschlag

Sachverhalt

In einem Unternehmen wird üblicherweise an Sonn- und Feiertagen gearbeitet. Ein Arbeitnehmer mit einem Stundenlohn von 9,95 EUR ist in der Spätschicht an zwei Sonntagen eingesetzt. Die Schicht beginnt jeweils um 16.00 Uhr und endete um 24.00 Uhr.

Müssen Zuschläge gezahlt werden und wenn ja, in welcher Höhe? Unter welchen Bedingungen sind diese steuerfrei?

Lösung

Ob überhaupt Zuschläge gezahlt werden müssen, richtet sich nach den Regelungen des Tarifvertrags, der Betriebsvereinbarung oder des Arbeitsvertrags. Eine gesetzliche Verpflichtung zur Zahlung von Zuschlägen an Sonn- und Feiertagen gibt es nicht. Lediglich die Höhe der maximalen steuerfreien Zuschlagssätze ist in § 3b Abs. 1 und 3 EStG gesetzlich geregelt. Folgende maximalen Zuschlagssätze sind im vorliegenden Fall zu beachten:

- Der Zuschlag für Sonntagsarbeit beträgt 50 % vom Grundlohn für die Zeit von 0.00 Uhr bis 24.00 Uhr (§§ 3b Abs. 1 Nr. 2, 3b Abs. 2 Satz 3 EStG)..
- Zusätzlich darf für die Nachtarbeit von 20.00 Uhr bis 6.00 Uhr des Folgetages ein Zuschlag in Höhe von 25 % steuer- und sozialversicherungsfrei zusätzlich bezahlt werden (§§ 3b Abs. 1 Nr. 1, 3b Abs. 2 Satz 2 EStG). Wird die Arbeit vor 0.00 Uhr aufgenommen, so kann für die Zeit von 0.00 Uhr bis 4.00 Uhr ein erhöhter Zuschlag von 40 % steuer- und sozialversicherungsfrei ausbezahlt werden (§ 3b Abs. 3 EStG).

Der Arbeitnehmer erhält für diesen Monat		
Sonntagszuschlag pro Stunde (9,95 EUR x 50 %)	4,98 EUR	
Sonntagszuschläge Monat (4,98 EUR x 8 Std. x 2 Tage)		79,68 EUR
Nachtzuschlag pro Stunde (9,95 EUR × 25 %)	2,49 EUR	
Nachtzuschläge Monat (2,49 EUR x 4 Std. x 2 Tage)		+ 19,92 EUR
Zuschläge gesamt steuer- und sozialversicherungsfrei		**99,60 EUR**

Es können insgesamt Zuschläge in Höhe von 99,60 EUR steuer- und sozialversicherungsfrei gezahlt werden.

Hinweis

Die Steuerfreiheit der Nacht-, Sonn- und Feiertagszuschläge ist auf einen Grundlohn 50 EUR pro Stunde beschränkt (§ 3b Abs. 2 Satz 1 EStG), für die Sozialversicherungsfreiheit beträgt dieser 25 EUR pro Stunde (§ 1 Abs. 1 Satz 1 Nr. 1 zweiter Halbsatz SvEV). Der übersteigende Betrag unterliegt dann dem Lohnsteuerabzug und der Sozialversicherungspflicht.

Wird an Sonntagen und Feiertagen Nachtarbeit geleistet, so können die Zuschläge addiert werden, soweit die Voraussetzungen vorliegen (R 3b Abs. 3 Satz 1 LStR).

43.6 Sonn- und Feiertagsarbeit, gewöhnlicher Feiertag

Sachverhalt

In einem Unternehmen wird üblicherweise an Sonn- und Feiertagen nicht gearbeitet. Ausnahmsweise wird in diesem Jahr am 3. Oktober (bundeseinheitlicher gesetzlicher Feiertag) gearbeitet.

Ein Arbeitnehmer mit einem Stundenlohn von 9,95 EUR hat in der Woche vom 2.10. bis 6.10. durchgängig in der Frühschicht von 6.00 Uhr bis 14.00 Uhr (8 Stunden) gearbeitet.

In welcher Höhe können dem Arbeitnehmer steuerfreie Zuschläge gezahlt werden?

Lösung

Der Zuschlag für Arbeit an einem gesetzlichen Feiertag von 0 Uhr bis 24 Uhr beträgt 125 % vom Grundlohn (§ 3b Abs. 1 Nr. 3 EStG).

Für die Schicht von 6.00 Uhr bis 14.00 Uhr darf unter Beachtung der steuerlichen Voraussetzungen (z. B. Aufzeichnungs- und Nachweispflicht) neben dem Grundlohn von 9,95 EUR ein steuer- und sozialversicherungsfreier Zuschlag in Höhe von 125 % = 12,44 EUR pro Stunde gewährt werden.

Der Arbeitnehmer erhält für die Arbeit am 3. Oktober einen steuer- und sozialversicherungsfreien Feiertagszuschlag in Höhe von:

8 Stunden x 12,44 EUR =	99,52 EUR

Hinweis

Die Steuerfreiheit der Nacht-, Sonn- und Feiertagszuschläge ist auf einen Grundlohn 50 EUR pro Stunde beschränkt (§ 3b Abs. 2 Satz 1 EStG), für die Sozialversicherungsfreiheit beträgt dieser 25 EUR pro Stunde (§ 1 Abs. 1 Satz 1 Nr. 1 zweiter Halbsatz SvEV). Der übersteigende Betrag unterliegt dann dem Lohnsteuerabzug und der Sozialversicherungspflicht.

43.7 Sonn- und Feiertagsarbeit, besonderer Feiertag

Sachverhalt

In einem Unternehmen wird üblicherweise an Sonn- und Feiertagen nicht gearbeitet. Es wird jedoch aufgrund eines kurzfristigen Auftrags eine Sonderschicht über Weihnachten eingelegt.

Ein Arbeitnehmer mit einem Stundenlohn von 9,95 EUR arbeitet am 25.12. und 26.12. jeweils in der Frühschicht von 6.00 Uhr bis 14.00 Uhr.

In welcher Höhe können dem Arbeitnehmer steuerfreie Feiertagszuschläge gezahlt werden?

Lösung

Die Höhe der steuerfreien (allgemeinen) Feiertagszuschläge ergibt sich grundsätzlich aus § 3b Abs. 1 Nr. 3 EStG. Darüber hinaus sind im Gesetz auch Sonderfälle der Feiertagsarbeit (z.B. besondere Zuschlagssätze für die Arbeit an den Weihnachtsfeiertagen und Silvester) geregelt (§ 3b Abs. 1 Nr. 3 und 4 EStG).

Der Zuschlag an den besonderen Weihnachtsfeiertagen beträgt 150 % vom Grundlohn (§ 3b Abs. 1 Nr. 4 EStG). Zu diesen besonderen Feiertagen zählen ganztägig der 1.5., 25.12. und 26.12. sowie der 24.12. ab 14 Uhr. Am 31.12. können für geleistete Arbeitsstunden ab 14 Uhr bis zu 125 % Zuschlag steuer- und sozialversicherungsfrei ausbezahlt werden (§ 3b Abs. 1 Nr. 3 EStG).

Da der Mitarbeiter an den beiden Weihnachtsfeiertagen arbeitet, darf für diese beiden Tage neben dem Grundlohn von 9,95 EUR ein steuer- und sozialversicherungsfreier Zuschlag in Höhe von 150 % = 14,93 EUR je Stunde gewährt werden.

Der Arbeitnehmer erhält für diese beiden Tage steuer- und sozialversicherungsfreie Feiertagszuschläge in Höhe von:

16 Stunden x 14,93 EUR =	238,88 EUR

Hinweis

Die Steuerfreiheit der Nacht-, Sonn- und Feiertagszuschläge ist auf einen Grundlohn von 50 EUR pro Stunde beschränkt (§ 3b Abs. 2 Satz 1 EStG), für die Sozialversicherungsfreiheit beträgt dieser 25 EUR pro Stunde (§ 1 Abs. 1 Satz 1 Nr. 1 zweiter Halbsatz SvEV). Der übersteigende Betrag unterliegt dann jeweils dem Lohnsteuerabzug und der Sozialversicherungspflicht.

43.8 Sonn- und Feiertagsarbeit, Bemessungsgrundlage für steuerfreie Zuschläge

Sachverhalt

In einem Unternehmen wird üblicherweise auch an Sonn- und Feiertagen im Mehrschichtsystem gearbeitet.

Ein Arbeitnehmer mit einer 40-Stunden-Woche hat einen Stundenlohn in Höhe von 9,45 EUR. Er erhält eine Schichtzulage in Höhe von 0,50 EUR pro Stunde und in dem entsprechenden Abrechnungszeitraum eine Erschwerniszulage in Höhe von 0,60 EUR pro Stunde für 90 Arbeitsstunden. Zudem leistet der Arbeitgeber einen monatlichen Zuschuss zu den vermögenswirksamen Leistungen in Höhe von 13 EUR.

Wie wir die Bemessungsgrundlage für die steuerfreien Zuschläge berechnet?

Lösung

Zum maßgeblichen Grundlohn des Arbeitnehmers zählen neben dem laufenden Arbeitslohn vermögenswirksame Leistungen (VL) sowie laufende Zuschläge und Zulagen, die wegen der Besonderheit der Arbeit während der regelmäßigen

Arbeitszeit gezahlt werden (z.B. Erschwernis- und Schichtzuschläge; R 3b Abs. 2 Satz 2 Nr. 1 Buchst. b LStR).

Zunächst wird der Basisgrundlohn ermittelt und anschließend die Grundlohnzusätze. Der Basisgrundlohn ist der für den jeweiligen Lohnzahlungszeitraum vereinbarte Grundlohn (R 3b Abs. 2 Satz 2 Nr. 2 LStR). Die Grundlohnzusätze sind die Teile des Grundlohns, die nicht im Voraus bestimmbar sind. Sie sind mit den Beträgen in den Grundlohn einzubeziehen, die für den jeweiligen Lohnzahlungszeitraum tatsächlich zustehen.

Der Monatswert (Basisgrundlohn + Grundlohnzusätze) ist auf einen Stundenlohn umzurechnen (R 3b Abs. 2 Satz 2 Nr. 2 Buchst. b LStR). Dabei ist im Falle eines monatlichen Lohnzahlungszeitraums die regelmäßige wöchentliche Arbeitszeit mit dem 4,35-fachen anzusetzen (R 3b Abs. 2 Satz 2 Nr. 3 LStR).

Grundlohn (9,45 EUR × 40 Stunden × 4,35)	1.644,30 EUR
zzgl Schichtzulage (0,50 EUR × 40 Stunden × 4,35)	+ 87,00 EUR
zzgl VWL-Zuschuss	+ 13,00 EUR
Basisgrundlohn gesamt	1.744,30 EUR
zzgl. Grundlohnzusätze (Erschwerniszulage, 0,60 EUR × 90 Stunden)	+ 54,00 EUR
Gesamtsumme	**1.798,30 EUR**

Höchstmögliche Bemessungsgrundlage (Grundlohn i.S. des § 3b EStG):

1.798,30 EUR / (40 Stunden × 4,35) = 10,34 EUR.

Die Bemessungsgrundlage für die Berechnung der steuerfreien Zuschläge beträgt somit 10,34 EUR pro Stunde (R 3b Abs. 2 Satz 2 Nr. 3 Satz 3 LStR).

Diese Berechnung ist monatlich neu durchzuführen, da der Wert der Grundlohnzusätze von Monat zu Monat schwankt.

Praxis-Tipp:

Wenn die o.g. Berechnung zu „mühsam" erscheint und keine tarifliche Regelung dem entgegensteht, können die Sonntags-, Feiertags- und Nachtzuschläge auch auf der Basis Stundenlohn (9,45 EUR) + Schichtzulage (0,50 EUR) ermittelt werden. Mit 9,95 EUR wird dann allerdings nicht die höchstmögliche Bemessungsgrundlage für die Steuerfreiheit herangezogen.

Hinweis

Die Höchstgrenze für die Steuerfreiheit der Feiertagszuschläge beträgt 50 EUR pro Stunde (§ 3b Abs. 2 Satz 1 EStG), die Höchstgrenze für die Sozialversicherungsfreiheit der Feiertagszuschläge beträgt 25 EUR pro Stunde (§ 1 Abs. 1 Satz 1 Nr. 1 zweiter Halbsatz SvEV).

Wird an Sonntagen und Feiertagen Nachtarbeit geleistet, so können die Zuschläge addiert werden, soweit die Voraussetzungen vorliegen (R 3b Abs. 3 Satz 1 LStR).

44 Sonstige Bezüge

44.1 Sonstige Bezüge, Einmalzahlung (Märzklausel)

Sachverhalt

Ein Handelsunternehmen (alte Bundesländer) zahlt im Monat Februar einen Umsatzbonus für das vergangene Jahr. Eine Mitarbeiterin mit einem Gehalt von 3.250 EUR erhält im Februar 2012 einen Umsatzbonus in Höhe von 4.785 EUR. Ihr Jahresbruttoentgelt im Jahr 2011 betrug 40.250 EUR.

Wie wird der Umsatzbonus steuer- und sozialversicherungsrechtlich behandelt?

Lösung

Der Umsatzbonus ist im Monat Februar 2012 als sonstiger Bezug nach der Jahreslohnsteuertabelle zu versteuern. Im Steuerrecht gilt das Zuflussprinzip: Die Lohnsteuer fällt in dem Jahr an, in dem die Zahlung erfolgt.

In der **Sozialversicherung** ist die Anwendung der Märzklausel ist zu prüfen: Dazu ist die anteilige Jahresbeitragsbemessungsgrenze per 28.2.2012 sowohl in der Kranken- und Pflegeversicherung als auch in der Renten- und Arbeitslosenversicherung dem beitragsrechtlichen Entgelt per 28.2.2012 gegenüberzustellen:

Kranken- und Pflegeversicherung	
Anteilige Jahresbeitragsbemessungsgrenze bis 28.2.2012 (3.825 EUR × 2 Monate)	7.650 EUR
Beitragspflichtiges Entgelt per 28.2.2012 (3.250 EUR x 2 Monate + 4.785 EUR)	11.285 EUR
Die Differenz in Höhe von 3.635 EUR wäre im Februar 2012 kranken- und pflegeversicherungsfrei.	

Als Folge wird die gesamte Einmalzahlung dem Vorjahr (= Anwendung der Märzklausel) zugeordnet.

Kranken- und Pflegeversicherung

Jahresbeitragsbemessungsgrenze 2011	44.550 EUR
Beitragspflichtiges Jahresarbeitsentgelt 2011	- 40.250
SV-Luft	4.300 EUR

Von der Einmalzahlung im Februar 2012 sind 4.300 EUR kranken- und pflegeversicherungspflichtig.

Die restlichen 485 EUR aus der Einmalzahlung bleiben kranken- und pflegeversicherungsfrei.

Renten- und Arbeitslosenversicherung

Jahresbeitragsbemessungsgrenze 2011	66.000 EUR
Beitragspflichtiges Jahresarbeitsentgelt 2011	- 40.250 EUR
SV-Luft	25.750 EUR

Die gesamte Einmalzahlung in Höhe von 4.785 EUR ist renten- und arbeitslosenversicherungspflichtig.

Hinweis

Bei krankenversicherungspflichtigen Arbeitnehmern ist in jedem Fall auf die Beitragsbemessungsgrenze in der Krankenversicherung abzustellen. Bei krankenversicherungsfreien (freiwillig oder privat versicherten) Arbeitnehmern ist nur die Beitragsbemessungsgrenze in der Rentenversicherung anzuwenden.

Praxis-Tipp

Wird der Jahresbonus im Lohnprogramm als Einmalzahlung gekennzeichnet, führt das Lohnprogramm die Prüfung der Märzklausel automatisch durch.

44.2 Sonstige Bezüge, Urlaubsgeld

Sachverhalt

Ein Arbeitgeber bezahlt seinen Mitarbeitern im laufenden Jahr im Monat Juni aufgrund der guten wirtschaftlichen Situation ein Monatsgehalt als Urlaubsgeld. Er möchte sich die Möglichkeit offen halten, über die Zahlung in jedem Jahr neu entscheiden zu können.

Ein Mitarbeiter verdient monatlich 3.000 EUR. Auf seiner Lohnsteuerkarte ist die Steuerklasse I eingetragen.

Wie errechnet sich die Lohnsteuer auf den sonstigen Bezug und bis zu welchem Betrag ist die Einmalzahlung sozialversicherungspflichtig?

Lösung

Urlaubsgeld gehört zu den so genannten Einmalzahlungen (sozialversicherungsrechtlich) bzw. sonstigen Bezügen (lohnsteuerrechtlich). Für diese gelten besondere arbeits-, lohnsteuer- und sozialversicherungsrechtliche Regelungen.

Sofern Urlaubsgeld ohne Vorbehalt dreimal hintereinander gezahlt wird, entsteht eine betriebliche Übung. Die Arbeitnehmer können hieraus einen Rechtsanspruch ableiten. Dies kann verhindert werden, indem die Zahlung jeweils unter Vorbehalt gestellt wird bzw. dieser Vorbehalt bereits im Arbeitsvertrag ausdrücklich formuliert ist.

Sonstige Bezüge müssen nach der Jahreslohnsteuertabelle versteuert werden.

Lohnsteuer		
Voraussichtlicher Jahresarbeitslohn ohne sonstigen Bezug (3.000 EUR × 12 Monate)	36.000 EUR	
Lohnsteuer darauf		5.620 EUR
Voraussichtlicher Jahresarbeitslohn mit sonstigem Bezug (36.000 EUR + 1.500 EUR)	37.500 EUR	
Lohnsteuer darauf		6.032 EUR
Lohnsteuer auf den sonstigen Bezug (6.032 EUR – 5.620 EUR)	412,00 EUR	
Solidaritätszuschlag darauf (412 EUR x 5,5 %)	22,66 EUR	
Kirchensteuer (412 EUR x 9 %)	37,08 EUR	

Sozialversicherungsrechtlich ist die anteilige Beitragsbemessungsgrenze für den entsprechenden Zeitraum (hier: Januar bis Juni) zu ermitteln:

Kranken- und Pflegeversicherung	
Anteilige Jahresbeitragsbemessungsgrenze Januar bis Juni (3.825 EUR × 6 Monate)	22.950 EUR EUR
Beitragspflichtiges Entgelt (3.000 EUR × 6 Monate + 1.500 EUR)	- 19.500 EUR
SV-Luft	3.450 EUR

Das gesamte Urlaubsgeld ist sozialversicherungspflichtig. Da die Beitragsbemessungsgrenze in der Renten- und Arbeitslosenversicherung in jedem Falle höher liegt, erübrigt sich im vorliegenden Fall die Prüfung.

Hinweis

Einmalzahlungen bleiben bei der Ermittlung der Umlage 1 (für Krankheitsaufwendungen) und der Umlage 2 (für Mutterschaftsaufwendungen) gemäß Aufwendungsausgleichsgesetz außer Ansatz.

Praxis-Tipp

Damit das Lohnprogramm die Versteuerung und Verbeitragung nach dem o.g. Schema ausführt, muss eine Lohnart ausgewählt werden, die unter der Gruppe „sonstiger Bezug und Einmalzahlung" geführt wird.

45 Teilzeitbeschäftigung

45.1 Teilzeitbeschäftigung, Gleitzone

Sachverhalt:

Eine Mitarbeiterin arbeitet an 2 Tagen in der Woche und erhält dafür 600 EUR brutto. Sie legt eine Lohnsteuerkarte mit Steuerklasse V vor, keine Kinderfreibeträge, keine Kirchensteuer. Sie ist in einer gesetzlichen Krankenkasse versichert.

Ein weiteres sozialversicherungspflichtiges Beschäftigungsverhältnis liegt nicht vor.

Wie werden für Arbeitgeber und Arbeitnehmer die Beiträge zur Sozialversicherung ermittelt?

Lösung

Das Arbeitsentgelt wird **sozialversicherungsrechtlich** nach den Regeln der Gleitzone behandelt. Dabei wird für die Berechnung des Arbeitnehmeranteils zur Sozialversicherung ein ermäßigtes Arbeitsentgelt zugrunde gelegt. Der Arbeitgeberanteil wird auf das normale Entgelt ermittelt.

Steuerrechtlich ergeben sich keine Besonderheiten.

Das ermäßigte Entgelt wird für 2012 nach folgender Formel für Gleitzone errechnet:

F x 400 + (2 – F) x (Arbeitsentgelt – 400)

0,7491 × 400 + (2 – 0,7491) × (600 – 400) = 299,64 + 1,2509 × 200 = 549,82 (ermäßigtes Entgelt)

Beiträge zur Sozialversicherung

	Gesamtbeitrag	Arbeitgeberanteil	Arbeitnehmeranteil
Kranken-versicherung	85,22 EUR (= 549,82 EUR x 15,5 %)	43,80 EUR (= 600 EUR x 7,3 %)	41,42 EUR (= 85,22 EUR - 43,80 EUR)
Renten-versicherung	107,76 EUR (= 549,82 EUR x 19,6 %)	58,80 EUR (= 600 EUR x 9,8 %)	48,96 EUR (= 107,76 EUR - 58,80 EUR)
Arbeitslosen-versicherung	16,49 EUR (= 549,82 EUR x 3,0 %)	9,00 EUR (= 600 EUR x 1,5 %)	7,49 EUR (= 16,49 EUR - 9 EUR)
Pflege-versicherung (inkl. Zuschlag für Kinderlose)	12,10 EUR (= 549,82 EUR x 2,2 %)	5,85 EUR (= 600 EUR x 0,975 %)	6,25 EUR (= 12,10 EUR - 5,85 EUR)

Abrechnung

Bruttolohn		600,00 EUR
Lohnsteuer darauf	57,83 EUR	
Solidaritätszuschlag	0,00 EUR	
Kirchensteuer	0,00 EUR	- 57,83 EUR
Krankenversicherung	41,42 EUR	
Rentenversicherung	48,96 EUR	
Arbeitslosenversicherung	7,49 EUR	
Pflegeversicherung	6,25 EUR	- 104,12 EUR
Nettolohn		438,05 EUR

Hinweis

Die Arbeitnehmerin ist bei einem Verdienst von über 400 EUR monatlich versicherungspflichtig in allen Zweigen der Sozialversicherung. Der Beitragsgruppenschlüssel lautet 1 1 1 1 (wie bei anderen versicherungspflichtigen Arbeitnehmern). In der Meldung zur Sozialversicherung ist im Feld „Entgelt in der Gleitzone" das Kennzeichen „1" zu schlüsseln.

Die Arbeitnehmerin hat die Möglichkeit, in der Rentenversicherung auf die Gleitzonenregelung zu verzichten und Beiträge zur Rentenversicherung von ihrem vollen Arbeitsentgelt zu zahlen.

Praxis-Tipp:

In der Pflegeversicherung ist der Zuschlag von 0,25 % für die Arbeitnehmerin anzusetzen, sofern die Arbeitnehmerin nicht nachweist, dass sie mindestens 1 Kind hat oder hatte. In der Steuerklasse V werden grundsätzlich keine Kinderfreibeträge ausgewiesen. In diesem Fall muss sich der Arbeitgeber immer ein geeignetes Dokument (Geburtsurkunde), das die Elterneigenschaft der Arbeitnehmerin nachweist, vorlegen lassen und im Lohnkonto als Kopie aufbewahren.

45.2 Teilzeitbeschäftigung, Überstunden

Sachverhalt

In einem Unternehmen ist als regelmäßige Arbeitszeit die 39-Stunden-Woche festgelegt. Ein neuer Mitarbeiter soll als Teilzeitkraft eingestellt werden. Er soll 21 Stunden wöchentlich arbeiten: montags, mittwochs und freitags jeweils 7 Stunden. Das Gehalt für eine Vollzeitstelle beträgt monatlich 1.950 EUR, der Urlaub 24 Arbeitstage jährlich, im Juni werden 50 % Urlaubsgeld gezahlt.

Nach einiger Zeit stellt sich heraus, dass der Arbeitnehmer gelegentlich mehr als 21 Wochenstunden arbeiten muss. Der Arbeitnehmer ist nach gemeinsamer Absprache bereit, entsprechend mehr zu arbeiten.

Wie müssen die Überstunden bezahlt werden, müssen ihm dafür Überstundenzuschläge gezahlt werden und wie wirkt sich das auf seinen Urlaub aus?

Lösung

Das Gehalt wird anteilig entsprechend der im Arbeitsvertrag vereinbarten Stunden berechnet:

1.950 EUR : 39 Stunden = 50 EUR × 21 Stunden = 1.050 EUR.

Überstunden sind regelmäßig vergütungspflichtig, sofern sie angeordnet wurden. Im vorliegenden Fall ist zu beachten, dass Überstunden erst dann entstehen, wenn über die regelmäßige betriebliche Arbeitszeit hinaus gearbeitet wird. In diesem Unternehmen ist also erst die 40. Wochenstunde als Überstunde zu betrachten. Der Arbeitnehmer überschreitet zwar seine individuelle Arbeitszeit, leistet aber noch keine Überstunden. Demzufolge hat er auch keinen Anspruch auf Bezahlung von Überstundenzuschlägen, auch wenn deren Zahlung im Betrieb üblich ist. Der Arbeitnehmer hat allerdings Anspruch auf Bezahlung der über die individuelle Arbeitszeit hinausgehenden Stunden. Der Stundensatz wird wie folgt berechnet:

1.950 EUR /(39 × 4,35) = 11,49 EUR

Bzw. 1.050 EUR / (21 × 4,35) = 11,49 EUR.

(Der Faktor 4,35 ist steuerrechtlich vorgegeben.)

Hat der Arbeitnehmer im Monat Juni 5 Überstunden geleistet, berechnet sich sein Bruttogehalt wie folgt:

Gehalt	1.050,00 EUR
zzgl. 5 Überstunden (5 × 11,49 EUR)	57,45 EUR
zzgl. Urlaubsgeld (50 % v. 1.050 EUR)	525,00 EUR
Gesamtbrutto (steuer- und sozialversicherungspflichtig)	**1.632,45 EUR**

Auf seinen Urlaubsanspruch und das Urlaubsgeld haben diese Überstunden zunächst keinen Einfluss.

Hinweis

Fallen die Überstunden mit einer gewissen Regelmäßigkeit an, kann das den Anspruch auf Urlaubsgeld erhöhen. Hierzu sind tarifliche Regelungen zu beachten.

Praxis-Tipp

Sind die 21 Stunden Arbeitszeit auf die ganze Woche (5 Arbeitstage pro Woche) verteilt, stehen dem Arbeitnehmer auch volle 24 Tage Urlaub zu.

45.3 Teilzeitbeschäftigung, Urlaubs- und Gehaltsanspruch

Sachverhalt

In einem Unternehmen ist als regelmäßige Arbeitszeit die 39-Stunden-Woche festgelegt. Ein neuer Mitarbeiter soll als Teilzeitkraft eingestellt werden. Er soll 21 Stunden wöchentlich arbeiten: montags, mittwochs und freitags jeweils 7 Stunden. Das Gehalt für eine Vollzeitstelle beträgt monatlich 1.950 EUR, der jährliche Urlaub 24 Arbeitstage, im Juni werden 50 % Urlaubsgeld gezahlt.

Wie hoch ist das Gehalt des Teilzeitmitarbeiters und wie viele Urlaubstage stehen ihm zu?

Lösung

Berechnung Gehalt

Das Gehalt wird anteilig entsprechend der im Arbeitsvertrag vereinbarten Stunden berechnet:

1.950 EUR / 39 Stunden x 21 Stunden = 1.050 EUR

Das Gehalt des Mitarbeiters beträgt bei einer wöchentlichen Arbeitszeit von 21 Stunden 1.050 EUR pro Monat.

Berechnung Urlaubstage

Der Urlaubsanspruch wird entsprechend der vereinbarten Arbeitszeit ermittelt:

24 Arbeitstage / 5 Tage x 3 Tage = 14,4 Tage; hier dürfen Sie auf 14 Tage abrunden

Der Mitarbeiter hat Anspruch auf 14 Tage Urlaub.

Hinweis

Sind die 21 Stunden Arbeitszeit auf die ganze Woche (5 Arbeitstage pro Woche) verteilt, stehen dem Arbeitnehmer auch volle 24 Tage Urlaub zu.

46 Tod des Arbeitnehmers

46.1 Tod des Arbeitnehmers, laufendes Arbeitsverhältnis

Sachverhalt

Ein Arbeitnehmer verstirbt am 15.11. Der Arbeitgeber überlegt, ob das Arbeitsverhältnis zu Ende gegangen ist und welche Ansprüche auf die Erben übergegangen sind.

Lösung

Aufgrund des höchstpersönlichen Charakters des Arbeitsverhältnisses (§ 613 BGB) endet dieses automatisch beim Tod des Arbeitnehmers. Zahlungsansprüche die bis zu diesem Zeitpunkt entstanden sind, gehen auf die Erben über, auch wenn sie noch nicht zur Zahlung fällig (§ 614 BGB) sind. Das bedeutet, dass (nur) Vergütungsansprüche für die Zeit vom 1.–15.11. auf die Erben übergehen. Hat der Verstorbene noch Urlaubsansprüche, gehen diese wegen ihres höchstpersönlichen Charakters unter.

Unter Umständen besteht ein tarifvertraglich oder arbeitsvertraglich geregelter Anspruch auf Sterbegeld. Zudem könnte eine tarifvertragliche Regelung bestehen, dass die Vergütung für den Sterbemonat voll zu zahlen ist.

46.2 Tod des Arbeitnehmers, Altersteilzeit (Blockmodell)

Sachverhalt

Ein Arbeitnehmer befindet sich in Altersteilzeit im Blockmodell, als er verstirbt. Haben die Erben Ansprüche auf das Wertguthaben?

Lösung

Ja. Verstirbt ein Arbeitnehmer, der sich in Altersteilzeit im Blockmodell befindet, während der Arbeitsphase oder während der arbeitsfreien Phase, geht das angesparte Wertguthaben als Arbeitsentgelt (§ 23 b SGB IV) auf die Erben über und ist auszubezahlen. Diese auszuzahlenden Beträge werden auch in der Hinterbliebenenrente berücksichtigt (§ 70 Abs. 3 SGB VI).

46.3 Tod des Arbeitnehmers, Zeitguthaben

Sachverhalt

Ein Arbeitnehmer stirbt und hat ein Zeitguthaben.

Haben die Erben Ansprüche darauf?

Lösung

Ja. Stirbt ein Arbeitnehmer, hat der Erbe einen Anspruch auf Auszahlung der sich aus dem angesparten Zeitguthaben ergebenden Lohnbestandteile. Die Lohnsteuer wird nach den Besteuerungsmerkmalen des Erben berechnet.

46.4 Tod des Arbeitnehmers, Urlaubsanspruch, Urlaubsentgelt, Urlaubsgeld

Sachverhalt

Ein Arbeitnehmer stirbt und hat

- noch offene Urlaubsansprüche (1 Woche)
- im letzten Monat Urlaub gehabt, aber noch kein Urlaubsentgelt und zusätzliches Urlaubsgeld dafür erhalten.

Haben die Erben Ansprüche darauf?

Lösung

Der Urlaub selbst ist ein höchstpersönlicher Anspruch, er kann nicht vererbt werden. Wurde der Urlaub allerdings schon genommen und sind lediglich noch das Urlaubsentgelt und das zusätzliche Urlaubsgeld offen, geht es um einen entstandenen Zahlungsanspruch, der vererbt wird.

46.5 Tod des Arbeitnehmers, innerhalb der Kündigungsfrist (Abfindungsanspruch aus Sozialplan)

Sachverhalt

In einem Unternehmen findet ein betriebsbedingter Personalabbau statt. Deshalb wird mit dem Betriebsrat ein Sozialplan vereinbart. Ein Arbeitnehmer erhält am 10.9. die ordentliche betriebsbedingte Kündigung zum 31.12. Laut Sozialplan stehen ihm 10.000 EUR Abfindung zu. Am 1.11. stirbt er.

Welche Ansprüche hat die Familie des Arbeitnehmers aus dem Arbeitsverhältnis?

Lösung

Das Arbeitsverhältnis ist am 1.11. mit dem Tod des Arbeitnehmers beendet. Damit entfallen Lohnansprüche für die Zeit vom 2.11. bis 31.12. Dagegen geht der Anspruch auf Vergütung bis einschließlich 1.11. nach § 1922 BGB auf die Erben über.

Urlaubsansprüche sind höchstpersönliche Ansprüche, die nicht vererbt werden können. Sie gehen unter.

Unter Umständen besteht ein tarifvertraglich oder arbeitsvertraglich geregelter Anspruch auf Sterbegeld.

Der Abfindungsanspruch aus dem Sozialplan ist ohne besondere Regelung im Sozialplan am 1.11. noch nicht entstanden und kann deshalb nicht vererbt werden. Auch dieser geht damit unter.

Hinweis

Will man dieses Ergebnis verhindern, muss im Sozialplan geregelt werden, dass der Abfindungsanspruch aus dem Sozialplan entweder früher entsteht oder vererbbar ist, wenn der Arbeitnehmer in einem bestimmten Zeitraum vor Beendigung des Arbeitsverhältnisses verstirbt.

46.6 Tod des Arbeitnehmers, nach Abschluss eines Aufhebungsvertrags

Sachverhalt

Ein Arbeitgeber hat mit einem Arbeitnehmer in einem Aufhebungsvertrag die Beendigung des Arbeitsverhältnisses unter Einhaltung der ordentlichen Kündigungsfrist und Zahlung einer Abfindung in Höhe von 10.000 EUR brutto, zahlbar bei Beendigung des Arbeitsverhältnisses vereinbart.

Während des Laufs der Kündigungsfrist verstirbt der Arbeitnehmer.

Geht der Abfindungsanspruch auf die Erben über?

Lösung

Der Aufhebungsvertrag ist auszulegen. Es ist zu fragen, ob der Anspruch selbst bereits vor dem Tod entstanden ist, ohne dass er fällig war. Dabei spielt es eine Rolle, ob Anhaltspunkte dafür bestehen, dass die Parteien diesen Fall mitregeln wollten oder ihn in einer bestimmten Richtung gelöst hätten, wenn ihnen die Problematik bewusst gewesen wäre. Ergeben sich keine Anhaltspunkte, wird die Abfindungssumme nicht vererbt.

Praxis-Tipp

Soll bei einer Abfindungsvereinbarung im Zusammenhang mit einem Aufhebungsvertrag oder einem Sozialplan die Vererbbarkeit des Anspruchs schon bei Todeseintritt vor dem Ende des Arbeitsverhältnisses erreicht werden, kann folgender Satz aufgenommen werden:

"Die Abfindung ist fällig zum Ende des Arbeitsverhältnisses, ist aber bereits jetzt schon entstanden."

47 Unbezahlter Urlaub

47.1 Unbezahlter Urlaub, Urlaubsanspruch während Auszeit

Sachverhalt

Ein Arbeitnehmer beantragt unbezahlten Urlaub um eine Weltreise zu unternehmen. Ein Tarifvertrag findet keine Anwendung. Arbeitsvertraglich ist keine Regelung hierzu vorhanden.

Muss der Arbeitgeber den unbezahlten Urlaub gewähren und erwirbt der Arbeitnehmer während der "Auszeit" einen Urlaubsanspruch?

Lösung

Der Mitarbeiter erwirbt auch während der unbezahlten „Auszeit" Anspruch auf (bezahlten, normalen) Urlaub.

Vereinbaren Arbeitgeber und Arbeitnehmer unbezahlten Urlaub, ist zu berücksichtigen, dass es für das Entstehen eines (bezahlten, normalen) Urlaubsanspruchs nur auf den rechtlichen Bestand des Arbeitsverhältnisses, nicht aber auf die Arbeitsleistung in dieser Zeit ankommt. Es erwächst also auch während der Dauer eines unbezahlten Urlaubs ein Urlaubsanspruch auf bezahlten Urlaub. Manche Tarifverträge regeln dies anders. Die Vereinbarung unbezahlten Urlaubs unterliegt, sofern tarifvertraglich oder arbeitsvertraglich nichts anderes geregelt ist, der Vertragsfreiheit.

Ausnahmen können sich aus Tarifverträgen, oder aus der Fürsorgepflicht des Arbeitgebers in besonderen familiären Problemsituationen ergeben.

Praxis-Tipp

Es ist möglich, in der Vereinbarung über den unbezahlten Urlaub die Entstehung von Urlaubsansprüchen, die über den gesetzlichen Mindesturlaubsanspruch in § 3 Abs. 1 BUrlG (24 Werktage/Jahr, entspricht 20 Arbeitstage/Jahr bei einer 5-Tage-Woche) hinausgehen, auszuschließen. Auf den gesetzlichen

Mindesturlaubsanspruch kann jedoch wegen § 13 Abs. 1 BUrlG nicht verzichtet werden.

47.2 Unbezahlter Urlaub, Arbeitsunfähigkeit

Sachverhalt

Einem Arbeitnehmer wurde drei Monate unbezahlter Urlaub gewährt. Dieser erkrankt in der Zeit des unbezahlten Urlaubs.

Hat der Mitarbeiter einen Anspruch auf Entgeltfortzahlung im Krankheitsfall durch den Arbeitgeber?

Lösung

Nein, der Arbeitnehmer hat keinen Anspruch auf Entgeltfortzahlung im Krankheitsfall durch den Arbeitgeber, sofern kein Zusammenhang mit bezahltem Urlaub während des unbezahlten Urlaubs besteht. Es gilt das Entgeltausfallprinzip: es ist zu fragen, ob der Arbeitnehmer, wäre er nicht krank gewesen, gearbeitet und einen Anspruch auf Entgeltfortzahlung erworben hätte.

47.3 Unbezahlter Urlaub, Feiertagsvergütung

Sachverhalt

Ein Arbetigeber gewährt seinem Mitarbeiter unbezahlten Urlaub für sechs Monate. In diese Zeit fallen mehrere Feiertage.

Erwirbt der Mitarbeiter für diese Tage Anspruch auf Zahlung von Feiertagsvergütung?

Lösung

Es besteht kein Anspruch auf Feiertagsvergütung. Nach § 2 Abs. 1 EFZG entsteht nur dann ein Anspruch auf Entgeltfortzahlung für Arbeitszeit, die (nur) infolge eines gesetzlichen Feiertags ausfällt. Hier fällt die Arbeitszeit aber bereits wegen der unbezahlten Freistellungsvereinbarung aus.

47.4 Unbezahlter Urlaub, Ausschluss von Doppelansprüchen

Sachverhalt

Ein Arbeitnehmer wird am 1.9. eingestellt. Er hatte in diesem Kalenderjahr beim vorherigen Arbeitgeber anteilig Urlaub für die Zeit vom 1.1. bis einschließlich 31.8. erhalten. Außerdem hatte er vier Monate unbezahlten Urlaub.

Kann dem Mitarbeiter unter Berufung auf § 6 Abs. 1 BUrlG der anteilige Urlaub für die Zeit vom 1.9. bis 31.12. verweigert werden?

Lösung

Der Arbeitnehmer hat Anspruch auf den anteiligen Urlaub für die Zeit vom 1.9. bis 31.12. Im früheren Arbeitsverhältnis hat er nur anteiligen Urlaub erhalten.

Nach § 6 Abs. 1 BUrlG besteht ein Anspruch auf Urlaub nicht, soweit dem Arbeitnehmer für das laufende Kalenderjahr bereits von einem früheren Arbeitgeber Urlaub gewährt worden ist. Dabei meint das Gesetz jedoch nur den bezahlten und nicht den unbezahlten Urlaub. Damit greift vorliegend die Vorschrift nicht. Im früheren Arbeitsverhältnis hatte der Mitarbeiter nur anteiligen Urlaub erhalten.

48 Urlaub

48.1 Urlaub, Urlaubsanspruch (gesetzlicher Mindesturlaub)

Sachverhalt

Ein Arbeitgeber hat mit seinen Mitarbeitern vereinbart, dass diese den „gesetzlichen Urlaubsanspruch" haben. Ein Tarifvertrag gilt für sie nicht.

Wie hoch ist der gesetzliche Urlaubsanspruch bei Vollzeitbeschäftigten, die fünf Tage in der Woche arbeiten?

Lösung

Die Höhe des gesetzlichen Mindesturlaubsanspruchs beträgt 24 Werktage (§ 3 Abs. 1 BUrlG). Dabei geht das Gesetz von einer Sechs-Tage-Woche aus (§ 3 Abs. 2 BUrlG).

Mitarbeiter, die an fünf Tagen in der Woche arbeiten, haben folgenden gesetzlichen Mindesturlaubsanspruch:

24 Urlaubstage : 6 Werktage x 5 Tage = 20 Urlaubstage.

48.2 Urlaub, Vorgriff auf entstehende Urlaubsansprüche

Sachverhalt

Ein Arbeitnehmer hat bereits seinen vollen Jahresurlaub genommen. Dennoch möchte er in diesem Jahr noch eine Woche Urlaub haben und teilt mit, er nehme diese Woche "im Vorgriff" auf den Urlaub im nächsten Jahr. Ist das rechtlich möglich?

Lösung

Urlaubsjahr ist das Kalenderjahr (§ 7 Abs. 3 Satz 1 BurlG). Urlaub "im Vorgriff" auf die im nächsten Jahr entstehenden Urlaubsansprüche ist nicht möglich. Damit würden trotz Gewährung von einer weiteren Woche bezahlten Urlaubs im nächsten Jahr die vollen Urlaubsansprüche entstehen. Hierauf kann der Arbeitnehmer auch nicht wirksam verzichten, weil die Ansprüche unabdingbar sind (§ 13 Abs. 1 Satz 1 BurlG).

Praxis-Tipp

Der Arbeitgeber hat hier die Möglichkeit, dem Arbeitnehmer eine Woche unbezahlten Urlaub anzubieten.

48.3 Urlaub, Urlaubsanspruch bei Beendigung des Arbeitsverhältnisses

Sachverhalt

Ein Arbeitgeber hat am 7.1. einen Mitarbeiter eingestellt und ihm im gleichen Jahr gekündigt. Ein Tarifvertrag gilt nicht. Der Arbeitgeber gewährt seinen Mitarbeitern 30 Urlaubstage im Kalenderjahr. Der gekündigte Mitarbeiter hat noch keinen Urlaub genommen.

Wie viele Urlaubstage hat der Mitarbeiter jeweils erworben, bei Beendigung des Arbeitsverhältnisses zum

- 10.6. oder
- zum 31.7.?

Lösung

- Der Urlaubsanspruch entsteht für jeden vollen Monat des Bestehens des Arbeitsverhältnisses anteilig (§ 5 Abs. 1 a) BUrlG). Da das Gesetz lediglich von „Monaten" und nicht von „Kalendermonaten" spricht, geht es um volle Beschäftigungsmonate. Hier wurde das Arbeitsverhältnis am 7.1. begründet, weshalb am 6.7. um 24:00 Uhr fünf Beschäftigungsmonate voll sind. Die sechsmonatige Wartezeit des § 4 BUrlG ist nicht erfüllt. Deshalb ist zu zwölfteln:

30 Urlaubstage : 12 Monate × 5 Beschäftigungsmonate = 12,5 Urlaubstage (§ 5 Abs. 1 a) BUrlG). Dieser Anspruch ist auf 13 Urlaubstage aufzurunden (§ 5 Abs. 2 BUrlG).

- Die Wartezeit des § 4 BUrlG ist erfüllt. Da das Arbeitsverhältnis aber nicht in der ersten Kalenderjahreshälfte, sondern in der zweiten zu Ende geht, wird nicht nach § 5 Abs. 1 c) BUrlG gezwölftelt. Der Arbeitnehmer hat einen Anspruch auf 30 Urlaubstage.

48.4 Urlaub, Urlaubsanspruch bei Arbeitsunfähigkeit

Sachverhalt

Ein Arbeitnehmer war vom 1.1. eines Jahres bis zum 20.3. des Folgejahres arbeitsunfähig erkrankt. Am 21.3. des Folgejahres fordert er den Jahresurlaub aus dem vergangenen Jahr. Ein Tarifvertrag gilt nicht.

Hat der Mitarbeiter Anspruch darauf?

Lösung

Der Arbeitnehmer hat im Vorjahr den vollen Jahresurlaubsanspruch erworben, obwohl er an keinem einzigen Tag gearbeitet hat. Denn für den Erwerb des Urlaubsanspruchs kommt es nicht auf die geleistete Arbeit, sondern lediglich auf den rechtlichen Bestand des Arbeitsverhältnisses an (§§ 1, 4 BUrlG). Urlaubsjahr ist das Kalenderjahr. Da aber Krankheit und Urlaub sich ausschließen, konnte der Urlaub im Urlaubsjahr nicht genommen werden. Deshalb ist der Anspruch auf das neue Kalenderjahr vollständig übergegangen (§ 7 Abs. 3 Satz 2 BUrlG). Er muss jedoch in den ersten drei Monaten des neuen Kalenderjahres genommen (nicht angetreten) werden.

Da der Mitarbeiter seinen Urlaub wegen seiner Krankheit nicht nehmen konnte, verfällt dieser Urlaubsanspruch jedoch nicht und kann auch noch nach dem Ende des Übertragungszeitraums genommen werden.

Praxis-Tipp

Endet ein Arbeitsverhältnis und ist der Arbeitnehmer zu diesem Zeitpunkt arbeitsunfähig erkrankt, ist der Arbeitgeber verpflichtet, noch offene Urlaubsansprüche abzugelten. Es spielt dabei keine Rolle, ob der Arbeitnehmer noch arbeitsunfähig ist oder nicht.

48.5 Urlaub, Urlaubsanspruch bei doppelter Elternzeit

Sachverhalt

Eine Arbeitnehmerin hat bei Beginn ihrer Elternzeit noch 10 Urlaubstage offen. Während ihrer Elternzeit bekommt sie ein zweites Kind und schließt mit einer zweiten Elternzeit direkt an die erste an.

Was geschieht mit ihrem bei Beginn der ersten Elternzeit noch offenen Urlaubsanspruch?

Lösung

Nach der bisherigen Rechtsprechung war in diesem Fall der Urlaubsanspruch verfallen. Denn § 17 Abs. 2 BEEG kann ein wegen Elternzeit nicht genommener Urlaub nur im laufenden Jahr nach der Elternzeit oder im nächsten Urlaubsjahr gewährt werden, was vorliegend wegen der zweiten Elternzeit nicht möglich ist.

Mit Urteil vom 20.5.2008 (9 AZR 219/07) hat das BAG diese Rechtsprechung geändert: Der vor Beginn der ersten Elternzeit noch offene Urlaub kann im vorliegenden Fall auch noch nach der zweiten Elternzeit im laufenden Jahr oder im nächsten Urlaubsjahr genommen werden.

48.6 Urlaub, Urlaubsanspruch Teilzeitbeschäftigte

Sachverhalt

Ein Arbeitgeber gewährt seinen Mitarbeitern, die fünf Tage in der Woche beschäftigt sind, 30 Arbeitstage Urlaub im Kalenderjahr. Eine teilzeitbeschäftigte Mitarbeiterin arbeitet bei 2 Tage in der Woche.

Wie hoch ist der Urlaubsanspruch, den die Mitarbeiterin jährlich erwirbt.

Lösung

Wenn Mitarbeiter, die fünf Tage in der Woche beschäftigt sind, 30 Urlaubstage im Kalenderjahr erwerben, lautet die Formel:

30 Urlaubstage : 5 Tage x 2 Arbeitstage = 12 Urlaubstage.

Hinweis

Der Arbeitnehmer erwirbt allerdings in einem neuen Arbeitsverhältnis, das er im gleichen Kalenderjahr begründet, entsprechend für die zuviel gewährten Urlaubstage keine Urlaubsansprüche gegen seinen neuen Arbeitgeber (§ 6 Abs. 1 BUrlG). Der alte Arbeitgeber ist bei Beendigung des Arbeitsverhältnisses verpflichtet, dem Arbeitnehmer eine Bescheinigung über den im laufenden Kalenderjahr gewährten oder abgegoltenen Urlaub zu erteilen (§ 6 Abs. 2 BUrlG).

Praxis-Tipp

Bei Begründung eines Arbeitsverhältnisses im laufenden Kalenderjahr sollte der Stellenbewerber eine Bescheinigung seines früheren Arbeitgebers nach § 6 Abs. 2 BUrlG über den genommenen oder abgegoltenen Urlaub vorlegen.

48.7 Urlaub, Urlaubsanspruch bei Wechsel von Vollzeit in Teilzeit während des Urlaubsjahrs (vor dem Wechsel wurde noch kein Urlaub genommen)

Sachverhalt

Ein Arbeitgeber gewährt seinen vollzeitbeschäftigten Arbeitnehmern, die fünf Tage in der Woche beschäftigt sind, 30 Arbeitstage Urlaub im Kalenderjahr. Eine vollzeitbeschäftigte Arbeitnehmerin wechselt zum 1.7. in eine Teilzeitbeschäftigung und arbeitet zwei Tage in der Woche. Urlaub hat sie noch nicht genommen. Im Herbst will sie Urlaub nehmen.

Auf wie viele Urlaubstage hat die Arbeitnehmerin Anspruch?

Lösung

Für die Berechnung der Urlaubsdauer ist die Zeit entscheidend, in der der Arbeitnehmer Urlaub nehmen will. Das ist der Herbst, in dem die Mitarbeiterin 2 Tage die Woche arbeitet. Wichtig ist zudem, zu wissen, dass das Bundesurlaubsgesetz den Urlaub nicht nach Stunden berechnet, sondern nach Tagen, die aber im Verhältnis zur Woche gesetzt werden und damit nach Wochen berechnet (§ § 3 Abs. 1 und 2 BUrlG). Da die Mitarbeiterin zuvor noch keinen Urlaub genommen hat und Mitarbeiter, die fünf Tage in der Woche beschäftigt sind, 30 Urlaubstage im Kalenderjahr – und damit sechs Wochen Urlaub – erwerben, lautet die Formel:

30 Urlaubstage : 5 Tage x 2 Arbeitstage = 12 Urlaubstage, was genau sechs Wochen Urlaub entspricht.

48.8 Urlaub, Urlaubsanspruch bei Wechsel von Vollzeit in Teilzeit während des Urlaubsjahres (vor dem Wechsel wurde teilweise Urlaub genommen)

Sachverhalt

Ein Arbeitgeber gewährt seinen vollzeitbeschäftigten Arbeitnehmern, die 5 Tage in der Woche beschäftigt sind, 30 Arbeitstage Urlaub im Kalenderjahr.

Eine vollzeitbeschäftigte Mitarbeiterin wechselt zum 1.7. in eine Teilzeitbeschäftigung und arbeitet 2 Tage in der Woche, ohne dass es auf die Stundenzahl ankommt. Sie hat zu diesem Zeitpunkt bereits 10 Arbeitstage Urlaub genommen. Im Herbst will sie Urlaub nehmen.

Auf wie viele Urlaubstage hat die Arbeitnehmerin Anspruch?

Lösung

Für die Berechnung der Urlaubsdauer ist die Zeit entscheidend, in der die Arbeitnehmerin Urlaub nehmen will. Das ist der Herbst, in dem die Mitarbeiterin 2 Tage die Woche arbeitet.

Es ist wichtig, zu wissen, dass das Bundesurlaubsgesetz die Urlaubstage ins Verhältnis zur Woche setzt. Die vollzeitbeschäftigte Mitarbeiterin erhält 30 Arbeitstage = 6 Wochen Urlaub im Jahr.

- 30 Urlaubstage (Arbeitstage) abzüglich genommene 10 Urlaubstage (Arbeitstage) ergibt 20 Urlaubstage (Arbeitstage). Die Mitarbeiterin hat 20 Urlaubstage (4 Wochen) aus der Vollzeit in die Teilzeit mitgenommen.
- 4 Wochen Urlaub (= Arbeitstage) bei einer 2-Tage-Woche ergibt: 4 x 2 = 8 Arbeitstage Urlaub.

Damit stehen der Arbeitnehmerin 8 Arbeitstage Urlaub, also bei einer 2-Tage-Woche 4 Wochen Urlaub zu.

48.9 Urlaub, Fälligkeit des Urlaubsanspruchs

Sachverhalt

Ein seit drei Monaten beschäftigter Arbeitnehmer beantragt Urlaub noch in diesem Kalendermonat. Muss der Urlaub gewährt werden?

Lösung

Der volle Urlaubsanspruch wird erstmalig nach sechsmonatigem Bestehen des Arbeitsverhältnisses erworben (Wartezeit, § 4 BurlG). Solange diese Wartezeit nicht abgelaufen ist, ist der Urlaubsanspruch noch nicht fällig. Damit muss der Arbeitgeber den beantragten Urlaub nicht gewähren.

Praxis-Tipp

Wenn der Arbeitgeber Urlaub dennoch gewähren will, sollte er darauf achten, lediglich den bereits erwachsenen Teilurlaub für die drei Monate des Arbeitsverhältnisses zu gewähren (3/12 des Jahresurlaubs).

48.10 Urlaub, Fälligkeit des Urlaubsanspruchs bei Kündigung in der Wartezeit

Sachverhalt

Ein seit drei Monate beschäftigter Arbeitnehmer, dem der Arbeitgeber zum Ablauf des nächsten Monats gekündigt hat, beantragt Urlaub noch in diesem Kalendermonat.

Muss der Urlaub gewährt werden?

Lösung

Der volle Urlaubsanspruch wird erstmalig nach sechsmonatigem Bestehen des Arbeitsverhältnisses erworben (§ 4 BUrlG). Es entsteht ein Teilurlaubsanspruch in Höhe von 1/12 des Jahresurlaubs für jeden vollen Monat des Bestehens des Arbeitsverhältnisses, für Zeiten eines Kalenderjahres, für die der Arbeitnehmer wegen Nichterfüllung der Wartezeit keinen vollen Urlaubsanspruch erwirbt (§ 5 Abs. 1a) BUrlG).

Hier ist ersichtlich, dass das Arbeitsverhältnis bereits vor Ablauf der sechsmonatigen Frist enden wird und deshalb ein Vollurlaub nicht entstehen kann. Deshalb ist der Anspruch auf Teilurlaub bereits entstanden und grundsätzlich zu gewähren.

48.11 Urlaub, Rückforderung durch Arbeitgeber (bei zu viel gewährtem Urlaub)

Sachverhalt

Ein Arbeitnehmer, der einige Jahre beschäftigt ist, hat seinen vollen Jahresurlaub im Januar genommen und kündigt dann das Arbeitsverhältnis zum 31.3. des gleichen Jahres.

Kann der Arbeitgeber den zuviel gewährten Urlaub zurückfordern?

Lösung

Eine Rückforderung zu viel gewährten Urlaubs ist ausgeschlossen (§ 5 Abs. 3 BUrlG). Dies gilt selbst dann, wenn der Arbeitnehmer seinen Jahresurlaub im Januar im Hinblick auf sein Ausscheiden zum 31.3. genommen hat, ohne den Arbeitgeber davon in Kenntnis zu setzen.

Hinweis

Der Arbeitnehmer erwirbt in einem neuen Arbeitsverhältnis, das er im gleichen Kalenderjahr begründet, entsprechend für die zuviel gewährten Urlaubstage keine Urlaubsansprüche gegen seinen neuen Arbeitgeber (§ 6 Abs. 1 BUrlG). Der alte Arbeitgeber ist bei Beendigung des Arbeitsverhältnisses verpflichtet, dem Arbeitnehmer eine Bescheinigung über den im laufenden Kalenderjahr gewährten oder abgegoltenen Urlaub zu erteilen (§ 6 Abs. 2 BUrlG).

Praxis-Tipp

Ein Arbeitgeber sollte sich bei Begründung eines Arbeitsverhältnisses im laufenden Kalenderjahr vom Stellenbewerber eine Bescheinigung dessen früheren Arbeitgebers nach § 6 Abs. 2 BUrlG über den genommenen oder abgegoltenen Urlaub vorlegen lassen.

48.12 Urlaub, Urlaubsentgelt (Berücksichtigung von Überstunden)

Sachverhalt

Ein Mitarbeiter mit einer Fünf-Tage-Woche, erhält im Januar 2.000 EUR, im Februar ebenfalls 2.000 EUR und ab März wegen einer Lohnerhöhung 2.100 EUR brutto Grundvergütung. Zudem erhält er eine Schmutzzulage von 50 EUR. An Überstundenvergütung wurde im März 200 EUR brutto gezahlt. Er tritt nun 15 Tage Urlaub an. Ein Tarifvertrag gilt nicht.

Wie viel Urlaubsentgelt steht im zu?

Lösung

Wenn keine tarifvertragliche Regelung besteht, ist zur Berechnung des Urlaubsentgelts bei einer 5-Tage-Woche vom durchschnittlichen Arbeitsverdienst der letzten dreizehn Wochen (13 x 5 = 65 Arbeitstage) vor Antritt des Urlaubs auszugehen (§ 11 BUrlG)

Da der Mitarbeiter im März eine Lohnerhöhung bekommt, muss vom erhöhten Betrag ausgegangen werden (§ 13 Abs. 1 Satz 2 BUrlG). Das Brutto-Urlaubsentgelt berechnet sich wie folgt:

- 2.100 EUR x 3 Monate : 65 Arbeitstage x 15 Urlaubstage = 1.453,85 EUR.

Die Überstundenvergütung ist nicht zu berücksichtigen (§ 13 Abs. 1 Satz 1 BUrlG). Gleiches gilt für die Schmutzzulage, weil sie kein Sachbezug ist.

48.13 Urlaub, Urlaubsentgelt bei Wechsel von Vollzeit in Teilzeit (während des Urlaubsjahres)

Sachverhalt

Ein Arbeitgeber gewährt seinen vollzeitbeschäftigten Arbeitnehmern, die 5 Tage in der Woche beschäftigt sind, 30 Arbeitstage Urlaub im Kalenderjahr. Eine vollzeitbeschäftigte Arbeitnehmerin wechselt zum 1.7. in eine Teilzeitbeschäftigung und arbeitet an 5 Tagen in der Woche jeweils nur halbtags. Im Herbst will sie Urlaub nehmen. Wie hoch ist das Urlaubsentgelt der Arbeitnehmerin?

Lösung

Da die Mitarbeiterin im Herbst immer noch, wie früher, 5 Tage in der Woche arbeitet, hat sie 30 Arbeitstage Urlaub. Für die Berechnung des Urlaubsentgelts gilt § 11 BurlG, wenn keine tarifvertragliche Sondervorschrift besteht. Danach bemisst sich das Urlaubsentgelt nach dem durchschnittlichen Arbeitsverdienst der letzten 13 Wochen vor Beginn des Urlaubs mit Ausnahme des zusätzlich für Überstunden gezahlten Arbeitsverdienstes. In dieser Zeit hat die Arbeitnehmerin aber nur halbtags gearbeitet.

In der so genannten Tirol-Entscheidung vom 22.4.2010 (C-486/08 Zentralbetriebsrat der Landeskrankenhäuser Tirols ./. Land Tirol) vertritt der Europäische Gerichtshof jedoch die Auffassung, wenn ein Arbeitnehmer von Vollzeit in Teilzeit wechsle und er vor dem Wechsel nicht seinen Urlaub habe nehmen können, dürfe das Urlaubsentgelt für den Urlaub aus der Vollzeit nicht auf Basis der reduzierten Teilzeitvergütung berechnet werden.

Für Deutschland heißt dies, dass der Arbeitgeber für die Hälfte des Urlaubs (15 Arbeitstage) Vollzeitvergütung zahlen muss.

Hinweis

Sinnvoll ist es, den Arbeitnehmer zu ermuntern, vor dem Wechsel in die Teilzeit seinen anteilig der Vollzeit entsprechenden Urlaub zu nehmen.

48.14 Urlaub, Mitbestimmungsrechte des Betriebsrats

Sachverhalt

Eine Arbeitnehmerin hat bei ihrem Arbeitgeber Urlaub beantragt. Der Arbeitgeber lehnt diesen jedoch ab. Im Betrieb gibt es einen Betriebsrat.

Hat der Betriebsrat in diesem Konflikt mitzubestimmen?

Lösung

Der Betriebsrat hat ein Mitbestimmungsrecht über die Aufstellung allgemeiner Urlaubsgrundsätze und des Urlaubsplans sowie die Festsetzung der zeitlichen Lage des Urlaubs für einzelne Arbeitnehmer, wenn zwischen dem Arbeitgeber und den beteiligten Arbeitnehmern kein Einverständnis erzielt wird (§ 87 Abs. 1 Nr. 5 BetrVG). Damit hat in diesem Fall der Betriebsrat mitzubestimmen.

Kommt eine Einigung zwischen dem Arbeitgeber und dem Betriebsrat nicht zustande, kann sogar von jeder Seite (Arbeitgeber oder Betriebsrat) eine Einigungsstelle (§§ 87 Abs. 2, 76 BetrVG) angerufen werden, die dann verbindlich entscheidet.

49 Vermögenswirksame Leistungen

49.1 Vermögenswirksame Leistungen, Zuschuss des Arbeitgebers

Sachverhalt

Eine Arbeitnehmerin (Steuerklasse IV, keine Kinder, 9 % Kirchensteuer) hat ein Gehalt von 2.050 EUR zzgl. 27 EUR VWL-Zuschuss zu den vermögenswirksamen Leistungen. Die Arbeitnehmerin hat keine Kinder. Sie hat Steuerklasse IV, 9 % Kirchensteuer. Der Arbeitgeber ist zu einem Zuschuss zu den vermögenswirksamen Leistungen zum VWL verpflichtet, wenn der Tarifvertrag dies vorsieht. Ansonsten geschieht die Zahlung auf freiwilliger Basis.

Die Arbeitnehmerin lässt monatlich 40 EUR monatlich an eine Bausparkasse überweisen, um die volle staatliche Förderung für einen Bausparvertrag in Höhe von 9 % aus höchstens 470 EUR zu erhalten.

Wie werden die Vermögenswirksame Leistung und der Zuschuss des Arbeitgebers abgerechnet?

Lösung:

Der Zuschuss zu vermögenswirksamen Leistungen stellt steuer- und beitragspflichtiges Arbeitsentgelt dar.

Abrechnung		
Bruttogehalt		2.050,00 EUR
Vermögenswirksame Leistungen (Zuschuss)		27,00 EUR
Brutto gesamt		2.077,00 EUR
Lohnsteuer	235,00 EUR	
Solidaritätszuschlag	12,92 EUR	
Kirchensteuer	21,15 EUR	- 269,07 EUR

Krankenversicherung (8,2 %)	170,31 EUR	
Pflegeversicherung (1,225 %)	25,44 EUR	
Rentenversicherung (9,95 %)	203,55 EUR	
Arbeitslosenversicherung (1,5 %)	31,16 EUR	- 430,46 EUR
Nettoverdienst		1.377,47 EUR
Abzgl. Vermögenswirksame Leistungen		- 40,00 EUR
Auszahlungsbetrag		1.337,47 EUR

Der Arbeitgeber muss die 40 EUR einbehalten und direkt an die Bausparkasse überweisen.

49.2 Vermögenswirksame Leistungen, Überweisung durch Arbeitgeber ohne Zuschuss

Sachverhalt

Eine Arbeitnehmerin hat ein monatliches Gehalt von 1.800 EUR (Steuerklasse IV, 2,0 Kinderfreibeträge, 9 % Kirchensteuer). Sie legt dem Arbeitgeber einen Antrag auf Überweisung von vermögenswirksamen Leistungen ihrer Bausparkasse vor. Sie möchte monatlich 40 EUR sparen. Der Arbeitgeber ist zu einem Zuschuss zu VWL nur dann verpflichtet, wenn der Tarifvertrag dies vorsieht. Ansonsten geschieht die Zahlung auf freiwilliger Basis. Auch wenn der Arbeitgeber keinen Zuschuss den vermögenswirksamen Leistungen zahlt, ist er verpflichtet, die Überweisung für die Arbeitnehmerin vorzunehmen. Er zieht den Sparbetrag vom Nettoverdienst ab und überweist ihn direkt an die Bausparkasse.

Wie wird die Vermögenswirksame Leistung abgerechnet?

Lösung

Abrechnung

Bruttogehalt	1.800,00 EUR
Vermögenswirksame Leistungen (Zuschuss)	0,00 EUR
Brutto gesamt	1.800,00 EUR

Lohnsteuer	172,83 EUR	
Solidaritätszuschlag	0,00 EUR	
Kirchensteuer	3,21 EUR	- 176,04 EUR
Krankenversicherung (8,2 %)	147,60 EUR	
Pflegeversicherung (0,975 %)	17,55 EUR	
Rentenversicherung (9,8 %)	176,40 EUR	
Arbeitslosenversicherung (1,5 %)	27,00 EUR	- 368,55 EUR
Nettoverdienst		1.255,41 EUR
Abzgl. Vermögenswirksame Leistungen (Nettoabzug)		- 40,00 EUR
Auszahlungsbetrag		1.215,41 EUR

Der Arbeitgeber muss die 40 EUR einbehalten und direkt an die Bausparkasse überweisen.

49.3 Vermögenswirksame Leistungen, Förderarten/Anlageformen

Sachverhalt

Als Arbeitgeber möchten Sie wissen, wie vermögenswirksame Leistungen gezahlt werden und was Sie damit zu tun haben.

Lösung

Bei Vermögenswirksamen Leistungen (VWL) handelt es sich um Geldleistungen, die der Arbeitgeber für den Arbeitnehmer in einer bestimmten, im 5. Vermögensbildungsgesetz vorgeschriebenen Form anlegt. Er gibt 2verschiedene Förderarten:

- Anlage zum Wohnungsbau (Bausparkassenbeiträge oder Entschuldung von Wohnungseigentum) und geförderte Kapitalversicherungsverträge.

  Die Sparzulage vom Staat bei dieser Förderart beträgt jährlich maximal 9 % von 470 EUR. Anspruch auf Sparzulage besteht, wenn das zu versteuernde Einkommen bei Ledigen 17.900 EUR und bei Verheirateten 35.800 EUR nicht übersteigt

Anspruch auf Sparzulage besteht, wenn das zu versteuernde Einkommen 17.900 EUR bei Ledigen und 35.800 EUR bei Verheirateten nicht übersteigt.

- Anlagen in betrieblichen oder außerbetrieblichen Beteiligungen (Erwerb von Aktien, Anteilen an Aktienfonds, Beteiligung an Unternehmungen des Arbeitgebers durch stille Beteiligung oder Darlehen).

  Bei dieser Förderart werden jährlich maximal 400 EUR vom Staat gefördert. Die Sparzulage beträgt hier 20 %. Die Einkommensgrenze beträgt seit 2009 für Ledige 20.000 EUR und für Verheiratete 40.000 EUR.

Bei Arbeitnehmern mit Kindern erhöhen sich diese Einkommensgrenzen um die Kinderfreibeträge.

Beide Förderarten können nebeneinander in Anspruch genommen werden.

Um die staatliche Förderung zu erhalten, muss der Arbeitnehmer dem Arbeitgeber einen Antrag auf Überweisung der vermögenswirksamen Leistungen von seinem Anlageinstitut mit folgenden Angaben vorlegen:

- Höhe des Betrags, der angelegt werden soll,
- Zeitpunkt, von dem an die Anlage erfolgen soll,
- Art der Anlage, Anlageinstitut, Kontonummer, Vertragsnummer.

Der Arbeitgeber ist verpflichtet, die Überweisung aus dem Nettolohn des Arbeitnehmers vorzunehmen. Zu einem Zuschuss ist er nur verpflichtet, wenn der für ihn gültige Tarifvertrag das vorsieht. Ansonsten erfolgt der Zuschuss freiwillig.

Mit der Förderung selbst hat der Arbeitgeber nichts zu tun. Die Sparzulage wird dem Arbeitnehmer auf Antrag vom Finanzamt gewährt. Diese muss der Arbeitnehmer bei dem für ihn zuständigen Wohnsitzfinanzamt mit der "Anlage VL" jährlich selbst beantragen.

49.4 Vermögenswirksame Leistungen, Zuschuss bei mehreren Verträgen

Sachverhalt

Eine Arbeitnehmerin hat ein monatliches Gehalt von 1.800 EUR (Steuerklasse IV, 1,5 Kinderfreibeträge, 9 % Kirchensteuer). Sie legt dem Arbeitgeber im Januar 2012 einen Antrag auf Überweisung von vermögenswirksamen Leistungen ihrer Bausparkasse vor.

Sie möchte ab 1.1.2012 monatlich 39,17 EUR sparen. Am 1.4.2012 schließt sie einen weiteren förderfähigen Sparvertrag über ihre Hausbank ab, in den sie monatlich 33,33 EUR einbezahlt.

Der Tarifvertrag verpflichtet den Arbeitgeber zu einem Zuschuss von 6,65 EUR.

Muss für beide Verträge ein Zuschuss gezahlt werden und müssen beide Überweisungen vorgenommen werden?

Lösung

Der Zuschuss von 6,65 EUR muss nur einmal gezahlt werden. Welcher Betrag in welchen Vertrag überwiesen wird, entscheidet die Arbeitnehmerin, in dem sie dem Arbeitgeber die entsprechenden Anträge der Anlageinstitute vorlegt, an welche die Überweisungen vorgenommen werden sollen.

Abrechnung		
Bruttogehalt		1.800,00 EUR
Vermögenswirksame Leistungen		6,65 EUR
Brutto gesamt		1.806,65 EUR
Lohnsteuer	174,33 EUR	
Solidaritätszuschlag	0,00 EUR	
Kirchensteuer	6,00 EUR	- 180,33 EUR
Krankenversicherung (8,2 %)	148,15 EUR	
Pflegeversicherung (0,975 %)	17,61 EUR	
Rentenversicherung (9,8 %)	177,05 EUR	
Arbeitslosenversicherung (1,5 %)	27,10 EUR	- 369,91
Nettoverdienst		1.256,41 EUR
Vermögenswirksame Leistungen (Vertrag 1)		- 39,17 EUR
Vermögenswirksame Leistungen (Vertrag 2)		- 33,33 EUR
Auszahlungsbetrag		**1.183,91 EUR**

Der Arbeitgeber muss die Beträge einbehalten und direkt an die Anlageinstitute überweisen.

49.5 Vermögenswirksame Leistungen, Arbeitgeberwechsel

Sachverhalt

Ein neu eingestellter Arbeitnehmer legt bei seiner Einstellung im Januar 2012 einen Antrag auf Überweisung von vermögenswirksamen Leistungen seiner Bausparkasse vor. Bisher hat er von seinem alten Arbeitgeber einen Zuschuss zu VWL in Höhe von 40 EUR monatlich erhalten. Diese 40 EUR hat er auch monatlich an die Bausparkasse überweisen lassen.

Ist der neue Arbeitgeber verpflichtet, den Zuschuss weiterhin zu zahlen und die Überweisung vorzunehmen?

Lösung

Zur Zahlung eines Zuschusses ist der Arbeitgeber nur in der Höhe verpflichtet, in welcher der gültige Tarifvertrag dies vorsieht. Ist der Arbeitgeber nicht tarifgebunden, ist seine Zahlung freiwillig. Er kann dann auch weniger als 40 EUR zahlen. Der Arbeitgeber sollte bereits im Einstellungsgespräch mit dem Arbeitnehmer klären, ob er einen Zuschuss zahlen wird. Es bestehen folgende Möglichkeiten:

- Es wird ein **Zuschuss von 40 EUR** gezahlt: Dann ändert sich nichts gegenüber dem vorigen Arbeitgeber.
- Es wird ein **Zuschuss von weniger als 40 EUR** gezahlt: Der Arbeitnehmer kann entscheiden, ob er nur den vom Arbeitgeber gezahlten Zuschuss oder einen höheren Betrag an das Anlageinstitut überweisen lassen möchte.
- Es wird **kein Zuschuss** gezahlt: Auch hier kann der Arbeitnehmer verlangen, dass ein bestimmter Betrag – entweder weiterhin 40 EUR oder auch ein niedrigerer Betrag – an das Anlageinstitut überwiesen wird.

Stichwortverzeichnis